管阀与维修

● 徐廷国　主编 ● 马洪光　副主编

GUANFA YU WEIXIU

化学工业出版社
·北京·

本书内容包括：绪论、管路的标准化、管子与管件、阀门及其修理、管路的安装、塑料管道的发展与应用、管路的日常维护。相关章节安排综合训练，内容简洁，突出要点和实用性，以便学生掌握维修基本知识并进而形成解决生产中实际问题的能力。

本书有配套的电子教案，可在化学工业出版社的官方网站上下载。

本书主要适用于职业类院校机械维修类专业学生，也可作为职业培训教材，还可作为工程技术人员自学及参考用书。

图书在版编目（CIP）数据

管阀与维修/徐廷国主编. —北京：化学工业出版社，2018.5（2025.1重印）

ISBN 978-7-122-31772-8

Ⅰ.①管… Ⅱ.①徐… Ⅲ.①化工机械-管道-阀门-维修 Ⅳ.①TQ050.7

中国版本图书馆 CIP 数据核字（2018）第 054984 号

责任编辑：高 钰　　文字编辑：陈 喆

责任校对：边 涛　　装帧设计：刘丽华

出版发行：化学工业出版社（北京市东城区青年湖南街 13 号 邮政编码 100011）

印　　装：河北延风印务有限公司

787mm×1092mm 1/16 印张 12½ 字数 310 千字 2025 年 1 月北京第 1 版第 9 次印刷

购书咨询：010-64518888　　售后服务：010-64518899

网　　址：http://www.cip.com.cn

凡购买本书，如有缺损质量问题，本社销售中心负责调换。

定　　价：38.00 元

前言

FOREWORD

本书由学院教师与企业工作近20年的工程技术人员共同编写完成，内容的划分及编排更加适合生产实际以及职业教育的实际需求，理论基础知识与操作技能尽可能统一，使知识和技能得以贯穿与综合应用，达到理论与实践的密切结合。

本书采用最新国家标准，以通俗易懂的语言和较恰当的选材阐述了在管阀安装和检修中所应掌握和具备的维修基本知识和基本技能，内容包括：绪论、管路的标准化、管子与管件、阀门及其修理、管路的安装、塑料管道的发展与应用、管路的日常维护。相关章节安排综合训练，内容简洁，突出要点和实用性，以便学生掌握维修基本知识并获得解决生产中实际问题的能力。

教学中应采取讲练一体、边讲边练的教学方法，努力创造条件使教学在实习课堂完成，以达到掌握知识、培养专业能力的目的。

本书的内容已制作成用于多媒体教学的PPT课件，并将免费提供给采用本书作为教材的院校使用。如有需要，请发电子邮件至cipedu@163.com获取，或登录www.cipedu.com.cn免费下载。

本书由徐延国主编，马洪光任副主编，龙秀云、马瑞、匡照忠参与编写，全书由山东东明石化集团维修公司总经理孔洪斌主审。

本书主要适用于职业类院校机械维修类专业学生，也可作为职业培训教材，还可作为工程技术人员自学及参考用书。

由于水平有限，时间仓促，不足之处恳请广大读者批评指正。

编者

2018年3月

目录

CONTENTS

绪　论

生产和生活中管路的使用量是非常大的。管路的安装和检修具有工作量大、技术复杂、精度较高等特点。因此掌握管路维修技术，熟练地进行管路的安装检修工作，对保证生产的正常进行具有非常重要的意义。

本书主要介绍了管路的标准化；生产中常用的管子、管件；阀门的种类、作用、结构及修理方法；管子的加工、管路的连接形式、管路的安装以及管路常见故障的类型、产生原因和排除方法；塑料管道的发展及应用；管路的日常维护等。

本书实践性强，学习过程中应注重理论联系实际，把理论学习和生产实习及现场参观紧密结合起来。通过理论学习去指导生产实习，通过生产实习去理解深化理论知识，立足生产实际，扩大视野，增强分析和解决实际问题的能力，为从事管路的安装维修工作打下牢固的基础。

本书中所涉及的几个名称的含义如下。

① 管子：横截面是封闭环形的几何形状，有一定的壁厚和长度。生产中所用的管子绝大部分为圆环形断面。

② 管材：管子的制作材料。

③ 管段：能独立进行加工的一段管子，是构成管路的最基本的单元。长径比较小的管段称为短管或管节。

④ 管路：也称管道和管线，由管段、管件、管路附件和阀门等组成，与机器、设备相连，用于输送流体介质。

⑤ 管件：一般指用于管子连接的标准件，广义的管件包括阀门。

第一章

管路的标准化

为了便于大量生产，方便安装维护和检修，减少仓库中备品备件的储备量，使管路制品具有互换性，有利于管路的设计，管路和其他标准件一样也进行了标准化。管路的标准化中规定了管子和管件及管路附件的公称直径、连接尺寸、结构尺寸以及压力的标准。其中直径和压力标准是制订其他标准的依据，据此就可以确定所选管子和所有管路附件的种类及规格等，为管路的设计和安装维修提供了方便。

一、管路的直径标准

1. 公称直径

管路的公称直径又称公称通径，就是各种管子和管路附件的通用口径，是为设计制造及安装维修的方便而规定的一种标准直径。同一公称直径的管子和管路附件均能相互连接在一起，具有互换性。

有的制品的公称直径等于实际内径，例如，阀门和铸铁管等。但大多数制品的公称直径既不是实际内径也不是实际外径，而是和内径相接近的一个整数，是经过圆整了的一个参考数值，和实际尺寸相近，但不相等。如：水、煤气钢管和电焊钢管。

管道元件公称尺寸国际上约定用 *DN* 表示，后面的数字表示管子公称直径的数值，单位是 mm。例如，*DN*200，表示制品的公称直径是 200mm。表 1-1 是现行的管道元件公称尺寸标准系列。

表 1-1　现行的管道元件公称尺寸系列　　mm

6	50	300	900	2000	3600
8	65	350	1000	2200	3800
10	80	400	1100	2400	4000
15	100	450	1200	2600	
20	125	500	1400	2800	
25	150	600	1500	3000	
32	200	700	1600	3200	
40	250	800	1800	3400	

2. 公称直径的表示方法

公称直径有公制和英制两种表示法。公制的表示法见表 1-1，英制的以英寸为单位，公英制换算关系为：1in≈25.4mm。

对于螺纹连接的管子，公称直径习惯上用英制管螺纹尺寸表示，如表 1-2 所示。

表 1-2　公称尺寸相当的管螺纹尺寸

mm	in	mm	in	mm	in	mm	in	mm	in
8	1/4	20	3/4	40	3/2	80	3	150	6
10	3/8	25	1	50	2	100	4	200	8
15	1/2	32	5/4	65	5/2	125	5	250	10

二、管路的压力标准

管路压力可分为公称压力、试验压力和工作压力。压力的单位采用国际单位制，用 Pa 表示，常用单位为 MPa（兆帕），$1MPa=10^6Pa$。

1. 公称压力

公称压力是为设计制造和安装维修的方便而规定的一种标准压力。公称压力用 PN 表示，后面附加压力数值，例如，$PN100$ 表示公称压力为 100×10^5Pa。表 1-3 是现行的管道元件公称压力标准系列。

表 1-3　公称压力系列　　MPa

DIN 系列	2.5	6	10	16	25	40	63	100
ANSI 系列	20	50	110	150	260	420		

注：必要时允许选用其他 PN 数值。

2. 试验压力

试验压力是对管路进行水压强度试验和密封试验而规定的一种压力。用 p_s 表示，后面附加压力数值，例如 p_s160 表示管路的试验压力是 160×10^5Pa。

强度试验压力在 $PN2.5\times10^5\sim320\times10^5Pa$ 范围内为公称压力的 1.5 倍，在 $PN400\times10^5\sim800\times10^5Pa$ 范围内为 1.4 倍，在 $PN1000\times10^5Pa$ 以上分别为 1.25 和 1.2 倍不等。密封试验压力一般以公称压力进行，在能够确定工作压力的情况下，也可按工作压力的 1.25 倍进行。

3. 工作压力

工作压力也称操作压力，是为保证管路工作时的安全而规定的一种最大压力。因管路制作材料的机械强度随温度的升高而降低，故管路所能承受的最大工作压力也随介质温度的升高而降低。工作压力用 p 表示，后面的附加值是最高工作温度除以 10 所得的整数。例如：管路所能承受介质的最高温度是 370℃，公称压力为 100×10^5Pa，其工作压力用 $p_{37}100$ 表示。

三、国内外管道应用标准代号简介

国际上常见的管道应用标准体系见表 1-4，国内常用的管道应用标准体系见表 1-5。

其中ANSI/ASME标准是一个比较完整、成熟，同时也是国际上比较流行、通用的先进标准，广泛被各个国家所接受，我国所用标准体系基本上等效采用了该标准。

表1-4 国内外管道应用标准体系代号

名称	代号
美国国家标准	ANSI/ASME
国际标准	ISO
德国国家标准	DIN
英国国家标准	BS
前苏联标准	ГОСТ
法国国家标准	NF
日本工业标准	JIS
欧洲标准	EN

表1-5 国内常用的管道应用标准体系代号

名称	代号
国家强制性标准	GB
国家推荐性标准	GB/T
化工行业标准	HG
机械行业标准	JB
石油化工行业标准	SH

复习题

一、填空

1. 管路的标准化中__________和__________标准是制订其他标准的依据。

2. __________是为设计制造和安装维修的方便而规定的一种标准直径。

3. 公称直径有__________和__________两种表示方法。

4. 1in≈__________mm。

5. 管路压力可以分为__________、__________和__________。

6. __________是对管路进行水压强度试验和密封试验而规定的一种压力，__________是为保证管路工作时的安全而规定的一种最大压力。

二、选择

1. 公称直径国际上约定用（ ）表示。

A. *PN* B. *DN* C. PS D. Pa

2. 下列不属于管路常用通径的是（ ）。

A. 20 B. 40 C. 300 D. 320

3. 为保证管路工作时的安全而规定的一种最大压力称（ ）。

A. 公称压力 B. 工作压力 C. 试验压力 D. 公称直径

三、简答

1. 管路标准化的目的是什么？其内容是什么？

2. 管路的公称直径是怎样规定的？它与管子的规格有什么不同？

3. 解释下列代号的意义：$DN25$、$PN200$、p_s25、$p_{10}200$。

第二章

管路与管件

管子与管件是管路最基本的组成部分，掌握它们的种类及适用范围等对管路的安装和检修具有非常重要的意义。

第一节　管　　子

管路中所使用的管子种类繁多，根据公称直径的大小可以分为如前所述的43个级别；根据管子承受介质的压力可以分为低压管（0.25～1.6MPa）、中压管（2.5～6.4MPa）、高压管（10～100MPa）和超高压管（100MPa以上）四种；根据管材又可分为金属管、非金属管和衬里管三大类。现对金属管、非金属管和衬里管分述如下。

一、金属管

常用的金属管有以下几种。

（一）钢管

钢管可以分为有缝钢管和无缝钢管两大类。

1. 有缝钢管

有缝钢管包括水、煤气钢管和电焊钢管两种。

(1) 水、煤气钢管

水、煤气钢管是用扁钢卷制成管形并把对缝焊接而形成的管子。可将其分为外表面有镀锌的管（白管）和不镀锌的管（黑管）两种（镀锌管比不镀锌管重3%～6%）；管壁厚度有普通的和加厚的两种；管端有带螺纹的和不带螺纹的两种。

水、煤气钢管的耐压强度较低，所以使用在压力不太高的管路上。其普通壁厚的钢管能承受的最大工作压力为0.6MPa，加厚的为1.0MPa，工作温度不宜超过175℃。水、煤气钢管一般用于输送水、煤气和压缩空气等介质，也用作采暖系统的管路。

（2）电焊钢管

电焊钢管是用软钢板条，采用直卷法或螺旋法制成管形后经过焊接而成的管子。一般用于承受压力较低或无严格要求的管路上。电焊钢管规格用外径×壁厚表示。如：$\phi60\times5$。表 2-1 为钢管的公称口径与钢管的外径、壁厚对照表。

表 2-1 钢管的公称口径与钢管的外径、壁厚对照表 mm

公称口径	外径	壁厚	
		普通钢管	加厚钢管
6	10.2	2.0	2.5
8	13.5	2.5	2.8
10	17.2	2.5	2.8
15	21.3	2.8	3.5
20	26.5	2.8	3.5
25	33.7	3.2	4.0
32	42.4	3.5	4.0
40	48.3	3.5	4.5
50	60.3	3.8	4.5
65	76.1	4.0	4.5
80	88.9	4.0	5.0
100	114.3	4.0	5.0
125	139.7	4.0	5.5
150	168.3	4.5	6.0

注：表中的公称口径系近似内径的名义尺寸，不表示外径减去两个壁厚所得的内径。

2. 无缝钢管

无缝钢管是由圆钢坯加热后，经过穿管机热轧制而成的，或者再经过冷拔成为直径较小的管子。因为它没有接缝，所以称为无缝钢管。前者为热轧无缝钢管，后者为冷拔无缝钢管。无缝钢管的强度比有缝钢管高，可作为高压、易燃、易爆及有毒介质的输送管道。当需要输送强腐蚀性介质时，一般采用不锈钢或耐酸钢的无缝钢管。无缝钢管的规格用外径×壁厚表示，如：$\phi108\times4$。

（二）铸铁管

铸铁管分为普通铸铁管和硅铁管两种。

1. 普通铸铁管

普通铸铁管用优质灰铸铁铸造。由于铸铁管对泥土及酸碱的耐蚀性好，因此常被埋入地下作为上水总管、煤气总管或污水管等。但是，由于普通铸铁管强度低、材质结构疏松并容易脆裂，因此不能用作蒸汽或在较高压力下输送易燃、易爆或有毒介质的管路。普通铸铁管的管端头有承插式和法兰式两种，其结构如图 2-1（a)、(b）所示。

2. 硅铁管

硅铁管能承受多种强酸的腐蚀，是生产中很好的耐蚀管材，但是它的硬度很高，脆性较大，当受到敲击、碰撞、局部受热或局部急剧冷却时都容易产生破裂，所以在使用时应特别注意。在维修工作中需要修磨时，必须用金刚砂轮进行修磨。

硅铁管的管端铸有供连接用的凸肩，结构如图 2-2 所示。硅铁管连接时，需要使用对开式松套法兰，结构如图 2-3 所示。

（三）有色金属管

生产中常用的有色金属管有铜管、铝管和铅管三种。

1. 铜管

常用的铜管有紫铜管和黄铜管两种。其规格用外径×壁厚表示。

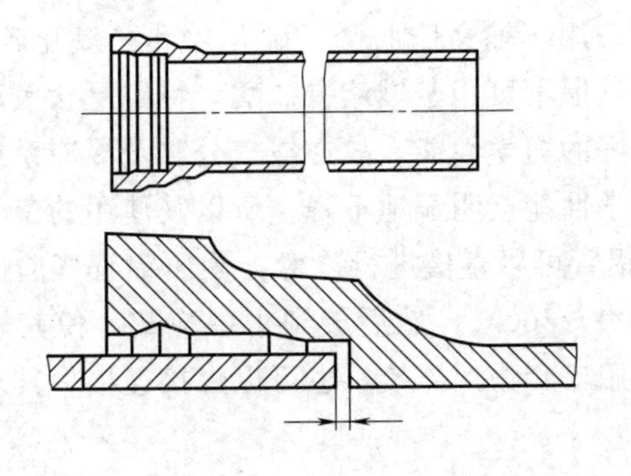

(a) 承插式

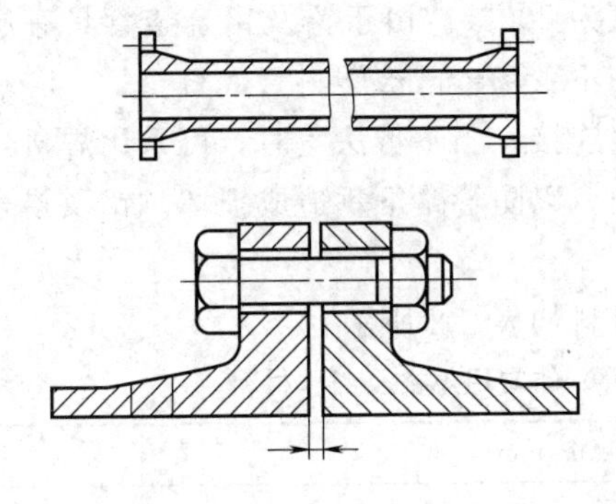
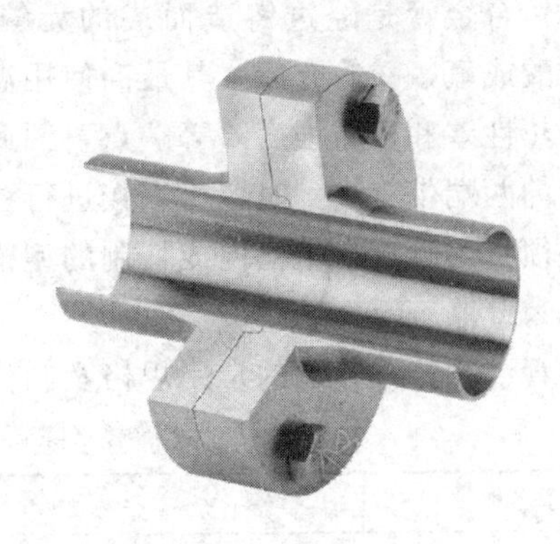

(b) 法兰式

图 2-1　普通铸铁管

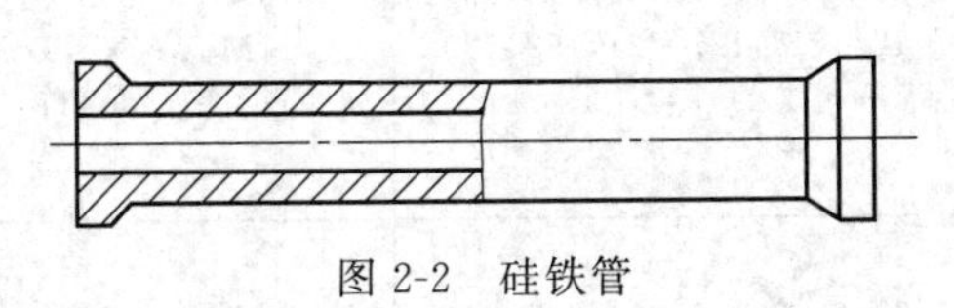

图 2-2　硅铁管

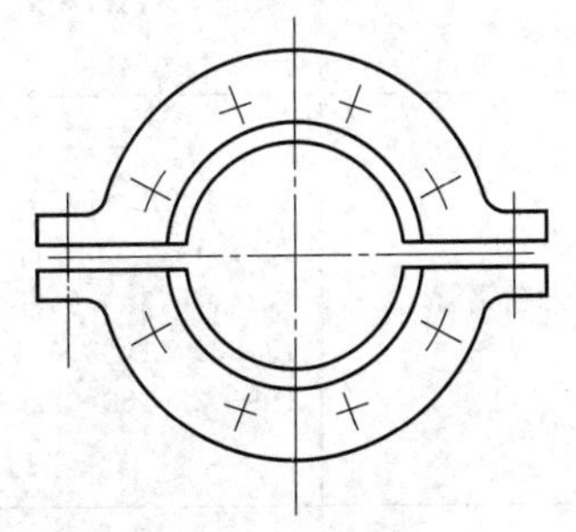

图 2-3　对开式松套法兰

（1）紫铜管

紫铜管是用纯铜经拉制或压制而成的无缝管。紫铜管在低温条件下具有良好的力学性能，所以通常被用于制氧设备的低温管路，也常用作输油管路。当工作温度升高时其力学性能会降低，所以不能在高温下使用。

（2）黄铜管

黄铜管是以铜锌合金为材质，经拉制或压制而成的无缝管。其机械强度高于紫铜管，通常用作中小型列管式换热器中的管束。黄铜管需要弯曲加工时，应先进行退火处理，以提高其韧性，其操作方法是将管子加热到 600～650℃，在空气中冷却后再进行弯制。铜管连接时可在管口进行翻边，然后用松套法兰连接，也可用钎焊或活管接的方法进行连接。

2. 铝及铝合金管

铝及铝合金管是通过拉制而成的无缝管。用于输送脂肪酸、硫化氢和二氧化碳等介质，也可用于输送硝酸、醋酸及蚁酸等化学介质，但不可用于碱液、盐酸，特别是含氯离子化合物的输送。由于铝在低温的情况下能保持较好的力学性能，故在空气分离及冷冻系统中也得到了广泛的应用。当温度升高时，铝管的力学性能会明显地下降，所以其使用的工作温度不宜超过 160℃。对铝管进行弯曲加工时，软铝管可以直接进行冷弯，硬质铝管弯曲前则应进行退火处理，其操作方法是将管子加热到 200～300℃，然后放到水中冷却，使其软化后再进行弯曲。铝管的管口可先进行翻边，然后用松套法兰连接，也可以焊接连接。其规格用外径×壁厚表示。

3. 铅及铅合金管

铅及铅合金管是经过铸造而成的无缝管。用于输送浓度小于 70％的硫酸、浓度小于 60％的醋酸或氟氯酸等介质，其最高使用温度为 200℃。由于铅及铅合金管具有质量大、熔点低、导热性差和机械强度差等缺点，因此在不少场合已被塑料管代替。

铅管的两端带有法兰时，可直接进行法兰连接；当不带法兰时，可采用焊接连接。在安装时，必须将铅管放在木槽内或特制的型槽内，以防管路下垂造成损坏。铅及铅合金管的规格用外径×壁厚表示。

金属管（除铸铁管）的常用规格及制作材料如表 2-2 所示。

表 2-2 金属管（除铸铁管）的常用规格及制作材料

管子名称		常用规格/mm	材料
无缝钢管	中低压无缝钢管	8×1.5,10×1.5,14×2,14×3,18×3,22×3,5×3,32×3,32×3.5,38×3,38×3.5,45×3,45×3.5,57×3.5,6×4,76×5,89×5,108×4,108×6,133×4,133×6,159×4.5,159×6,219×6,273×8,325×8,377×9	20,10,16Mn
	低温无缝钢管		09Mn2V,06AlNbCuN,20Mn23Al
高压无缝钢管		15×4,21×5,25×5.5,35×6.5,42×7,57×9,70×10,89×13,108×14,133×17,159×20,194×24,219×27,237×34(14×4,24×6,35×6,35×9,43×7,43×10,49×10,57×9,68×10,68×13,83×11,83×15,102×14,102×17,127×17,127×21,159×20,159×28,180×22,180×30,219×35)	20,15MoV,12MnMoV,10MoVNbTi,10MoWVNb,Cr18Ni13Mo2Ti
不锈钢、耐酸钢无缝钢管		6×1,10×1.5,14×2,18×2,22×1.5,22×3,25×2,29×2.5,32×2,38×2.5,45×2.5,50×2.5,57×3,65×3,76×4,89×10,108×4.5,133×5,159×5	1Cr13,2Cr13,Cr17Ti,Cr18Ni9Ti,Cr18Ni13Mo2Ti
水、煤气管		1/2″,3/4″,1″,5/4″,3/2″,2″,3″,4″,6″	Q235A
电焊钢管		219×7,273×7,325×7,377×7,426×7,529×7,630×7	Q235A,16Mn
紫铜管		5×1,7×1,10×1,15×1,18×1.5,24×1.5,28×1.5,35×1.5,45×1.5,5×1.5,75×2,85×2,104×2,129×2,156×3	T2,T3,T4
黄铜管		5×1,7×1,10×1,15×1,15×1.5,18×1.5,24×2,28×1.5,28×2,35×1.5,45×1.5,45×2,55×2,75×2.5,80×2,86×3,100×3	H62,H68

续表

管子名称	常用规格/mm	材料
铝及铝合金管	18×1,25×1.5,32×1.5,32×2,38×1.5,38×2,45×2,45×2.5,55×2,55×2.5,75×2.5,90×2.5,90×3,110×5,110×3,115×5,120×5	L2,L3,L4,LF2,LF3,LF21
铅及铅合金管	20×2,22×2,31×3,50×5,62×6,94×7,118×9	Pb4,PbSn4,PbSb6

二、非金属管

非金属管具有质轻、价廉及耐蚀的特点，且随着科学技术的发展，强度更高、性能更好的非金属材料在不断地研制和采用，故在生产中的使用范围也越来越广。常用的非金属管如下。

1. 塑料管

塑料管能承受稀酸、碱液等介质腐蚀，机械加工性能好，重量轻，所以在生产生活中应用广泛，但是，塑料管不能承受浓酸的氧化和碳氢化合物的作用。

2. 尼龙 1010 管

尼龙 1010 管对大多数化学物质具有良好的稳定性，但不宜与强酸类、强碱类及酚类等介质直接接触。

3. 石英玻璃管

石英玻璃管可分为透明石英玻璃管和不透明石英玻璃管两种。它是二氧化硅的熔融物，耐蚀性特别强，除氟氢酸外，即使在高温下对硫酸、硝酸、王水也具有很高的抗蚀能力。

(1) 透明石英玻璃管

透明石英玻璃管具有化学稳定性高、透明、光滑及价廉等优点，一般用作实验室管路。透明石英玻璃管在管路中有松套法兰、承插和套筒等连接形式。

(2) 不透明石英玻璃管

不透明石英玻璃管适用于耐高温、耐强酸、耐电压以及对热稳定性有一定要求的管路。

4. 玻璃钢管

玻璃钢又叫玻璃纤维增强塑料，它具有重量轻、强度高、耐高温、耐腐蚀、绝缘、隔音和隔热等优点。随着化学工业的发展，玻璃钢管的应用日益广泛。在管路中，玻璃钢管常采用普通法兰、松套法兰或承插等方法连接。

5. 玻璃钢增强管

玻璃钢增强管能够克服玻璃管质脆的特点，既发挥了玻璃管的优良耐蚀性能，又获得了较高的机械强度。

6. 耐酸陶瓷管

耐酸陶瓷管是用耐酸陶瓷经高温烧结而成的。它具有很好的耐腐蚀性，因此可作为输送腐蚀性介质的管路。耐酸陶瓷管的管端具有凸肩时，可采用松套法兰连接；具有承插口时，可采用承插连接。耐酸陶瓷管的结构如图 2-4 所示。

7. 橡胶管

橡胶管是生橡胶与填料的混合物经过硫化后制成的挠性管子。橡胶管按用途不同可分为抽吸管、压力管和蒸汽管等；按结构不同可分为纯橡胶的小直径管、橡胶帆布挠性管和橡胶螺旋钢丝挠性管等。

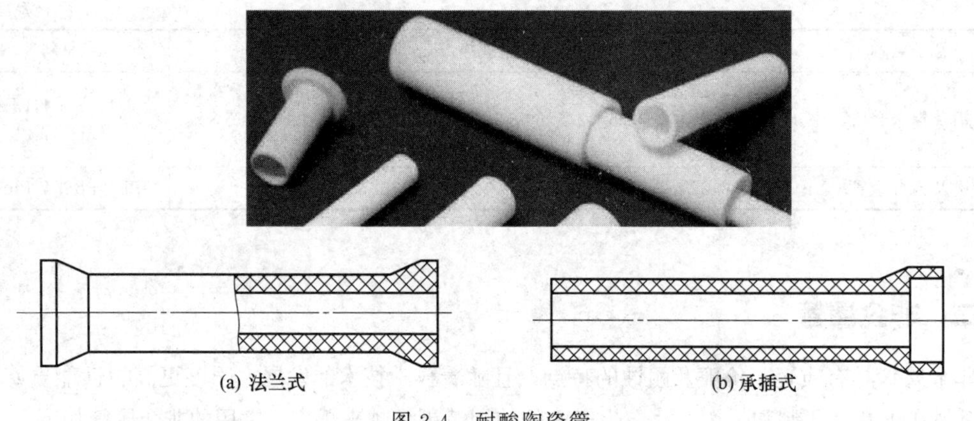

图 2-4 耐酸陶瓷管

橡胶管在管路中一般只作临时性管路或作为某些管路的连接件。

三、衬里管

衬里管是在碳钢管的内表面，衬上一层其他材料制成的管子，又被称为复合管，其结构如图 2-5 所示。根据所衬材料的不同可分为衬铅管、衬铝管、衬不锈钢管、衬橡胶管和衬塑料管等。

衬里管的外层采用碳钢，内层采用耐腐蚀性材料，所以其强度高，耐蚀性好。

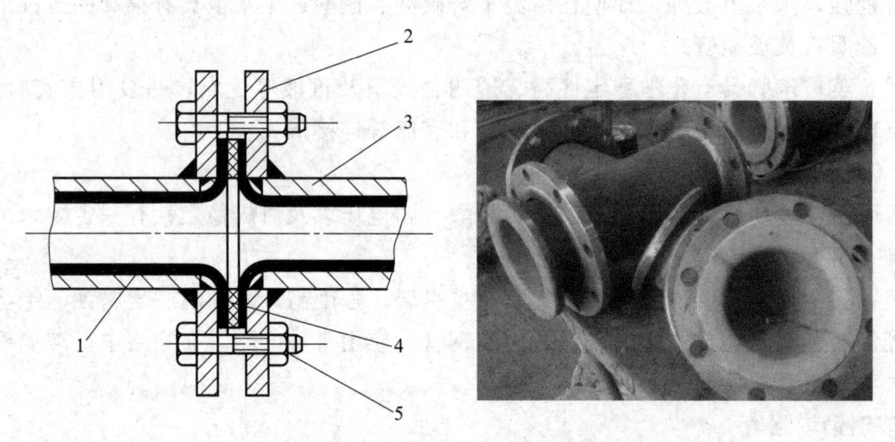

图 2-5 衬里管的结构

1—衬胶层；2—管法兰；3—管体；4—软橡胶垫片；5—螺栓

第二节 管 件

一、管件

管件是管路的连接件。它的作用是连接管子、改变管路方向、接出支路、变更管子的公称直径、调节流量、沟通或封闭管路等。管件一般是采用锻造、铸造或模压的方法制造的，有些管件可在安装修理现场加工而成。大多数管件已标准化。

1. 水、煤气钢管的管件

水、煤气钢管的管件已标准化，通常由可锻铸铁制造，当要求较高时也可用钢制管件。常用管件的规格和种类如表 2-3 和表 2-4 所示。

表 2-3 水、煤气钢管管件螺纹连接的规格（公称尺寸）

mm	6	10	15	20	25	32	40	50	65	80	100	125	150
in	1/8	3/8	1/2	3/4	1	5/4	3/2	2	5/2	3	4	5	6

表 2-4 水、煤气钢管管件的种类和用途

种类	用途	种类	用途
内螺纹管接头	俗称“内牙管、管箍、束节、管接头、死接头”等，用以连接两段公称直径相同的管子	等径三通	俗称“T 形管”，用于由主管中接出支管、改变管路方向和连接三段公称直径相同的管子
外螺纹管接头	俗称“外牙管、外螺纹短接、外丝扣、外接头、双头丝对管”等，用以连接两个公称直径相同的具有内螺纹的管件	异径三通	俗称“中小天”，用以由主管中接出支管、改变管路方向和连接三段具有两种公称直径的管子
活管接	俗称“活接头、由壬”等，用以连接两段公称直径相同的管子	等径四通	俗称“十字管”，用以连接四段公称直径相同的管子
异径管	俗称“大小头”，用以连接两段公称直径不相同的管子	异径四通	俗称“大小十字管”，用以连接四段具有两种公称直径的管子
内外螺纹管接头	俗称“内外牙管、补心”等，用以连接一个公称直径较大的具有内螺纹的管件和一段公称直径较小的管子	外方丝堵	俗称“管塞、丝堵、堵头”等，用以封闭管路

续表

种　类	用　途	种　类	用　途
等径弯头	俗称“弯头、肘管”等，用以改变管路方向和连接两段公称直径相同的管子，它可分为45°和90°两种	管帽	俗称“闷头”，用以封闭管路
异径弯头	俗称“大小弯头”，用以改变管路方向和连接两段公称直径不相同的管子	锁紧螺母	俗称“背帽、根母”等，它与内牙管联用，可以得到可拆的接头

2. 电焊钢管、无缝钢管和有色金属管的管件

这类管件已部分标准化，如冲压弯头、异径管和三通等，但大多是在安装修理现场加工而成。这些管子和管件的连接方法有法兰连接和焊接等。常见电焊钢管管件的制作形式如图2-6所示。由于管子的直径越大弯曲越困难，因此对于$DN>100$mm的管子弯制弯头时，应采用皱折弯法或组对焊接法（虾米腰），如图2-7所示，这种方法可以减小管件的结构尺寸，其缺点是制作较难，流体阻力较大。

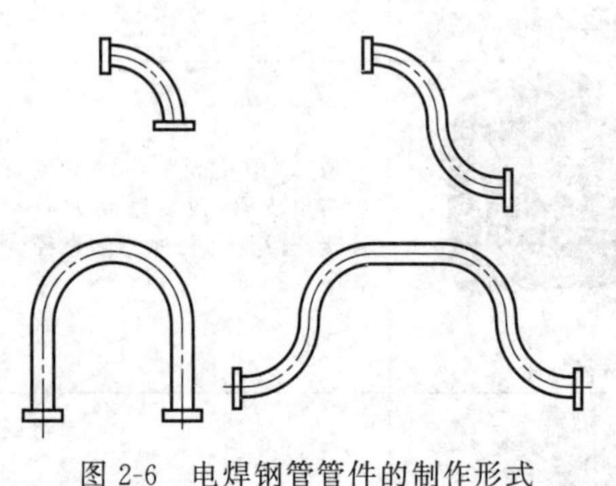

图2-6　电焊钢管管件的制作形式

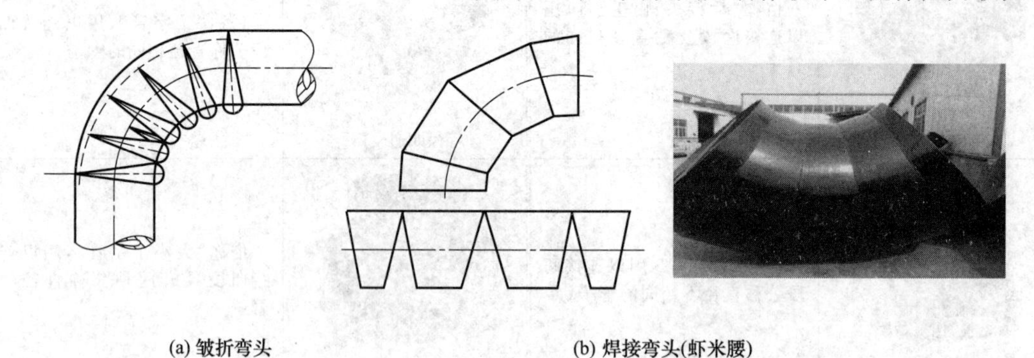

(a) 皱折弯头　　(b) 焊接弯头(虾米腰)

图2-7　直径较大的管子的弯头制作方法

为了管路施工的方便，钢管的管件已逐步走向标准化，如DN25～500的无缝弯头有$R=1.5DN$（90°）、$R=1.5DN$（45°）和$R=1DN$（90°）三种；DN250～2000的冲压焊接弯头有$R=1.5DN$（90°）、$R=1.5DN$（45°）和$R=1DN$（90°）等（R为弯曲半径）；还有$DN25\times20$～400×300的无缝同心和偏心大小头，以及$DN200\times100$～1000×900的焊接同心和偏心大小头等。

高温高压下工作的钢质管路多采用锻制管件，它们一般不在现场制作。

有色金属的管件一般在现场制作，其形状与钢管相似。

3. 铸铁管的管件

铸铁管的管件已标准化，分为普通铸铁管件和硅铸铁管件两种。

(1) 普通铸铁管的管件

普通铸铁管的管件有弯头（90°、60°、45°、30°、10°等）、三通、四通、异径管等，如图 2-8 所示。管件在管路中的连接有承插连接、法兰连接和混合连接等。

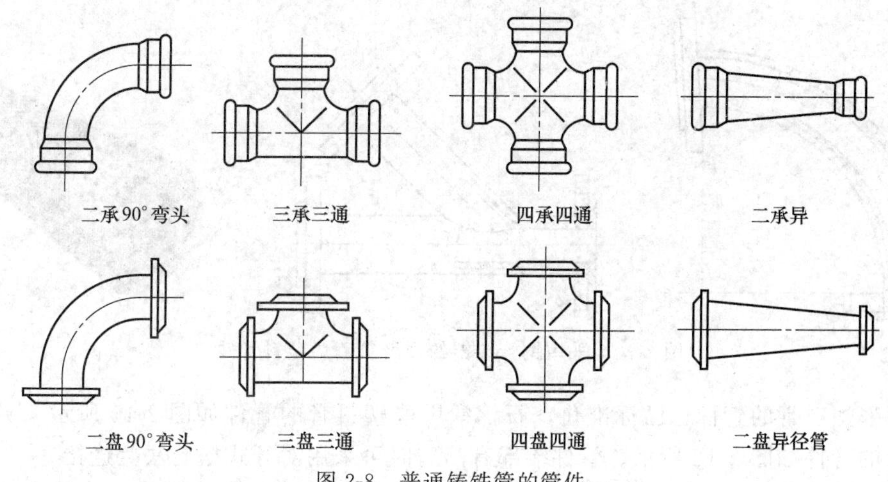

图 2-8　普通铸铁管的管件

(2) 硅铸铁管的管件

硅铸铁管的管件有弯头、三通、四通、异径管、管帽和嵌环等，如图 2-9 所示。管件的端部铸有凸肩的可采用松套法兰连接。

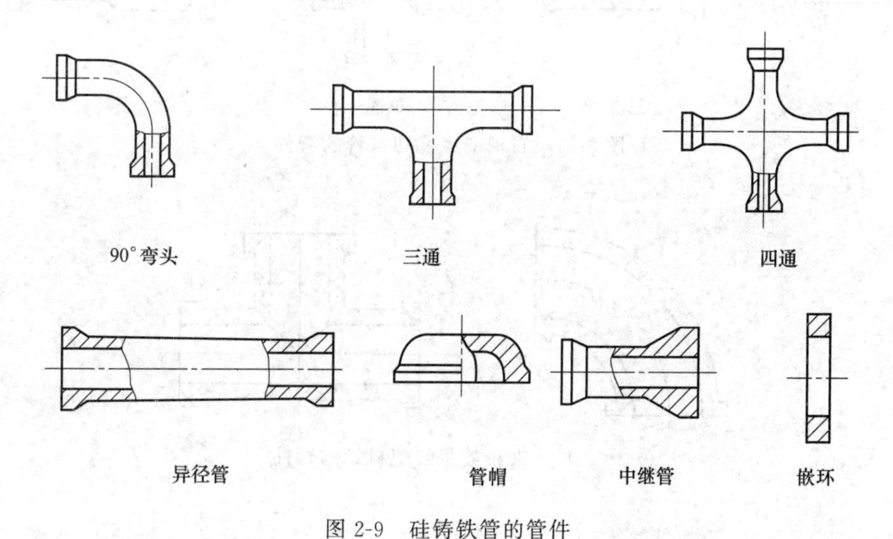

图 2-9　硅铸铁管的管件

4. 耐酸陶瓷管的管件

耐酸陶瓷管的管件有弯头（90°和 45°）、三通、四通和异径管等，其形状和铸铁管的管件相似，也已经标准化，与管路的连接方法可采用承插连接和松套法兰连接。

5. 塑料管的管件

硬聚氯乙烯塑料管的管件可在现场就地制作，制作时应将被弯制的部位加热至150℃左右。公称直径较大的管子，为防止弯曲时变形过大，可先在管子内部进行充砂，再进行加热弯制；对于公称直径较小的管子，在弯制时则不需要充砂，与管路可采用焊接连接。

输送热液体（80～90℃）的硬聚氯乙烯塑料管件，必须进行装铠加固，以便减少硬聚氯乙烯塑料管所承受的张力，如图2-10所示为采用钢管装铠的硬聚氯乙烯塑料管的弯头和斜三通，与管路采用法兰连接。

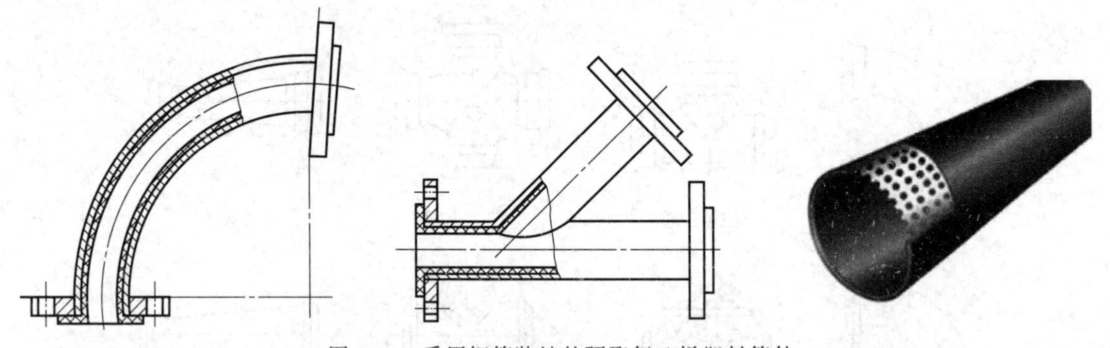

图2-10 采用钢管装铠的硬聚氯乙烯塑料管件

酚甲醛塑料管的管件也已标准化，石棉酚甲醛塑料管的管件如图2-11所示，夹布酚甲醛塑料管的管件如图2-12所示。管件端部有凸肩时可采用对开式松套法兰连接。

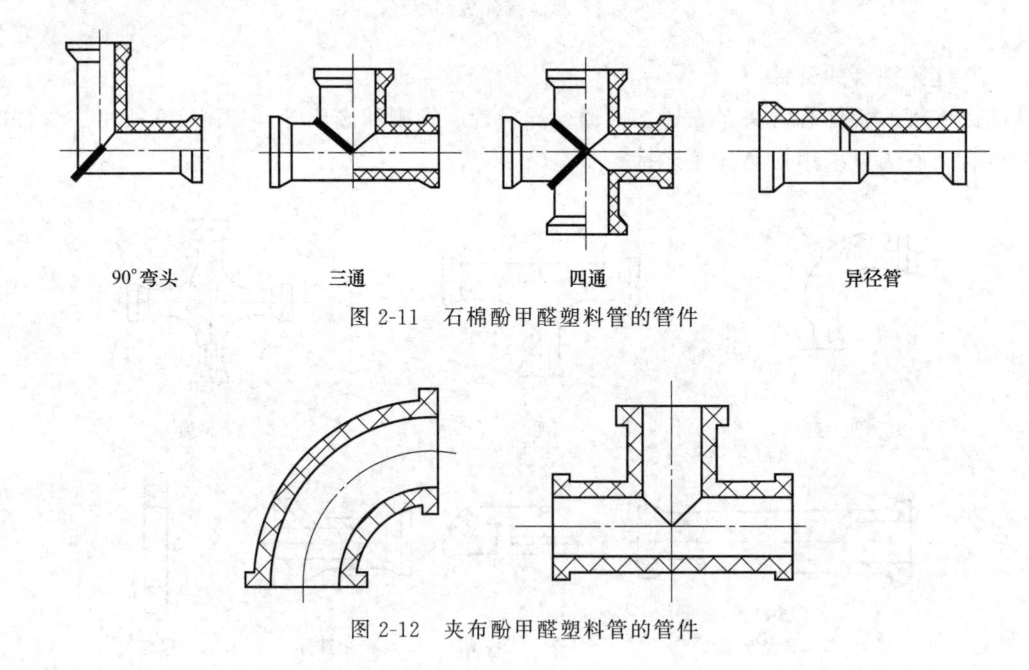

图2-11 石棉酚甲醛塑料管的管件

图2-12 夹布酚甲醛塑料管的管件

二、管路附件

管路附件包括补偿器、视镜、阻火器、过滤器、阀门伸长杆、漏斗、防空帽和防雨帽等。因补偿器在管路安装中将作专门讲述，在此不作介绍。

1. 视镜

视镜多用于排液或受液槽前的回流或冷却水等液体管路上，以观察液体的流动情况。常用的有直通玻璃板式（图 2-13）、三通玻璃板式（图 2-14）和直通玻璃管式（图2-15）等。

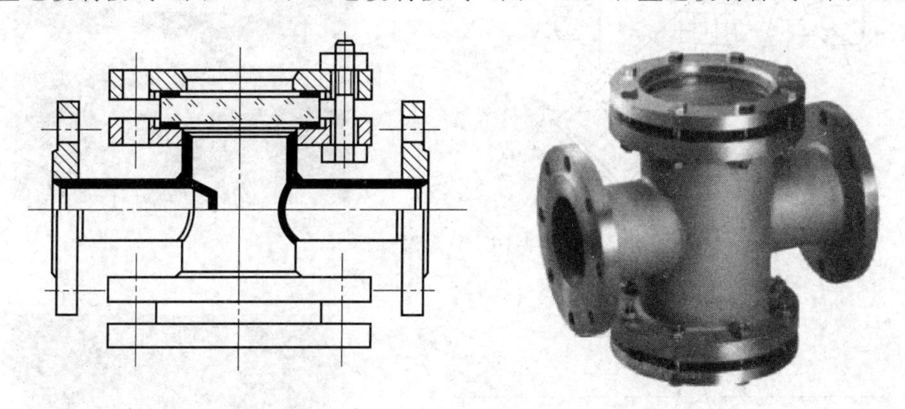

图 2-13　直通玻璃板式视镜

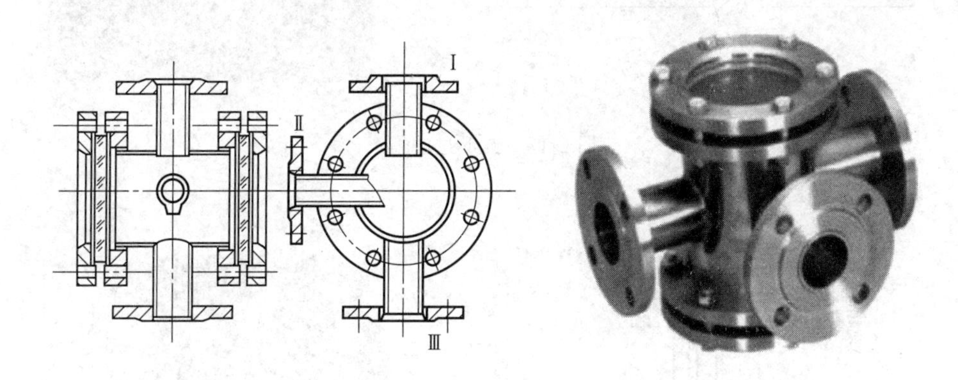

图 2-14　三通玻璃板式视镜

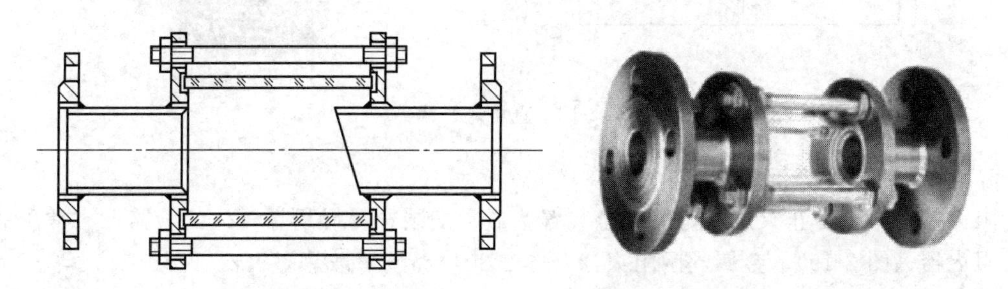

图 2-15　直通玻璃管式视镜

2. 过滤器

过滤器多用于泵、仪表（如流量计）或疏水阀前的液体的管路上，要求安装在便于清理的地方。常用的有 Y 形过滤器（图 2-16）、锥形过滤器（图 2-17）和直角式过滤器（图 2-18）等。

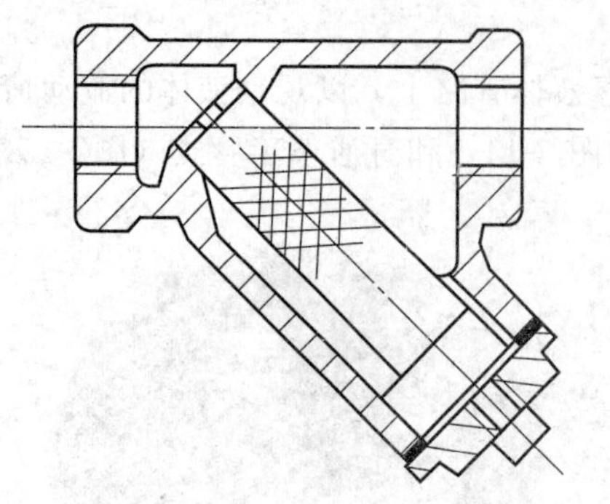

图 2-16　Y 形过滤器

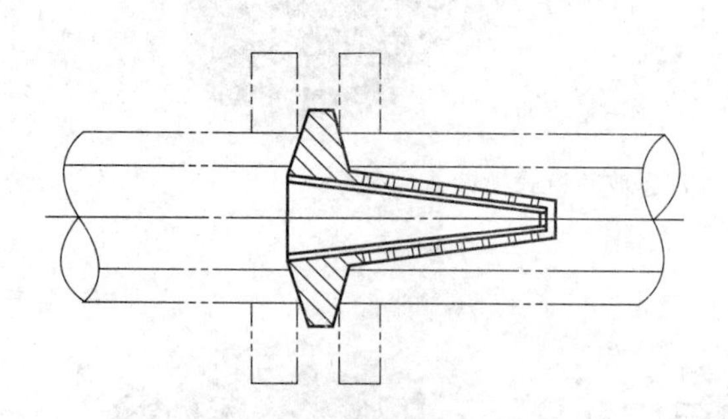
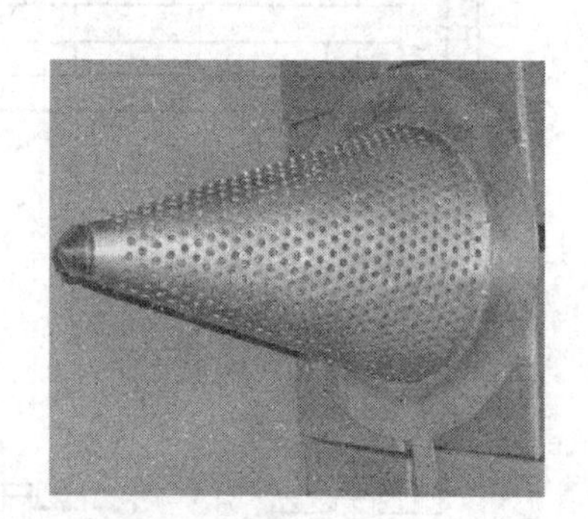

图 2-17　锥形过滤器

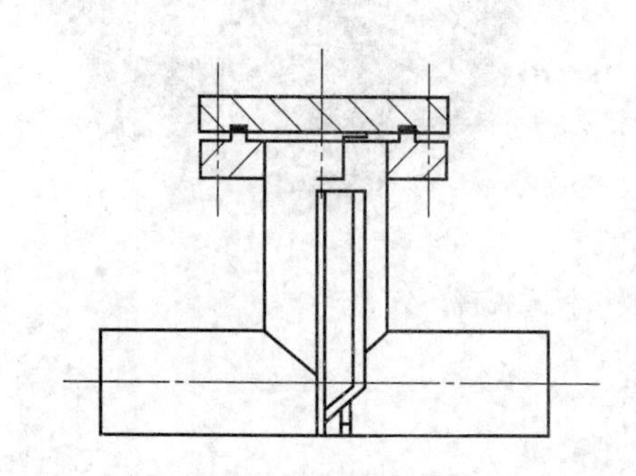

图 2-18　直角式过滤器

3. 阻火器

阻火器是一种防止火焰蔓延的安全装置，通常安装在易燃易爆气体的管路上。常用的有砾石阻火器（图 2-19）、金属丝网阻火器（图 2-20）和波形散热阻火器（图 2-21）等。

4. 漏斗

用于排液系统。

5. 防空帽和防雨帽

用于室外的管口，均为焊接而成。

6. 阀门伸长杆

用于隔楼板或隔墙板操作的阀门。

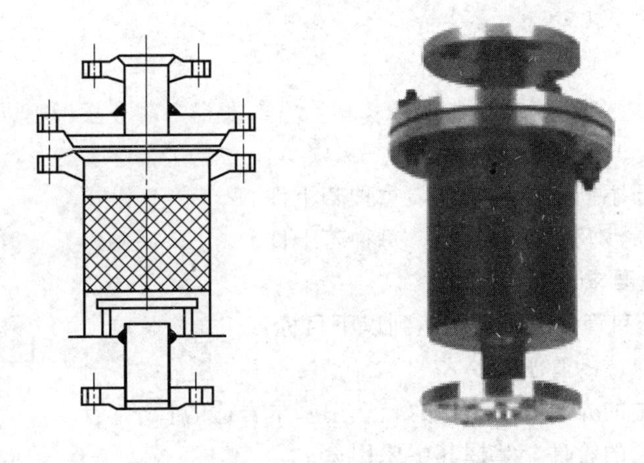

图 2-19　砾石阻火器

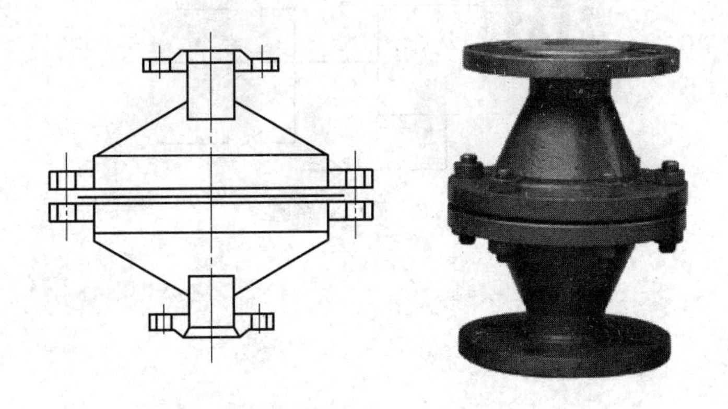

图 2-20　金属丝网阻火器

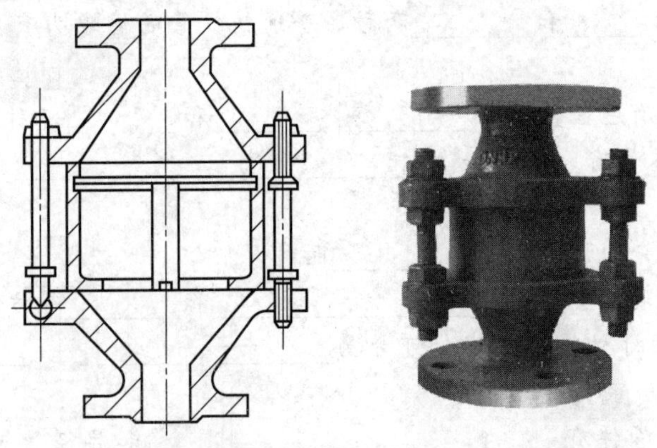

图 2-21　波形散热阻火器

综合训练

一、实习条件

① 配置各种材质不同规格的管段，每种若干件。

② 配置教材中所涉及的各种管件，每种若干件。

二、实习内容及要求

通过对各种管子和管件的熟悉能达到以下目标：

① 能分辨各种材质的管子。

② 能根据管路中的介质和工作压力，选用基本合适的管子。

③ 认识各种管子的管件，掌握其主要用途。

④ 能根据简单的管路图（图 2-22），写出安装该管路时所需用管件的种类和数量计划。

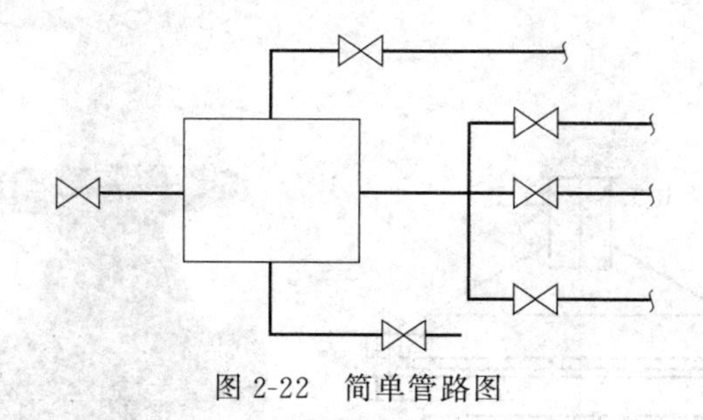

图 2-22 简单管路图

复习题

一、填空

1. 管路中所使用的管子根据管子可承受介质的压力可分为低压管、________、________和________四种；根据管材又可分为________、________和________三大类。

2. 钢管可分为________和________两大类，有缝钢管包括________和________两种。

3. 铸铁管分为________和________两种，普通铸铁管的管端头有________和________两种。

4. 生产中常用的有色金属管有________、________和________三种。

5. 常用的非金属管有________、________、________、________、________、耐酸陶瓷管等。

6. 石英玻璃管可分为________和________两种。

7. 在管路中，玻璃钢管常采用________、________和________等方法连接。

8. 衬里管根据所衬材料的不同，可分为________、________、________、衬橡胶管、衬塑料管等。

9. 普通铸铁管的管件有________、________、________和异径管等，管件在管路中的连接有承插连接、________和________等。

10. 管路附件包括________、________、________、过滤器、阀门伸长杆、________和________等。

11. 常用的视镜有________、________和________等。

12. 常用的过滤器有________、________和________等。

13. 常用的阻火器有________、________和________等。

二、选择

1. 管路中所使用的高压管是指（　　）。

A. 2.5～6.4MPa　　B. 10～100MPa　　C. 100～1000MPa　　D. 1000MPa 以上

2. 水、煤气钢管的耐压强度低，其能承受的最大工作压力为（　　）。

A. 1MPa　　B. 10MPa　　C. 20MPa　　D. 100MPa

3. 当温度升高时，铝管的力学性能会有明显的下降，所以其使用的工作温度不宜超过（　　）。

A. 60℃　　B. 160℃　　C. 260℃　　D. 360℃

三、判断

1. 有缝钢管是由圆钢坯加热后，经穿管机热轧制而成的，或者再经过冷拔成为直径较小的管子。（　　）

2. 无缝钢管的强度比有缝钢管的强度高，可作为高压、易燃易爆或有毒介质的输送管道。（　　）

3. 普通铸铁管用作蒸汽或在较高压力下输送易燃、易爆及有毒介质的管路。（　　）

4. 黄铜管是用纯铜经拉制或压制而成的无缝管。（　　）

5. 铅管在安装时，必须放在木槽内或特制的型槽内，以防管路下垂造成损坏。（　　）

6. 高温高压下工作的钢质管路多采用锻制管件。（　　）

四、简答

1. 管子根据压力及材质是怎样分类的？

2. 各种管子的规格是如何规定的？

3. 铸铁管在使用时有何要求？

4. 有色金属管常用的有哪几种？各有何特殊用途？

5. 非金属管和金属管相比有何主要优缺点？

6. 管件在管路中的作用是什么？

7. 水、煤气管件有哪些种类？

8. 电焊管的管件常用的制作形式有哪些？

9. 常用的管路附件有哪些？

第三章

阀门及其修理

第一节　阀门基础知识

凡是用来控制流体在管路内流动的装置通称作阀门或阀件。

随着现代科学技术的发展，阀门在工业、建筑、农业、国防、科研以及人民生活等方面，使用日益普遍，已成为人类活动的各个领域中不可缺少的通用机械产品。阀门的需求量随着国民经济的发展不断增长。一个现代化石油化工装置需要约一万只各式各样的阀门，一座现代住宅楼也需要几千只阀门。阀门的使用量大，开启关闭频繁，往往因使用不当或产品质量低劣，发生跑、冒、滴、漏现象。由此时常引发火灾、爆炸、中毒、烫伤事故，给国家和人民生命财产造成重大损失。因此，合理选用阀门，正确使用与维修阀门非常重要。

一、阀门的作用

阀门的主要作用包括：

① 启闭作用　切断或沟通管内流体介质的流动。

② 调节作用　改变管路阻力，调节流体流速，使流体通过阀门后产生很大的压力降。

③ 安全保护作用　当管路或设备内超压时，及时自动排放介质，维持一定的压力。

④ 控制流向作用　分配及控制流体的流量和流向等。

二、阀门的分类

随着各类成套设备工艺和性能的不断改进，阀门的种类也在不断变化增加。阀门的分类方法有很多种，常用的几种分类方法如下。

1. 按作用和用途分类

① 截断阀　截断阀又称闭路阀，其作用是接通或截断管路中的介质。截断阀包括截止阀、闸阀、旋塞阀、球阀、蝶阀和隔膜阀等。

② 止回阀　止回阀又称单向阀或逆止阀，其作用是防止管路中的介质倒流。水泵吸水管的底阀也属于止回阀类。

③ 安全阀　其作用是防止管路或装置中的介质压力超过规定数值，从而达到安全保护的目的。

④ 调节阀　调节阀的作用是调节介质的压力、流量等参数。包括调节阀、节流阀和减压阀。

⑤ 分配阀　分配阀的作用是改变介质的流向，分配、分离或混合管路中的介质。如三通球阀、三通旋塞阀、各种分配阀和疏水阀等。

⑥ 其他特殊专用阀　如放空阀、排渣阀、排污阀、清管阀等。

⑦ 多用阀　如止回截止阀、止回球阀、过滤球阀等。

2. 按公称压力分类

① 真空阀　指工作压力低于标准大气压的阀门。

② 低压阀　指公称压力 $PN \leqslant 1.6$MPa 的阀门。

③ 中压阀　指公称压力 PN 为 2.5MPa、4.0MPa、6.4MPa 的阀门。

④ 高压阀　指公称压力 PN 为 10～80MPa 的阀门。

⑤ 超高压阀　指公称压力 $PN \geqslant 100$MPa 的阀门。

3. 按工作温度分类

① 超低温阀　用于介质工作温度 $t < -100$℃的阀门。

② 低温阀　用于介质工作温度 $-100℃ \leqslant t < -40℃$的阀门。

③ 常温阀　用于介质工作温度 $-40℃ \leqslant t < 120℃$的阀门。

④ 中温阀　用于介质工作温度 $120℃ \leqslant t < 450℃$的阀门。

⑤ 高温阀　用于介质工作温度 $t \geqslant 450$℃的阀门。

4. 按驱动方式分类

阀门按驱动方式可分为驱动阀门和自动阀门，而驱动阀门又可分为手动阀门和动力驱动阀门。

① 自动阀　是指不需要外力驱动，而是依靠介质自身的能量来使阀门动作的阀门。如安全阀、减压阀、疏水阀、止回阀、自动调节阀等。

② 动力驱动阀　动力驱动阀可以利用各种动力源进行驱动。在工业领域常见的动力驱动阀门有电动阀、气动阀、液动阀、气-液联动阀门、电-液联动阀门等。

电动阀：借助电力驱动的阀门。

气动阀：借助压缩空气驱动的阀门。

液动阀：借助油等液体压力驱动的阀门。

气-液联动阀门：由气体和液体的压力联合操作的阀门。

电-液联动阀门：用电动装置和液体的压力联合操作的阀门。

③ 手动阀　手动阀借助手轮、手柄、杠杆、链轮等，靠人力来操纵阀门动作。当阀门启闭力矩较大时，可在手轮和阀杆之间设置齿轮或蜗轮减速器。必要时，也可以利用万向接头及传动轴进行远距离操作。手动阀门是最常见的一种阀门驱动方式，一般作用在手动阀门手轮上的驱动力不得超过 360N。

5. 按公称通径分类

① 小通径阀门　公称通径 $DN \leqslant 40$mm 的阀门。

② 中通径阀门　公称通径 DN 为 50～300mm 的阀门。

③ 大通径阀门　公称通径 DN 为 350～1200mm 的阀门。

④ 特大通径阀门　公称通径 $DN \geqslant 1400$mm 的阀门。

6. 按连接方式分类

① 螺纹连接阀门　阀体带有内螺纹或外螺纹，与管道螺纹连接。

② 法兰连接阀门　阀体带有法兰，与管道法兰连接。

③ 焊接连接阀门　阀体带有焊接坡口，与管道焊接连接。

④ 卡箍连接阀门　阀体带有夹口，与管道夹箍连接。

⑤ 卡套连接阀门　与管道采用卡套连接。

⑥ 对夹连接阀门　用螺栓直接将阀门及两头管道穿夹在一起的连接形式。

7. 按阀体材料分类

① 金属材料阀门　其阀体等零件由金属材料制成。如铸铁阀、碳钢阀、合金钢阀、铜合金阀、铝合金阀、铅合金阀、钛合金阀、蒙乃尔合金阀等。

② 非金属材料阀门　其阀体等零件由非金属材料制成。如塑料阀、陶瓷阀、搪瓷阀、玻璃钢阀等。

③ 金属阀体衬里阀门　阀体外形为金属，内部凡与介质接触的主要表面均为衬里。如衬胶阀、衬塑料阀、衬陶瓷阀等。

8. 常用分类

这种分类方法既按原理、作用又按结构划分，也是目前国内、国际最常用的分类方法。工业和民用工程中的通用阀门一般可分成：截止阀、闸阀、安全阀、旋塞阀、球阀、蝶阀、隔膜阀、止回阀、节流阀、减压阀和疏水阀。其他特殊阀门，如仪表用阀、液压控制管路系统用阀和各种机械设备本体用阀等，均不在本书介绍范围以内。

三、阀门参数

1. 公称通径

公称通径（DN）是管路系统中所有管路附件用数字表示的尺寸，以区别用螺纹或外径表示的那些零件。

阀门公称通径（DN）与公称直径（NPS）对照见表 3-1。

表 3-1　阀门公称通径与公称直径对照

DN	NPS	DN	NPS	DN	NPS
25	1	125	5	400	16
40	1.5	150	6	450	18
50	2	200	8	500	20
65	2.5	250	10	600	24
80	3	300	12	800	32
100	4	350	14	1000	40

2. 公称压力

公称压力（PN）是一个用数字表示的与压力有关的标示代号，是供参考用的一个方便的圆整数。同一公称压力（PN）值所标示的同一公称通径（DN）的所有管路附件具有与端部连接形式相适应的同一连接尺寸。在我国，涉及公称压力时，为了明确起见，通常给出计量单位，以“MPa”表示。在英、美等国家中，尽管目前在有关标准中已列入了公称压力的概念，但实际使用中仍采用英制单位的磅级。由于公称压力和磅级的温度基准不同，因此两者没有严格的对应关系。两者之间大致的对应关系参见表 3-2，日本标准中有一种“K”制，例如 10K、20K、40K 等（见表 3-2）。这种压力级的概念与英制单位中的磅级制相同，但计量单位采用米制。

3. 常用单位转换关系

1in＝25.4mm

$1\text{bar}=10^5\text{Pa}$

$1\text{kgf/cm}^2=98.0665\text{kPa}$

表 3-2　“K”级与磅级之间的关系

磅级 Class	150	300	400	600	900	1500	2500
公称压力 MPa	1.6 2.0	2.5 4.0	6.3	10	15	25	42
K 级	10	20		40			

1psi＝6894.76Pa

$t/℃=\frac{5}{9}(t/℉-32)$

四、阀门型号编制方法

本标准适用于通用截止阀、闸阀、安全阀、节流阀、蝶阀、球阀、隔膜阀、旋塞阀、止回阀、减压阀、蒸汽疏水阀、排污阀、柱塞阀的型号编制。

1. 阀门的型号编制方法

阀门的型号编制方法如下：

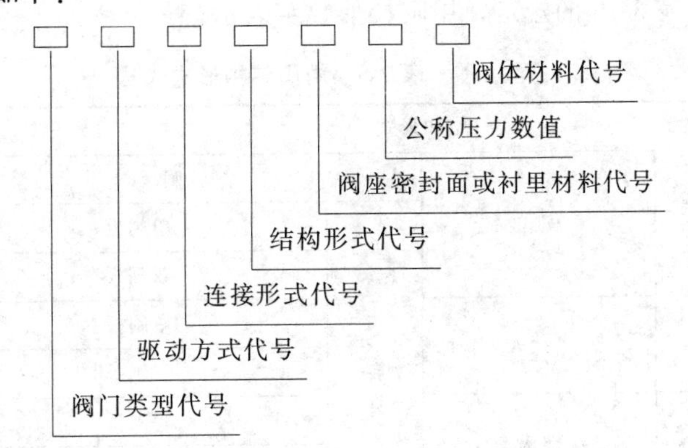

注：一些特殊的阀，在其代号前加字母代号表示其特征，如：D 表示低温型阀门，W 表示波纹管型阀门，H 表示缓闭型阀门，B 表示保温型阀门等。

2. 阀门类型代号

按表 3-3 的规定，用汉语拼音字母表示。

表 3-3 阀门类型代号

阀门类型	代号	阀门类型	代号
弹簧载荷安全阀	A	排污阀	P
蝶阀	D	球阀	Q
隔膜阀	G	蒸汽疏水阀	S
杠杆式安全阀	GA	柱塞阀	U
止回阀和底阀	H	旋塞阀	X
截止阀	J	减压阀	Y
节流阀	L	闸阀	Z

3. 驱动方式代号

按表 3-4 的规定，用阿拉伯数字表示。

表 3-4 阀门驱动方式代号

驱动方式	代号	驱动方式	代号
电磁动	0	锥齿轮	5
电磁-液动	1	气动	6
电-液动	2	液动	7
涡轮	3	气-液动	8
正齿轮	4	电动	9

注：如果阀门为手动，此栏省略。代号 1、代号 2 及代号 8 是用在阀门启闭时，需有两种动力源同时对阀门进行操作。

4. 连接形式代号

按表 3-5 的规定，用阿拉伯数字表示。

表 3-5 阀门连接端连接形式代号

连接形式	代号	连接形式	代号	连接形式	代号
内螺纹	1	焊接	6	卡套	9
外螺纹	2	对夹	7		
法兰	4	卡箍	8		

5. 结构形式代号

按表 3-6～表 3-15 的规定，用阿拉伯数字表示。

表 3-6 闸阀结构形式代号

<table>
<tr><th colspan="4">结构形式</th><th>代号</th></tr>
<tr><td rowspan="5">明杆</td><td rowspan="3">楔式</td><td colspan="2">弹性闸板</td><td>0</td></tr>
<tr><td rowspan="8">刚性</td><td>单闸板</td><td>1</td></tr>
<tr><td>双闸板</td><td>2</td></tr>
<tr><td rowspan="2">平行式</td><td>单闸板</td><td>3</td></tr>
<tr><td>双闸板</td><td>4</td></tr>
<tr><td rowspan="4">暗杆</td><td rowspan="2">楔式</td><td>单闸板</td><td>5</td></tr>
<tr><td>双闸板</td><td>6</td></tr>
<tr><td rowspan="2">平行式</td><td>单闸板</td><td>7</td></tr>
<tr><td>双闸板</td><td>8</td></tr>
</table>

表 3-7 截止阀、节流阀和柱塞阀结构形式代号

结构形式		代号	结构形式		代号
阀瓣非平衡式	直通流道	1	阀瓣平衡式	直通流道	6
	Z形流道	2		角式流道	7
	三通流道	3		—	—
	角式流道	4		—	—
	直流流道	5		—	—

表 3-8 球阀结构形式代号

结构形式		代号	结构形式		代号
浮动球	直通流道	1	固定球	直通流道	7
	Y形三通流道	2		四通流道	6
	L形三通流道	4		T形三通流道	8
	T形三通流道	5		L形三通流道	9
	—	—		半球直通	0

表 3-9 蝶阀结构形式代号

结构形式		代号	结构形式		代号
密封型	单偏心	0	非密封型	单偏心	5
	中心垂直板	1		中心垂直板	6
	双偏心	2		双偏心	7
	三偏心	3		三偏心	8
	连杆机构	4		连杆机构	9

表 3-10 隔膜阀结构形式代号

结构形式	代号	结构形式	代号
屋脊流道	1	直通流道	6
直流流道	5	Y形角式流道	8

表 3-11 旋塞阀结构形式代号

结构形式		代号	结构形式		代号
填料密封	直通流道	3	油密封	直通流道	7
	T形三通流道	4		T形三通流道	8
	四通流道	5		—	—

表 3-12 止回阀结构形式代号

结构形式		代号	结构形式		代号
升降式阀瓣	直通流道	1	旋启式阀瓣	单瓣结构	4
	立式结构	2		多瓣结构	5
	角式流道	3		双瓣结构	6
—	—	—	蝶形止回阀		7

表 3-13 安全阀结构形式代号

结构形式		代号	结构形式		代号
弹簧载荷弹簧封闭结构	带散热片全启式	0	弹簧载荷弹簧不封闭且带扳手结构	微启式、双联阀	3
	微启式	1		微启式	7
	全启式	2		全启式	8
	带扳手全启式	4		—	—
杠杆式	单杠杆	2	带控制机构全启式	—	6
	双杠杆	4	脉冲式	—	9

表 3-14 减压阀结构形式代号

结构形式	代号	结构形式	代号
薄膜式	1	波纹管式	4
弹簧薄膜式	2	杠杆式	5
活塞式	3	—	—

表 3-15 蒸汽疏水阀结构形式代号

结构形式	代号	结构形式	代号
浮球式	1	蒸汽压力式或膜盒式	6
浮桶式	3	双金属片式	7
液体或固体膨胀式	4	脉冲式	8
钟形浮子式	5	圆盘热动力式	9

6. 阀座密封面或衬里材料代号

按表 3-16 的规定，用汉语拼音字母表示。

表 3-16 密封面或衬里材料代号

密封面或衬里材料	代号	密封面或衬里材料	代号
锡基轴承合金(巴氏合金)	B	尼龙塑料	N
搪瓷	C	渗硼钢	P
渗氮钢	D	衬铅	Q
氟塑料	F	奥氏体不锈钢	R
陶瓷	G	塑料	S
Cr13 系不锈钢	H	铜合金	T
衬胶	J	橡胶	X
蒙乃尔合金	M	硬质合金	Y

注：如果密封面代号用 W 表示，表示密封面材料为本体材料，即直接在阀体加工密封面，不用另外堆焊或用其他密封面材料。不锈钢阀体常用本体作密封面材料。

7. 公称压力数值

应符合 GB/T 1048—2005《管子和管路附件的公称压力和试验压力》的规定。用于电站工业的阀门，当介质最高温度超过 530℃时，标注工作温度和工作压力。如果是温度为 540℃、工作压力为 10MPa 的阀门，其代号为 $p_{54}100$（单位 kgf/cm^2）。

另外：国标或德标、俄标类常用千克力表示，即 10 倍的 MPa 值。美标用磅表示(LB)，日标阀用 K 表示。

8. 阀体材料代号

按表 3-17 的规定，用汉语拼音字母表示。

表 3-17 阀体材料代号

阀体材料	代号	阀体材料	代号
碳钢	C	铬镍钼系不锈钢	R
Cr13 系不锈钢	H	塑料	S
铬钼系钢	I	铜及铜合金	T
可锻铸铁	K	钛及钛合金	Ti
铝合金	L	铬钼钒钢	V
铬镍系不锈钢	P	灰铸铁	Z
球墨铸铁	Q	—	—

注：CF3、CF8、CF3M、CF8M 等材料牌号可直接标注在阀体上。

9. 阀门名称

按照传动方式、连接形式、结构形式、衬里材料和类型进行命名。

对于连接形式为“法兰”，结构形式为闸阀的“明杆”“弹性”“刚性”和“单闸板”，截止阀、节流阀的“直通式”，球阀的“浮动球”“固定球”和“直通式”，蝶阀的“垂直板式”，隔膜阀的“屋脊式”，旋塞阀的“填料”和“直通式”，止回阀的“直通式”和“单瓣式”，安全阀的“不封闭式”“阀座密封材料”在命名中均予省略。

型号和名称编制方法示例：

① 电动、法兰连接、明杆楔式双闸板、阀座密封材料由阀体直接加工、公称压力 *PN* 为 0.1MPa、阀体材料为灰铸铁的闸阀：

Z942W-10　　电动楔式双闸板闸阀

② 手动、外螺纹连接、浮动直通式、阀座密封面材料为氟塑料、公称压力 *PN* 为 4.0MPa、阀体材料为 1Cr18Ni9Ti 的球阀：

Q21F-40P　　外螺纹球阀

③ 气动常开式、法兰连接、屋脊式结构并衬胶、公称压力 *PN* 为 0.6MPa、阀体材料为灰铸铁的隔膜阀：

G6K41J-6　　气动常开式衬胶隔膜阀

④ 液动、法兰连接、垂直板式、阀座密封面材料为铸铜、阀瓣密封材料为橡胶、公称压力 *PN* 为 0.25MPa、阀体材料为灰铸铁的蝶阀：

D741X-2.5　　液动蝶阀

⑤ 电动驱动对接焊接连接、直通式、阀座密封面材料为堆焊硬质合金、工作温度 540℃ 时工作压力 17.0MPa、阀体材料为铬钼钒钢的截止阀：

J961Y-p_{54}170V　　电动、焊接截止阀

阀门编号现常用如下方式：

① Z40H-16C-250：表示法兰连接的铸钢弹性楔式单闸板阀，密封面为 Cr13，16-压力，公称通径为 250（国标）。

② J41W-25P-50：表示法兰连接的不锈钢直通式截止阀，密封面为本体材料，25-压力，通径为 50（国标）。

③ H44Y-40C-80：表示法兰连接的铸钢旋启式止回阀，密封面为硬质合金钢，40-压

力，通径为 80（国标）。

④ Z40H-150LB-6：表示法兰连接的弹性楔式闸阀，密封面为 Cr13，150-磅压力（约 1.03425MPa）。通径 6in（美标）（1in＝*DN*25mm）。

⑤ J961H-16C-250：表示焊接连接的电动直通截止阀，主体材料为铸钢，16-压力，通径为 250（国标）。

⑥ Q41F-16P-80：表示法兰连接的浮动不锈钢球阀，阀座为聚四氟乙烯，16-压力，通径为 80（国标）。

五、阀门的材料

阀门主要零件的材质，首先应考虑到工作介质的物理性能（温度、压力）和化学性能（腐蚀性）等。同时还应了解介质的清洁程度（有无固体颗粒）。除此以外，还要参照国家和使用部门的有关限定和要求。

阀门的材质种类繁多，适用于各种不同的工况，现把常用的壳体材质介绍如下。

壳体常用材质：

1. 灰铸铁

灰铸铁阀以其价格低廉、适用范围广而应用在工业的各个领域，它们通常用在水、蒸汽、油和气体介质的情况下，并广泛地应用于化工、印染、油化、纺织和许多其他对铁污染影响小的或没有影响的工业产品上。

适用于工作温度在－15～200℃之间，公称压力≤*PN*16 的低压阀门。

2. 黑心可锻铸铁

适用于工作温度在－15～300℃之间，公称压力≤*PN*25 的中低压阀门。适用介质为水、海水、煤气、氨等。

3. 球墨铸铁

它是铸铁的一种，其力学性能比普通的灰铸铁要好，因而球墨铸铁阀门比灰铸铁阀门使用压力更高。它适用于工作温度在－30～350℃之间，公称压力≤*PN*40 的中低压阀门。适用介质为水、海水、蒸汽、空气、煤气、油品等。

4. 碳素钢（WCA、WCB、WCC）

碳素钢阀总的使用性能好，并对由于热膨胀、冲击载荷和管线变形而产生应力的抵抗强度大，使其使用范围扩大。适用于工作温度在－29～425℃之间的中高压阀门。适用介质为饱和蒸汽和过热蒸汽、高温和低温油品、液化气体、压缩空气、水、天然气等。

5. 低温碳钢（LCB）

低温碳钢和低镍合金钢可以用于低于 0℃的温度范围，但不能扩大到深冷区域。适用介质为海水、二氧化碳、乙炔、丙烯和乙烯等。适用于工作温度在－46～345℃之间的低温阀门。

6. 低合金钢（WC6、WC9）

低合金钢制造的阀门可适用于多种工作介质，包括饱和和过热蒸汽、冷的和热的油、天然气和空气。在高温下，低合金钢的力学性能比碳钢要高。

适用于工作温度在－29～595℃之间的非腐蚀性介质的高温高压阀门；C5、C12 适用于工作温度在－29～650℃之间的腐蚀性介质的高温高压阀门。

7. 奥氏体不锈钢

奥氏体不锈钢约含18%的铬和8%的镍（18-8奥氏体不锈钢），常使用在温度过高和过低以及很强的腐蚀性条件下。适用于工作温度在－196～600℃之间的腐蚀性介质的阀门。奥氏体不锈钢阀门也是非常理想的低温阀门，很适于低温下工作，例如可输送液态的气体，如：天然气、沼气、氧气和氮气。

8. 蒙乃尔合金

蒙乃尔合金是一种具有很好耐蚀性的高镍-铜合金，常被用来输送碱、盐溶液、食品和许多无气酸的阀门上，特别是硫酸和氢氟酸，它也非常适用于蒸汽、海水和海洋环境，主要适用于含氟氯酸介质的阀门。

9. 哈氏合金

主要适用于稀硫酸等强腐蚀性介质的阀门。

10. 钛合金

主要适用于各种强腐蚀性介质的阀门。

11. 铸造铜合金

制造阀门的铜合金主要是青铜和黄铜。青铜的物理强度、结构稳定性、耐腐蚀性使它特别适合工业的生产。

青铜阀常用在相对中等温度的场合，有些牌号的青铜可用到280℃左右。在低温方面，因多数铜合金具有低温下不变脆的特性，这就使得青铜也可广泛地应用在低温场合下，如：液氮、液氧，其温度在－180℃以下。

12. 20号合金

它是一种最常见高合金不锈钢，含有29%的镍、20%的铬，外加钼和铜。它对于各种温度和浓度的硫酸都有很强的抵抗能力。在大多数情况下，它还可用于磷酸和醋酸介质，特别是有氯化物和其他杂质的场合。

13. 双向不锈钢

它含有20%或更多的铬，5%左右的镍，以及一定量的钼。这些合金的强度和硬度比普通的奥氏体不锈钢好，而且在硫酸和磷酸等非常恶劣的工况下，抗局部腐蚀的能力很强。

主要适用于工作温度在－273～200℃之间的氧气和海水管路用阀门中。

14. 塑料、陶瓷

塑料、陶瓷阀门一般不能单独作为阀体材料使用，需用钢质材料作骨架。非金属材料阀门的最大特点是耐腐蚀性强，甚至有金属材料阀门所不能具有的优点。一般适用于公称压力≤$PN16$，工作温度不超过60℃的腐蚀性介质中。

六、阀门的涂色

① 阀体材料的识别涂色应涂在阀体外表面上，其颜色应符合表3-18的规定。

表3-18　阀体材料的识别涂色

阀体材料	铸铁	球墨铸铁	碳钢	耐酸钢或不锈钢	合金钢
颜色	黑色	银粉色	银灰色	浅天蓝色	蓝色

② 阀座密封面材料的识别涂色应涂在该阀门的驱动手轮或扳手上，自动阀门应涂在阀盖或杠杆上，其颜色应符合表3-19的规定。

表 3-19 阀座密封面材料的识别涂色

阀座密封面材料	青铜或黄铜	巴氏合金	耐酸不锈钢	铝	渗碳钢	硬质合金	塑料	硬橡胶	皮革或橡胶	以阀体材料作为密封面
颜色	红色	黄色	浅蓝色	银白色	浅紫色	豆绿色	柠檬色	绿色	棕色	同阀体色

注:启闭件的密封面与阀体材料不同时,应按照启闭件的密封面材料涂色。

③ 带有衬里的阀门应在其连接法兰的外圆柱表面上涂以补充的识别颜色，其颜色应符合表 3-20 的规定。

表 3-20 衬里材料的识别涂色

衬里材料	搪瓷	橡胶及硬橡胶	塑料	铅锑合金	铝
颜色	红色	绿色	蓝色	黄色	银白色

七、阀体上的标志

阀门承压阀体的外表面，应按规定标永久性的标志，标志内容应有阀门的公称尺寸（*DN*）、公称压力（*PN*）、壳体材料牌号或代号、制造厂房名或商标、炉号（铸造阀门），有流向要求的阀门要标注介质流向的箭头。

阀体上标志的含义如表 3-21 所示。

表 3-21 阀体上标志的含义

<table>
<tr><td rowspan="3">标志形式</td><td colspan="7">阀门的规格及特性</td></tr>
<tr><td colspan="4">阀门规格</td><td rowspan="2">阀门形式</td><td rowspan="2" colspan="2">介质的流动方向</td></tr>
<tr><td>公称直径/mm</td><td>公称压力/10^5Pa</td><td>工作压力/10^5Pa</td><td>介质温度/℃</td></tr>
<tr><td>$\frac{PN40}{50}\rightarrow$</td><td>50</td><td>40</td><td></td><td></td><td rowspan="2">直通式</td><td rowspan="2" colspan="2">介质进口与出口的流动方向在同一或相平行的中心线上</td></tr>
<tr><td>$\frac{PN_{51}100}{100}\rightarrow$</td><td>100</td><td></td><td>100</td><td>510</td></tr>
<tr><td>$\frac{PN40}{50}\rightarrow$</td><td>50</td><td>40</td><td></td><td></td><td rowspan="2">直通式</td><td rowspan="2">介质进口和出口的流动方向</td><td rowspan="2">介质作用在关闭件下</td></tr>
<tr><td>$\frac{PN_{51}100}{100}\rightarrow$</td><td>100</td><td></td><td>100</td><td>510</td></tr>
<tr><td>$\frac{PN40}{50}\downarrow$</td><td>50</td><td>40</td><td></td><td></td><td rowspan="2">—</td><td rowspan="2">—</td><td rowspan="2">介质作用在关闭件下</td></tr>
<tr><td>$\frac{PN_{51}100}{100}\downarrow$</td><td>100</td><td></td><td>100</td><td>510</td></tr>
<tr><td>$\leftarrow\frac{PN16}{100}\rightarrow$</td><td>100</td><td>16</td><td></td><td></td><td rowspan="2">三通式</td><td rowspan="2" colspan="2">介质具有几个流动方向</td></tr>
<tr><td>$\leftarrow\frac{PN_{51}100}{100}\rightarrow$</td><td>100</td><td></td><td>100</td><td>510</td></tr>
</table>

当阀体采用铸造或压铸方法成形时，其标志应同时铸造或压铸在阀体上。当阀体由模锻方法成形时，其标志除同时模锻或压铸外，也可压印在阀体上。当阀体采用锻件加工、钢管或钢板卷焊成形时，其标志可压印，也可用其他不影响阀体性能的方法（如激光打印法）。

阀体上的标志内容，一般标注在阀体容易观看的部位。标记应尽可能标注在阀体垂直中心线的中腔位置。当标志内容在阀体的一个面上标注位置不够时，可标注在阀体中腔对称位置的另一个面上。

阀门在管路中的使用是非常广泛的，在使用过程中，由于受介质的冲刷和腐蚀，易于发生不同形式的破坏，直接影响着生产的正常进行，因此做好阀门维护修理工作，延长其使用寿命是十分重要的。本章节重点介绍截止阀、闸阀和安全阀的基础知识和修理基本技能，并学习生产中常用的其他几种阀门的基本结构、工作原理和使用特点等。

八、阀门的连接形式

阀门的连接形式主要有法兰连接、对焊连接、对夹连接、承插焊接、螺纹连接、自密封连接等。

① 法兰连接如图 3-1 所示。

图 3-1　法兰连接

② 螺纹连接如图 3-2 所示。

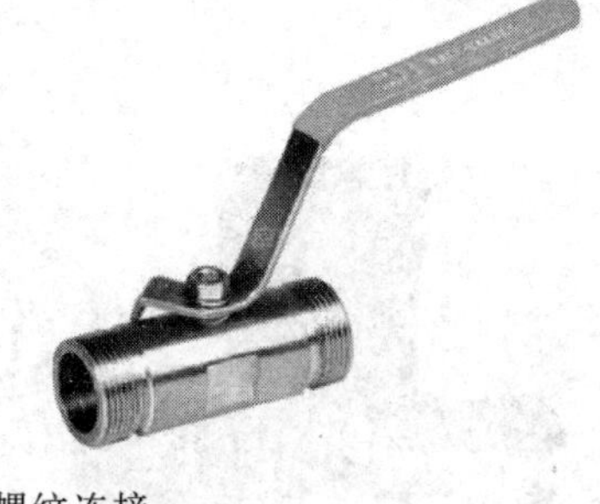

图 3-2　螺纹连接

③ 对夹连接如图 3-3 所示。

图 3-3　对夹连接

④ 承插焊接如图 3-4 所示。

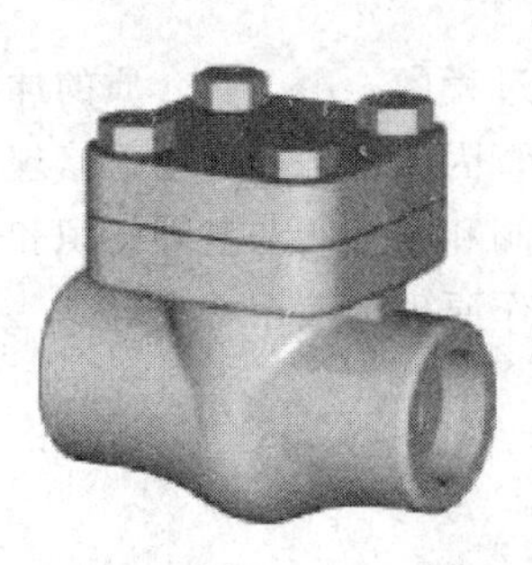

图 3-4 承插焊接

⑤ 对焊连接如图 3-5 所示。

图 3-5 对焊连接

⑥ 自密封连接如图 3-6 所示。

图 3-6 自密封连接

第二节 截止阀及其修理

一、截止阀的基础知识

利用装在阀杆下面的阀盘与阀体突缘部分的配合来控制启闭的阀门称为截止阀。

根据和管路的连接形式，截止阀可分为法兰连接和螺纹连接两种，法兰连接一般用于公称直径较大的阀门，而螺纹连接则用于公称直径较小的阀门；根据所承受介质的压力可分为低压、中压、高压和超高压截止阀；根据截止阀结构形式可以分为标准式、流线式、直线式和角式，其结构示意图如图 3-7 所示。

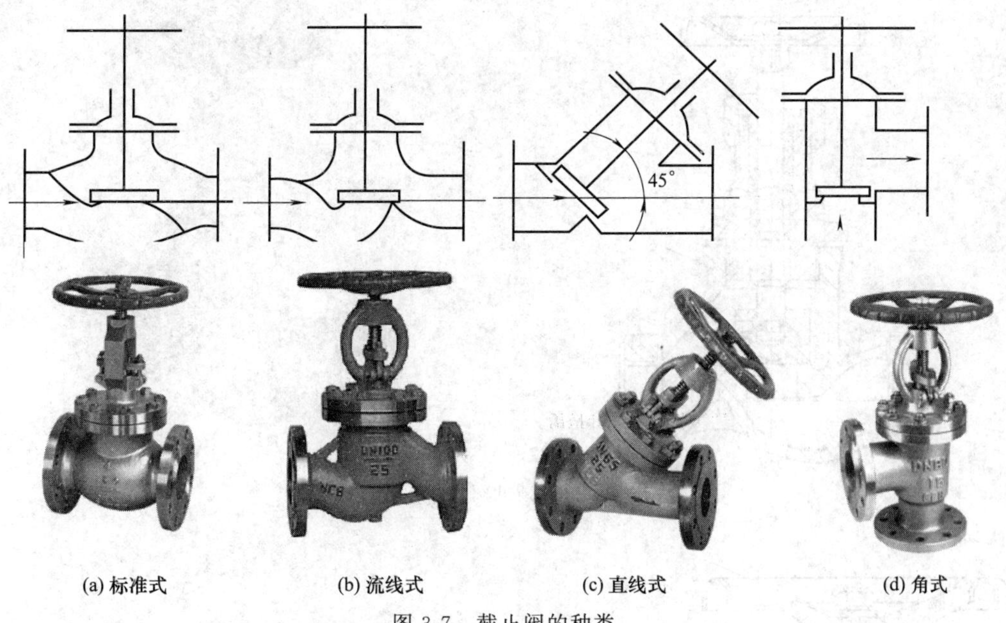

(a) 标准式　(b) 流线式　(c) 直线式　(d) 角式

图 3-7　截止阀的种类

标准式截止阀的阀体中部呈球形，阀座位于阀体的中心部位，介质在阀体内的流动阻力较大；流线式截止阀的阀腔呈流线形，介质的流动阻力比标准式截止阀小；直线式截止阀的阀杆倾斜成 45°，介质流过阀腔时，以直线方式流过，所以流体的流动阻力最小；角式截止阀进出口的中心线相互垂直，适用于管路垂直转弯处。

截止阀又叫球心阀，是生产中应用比较广泛的一种阀门，适用于水、气、油和蒸汽等管路。图 3-8 所示是生产过程中比较常见的几种截止阀。

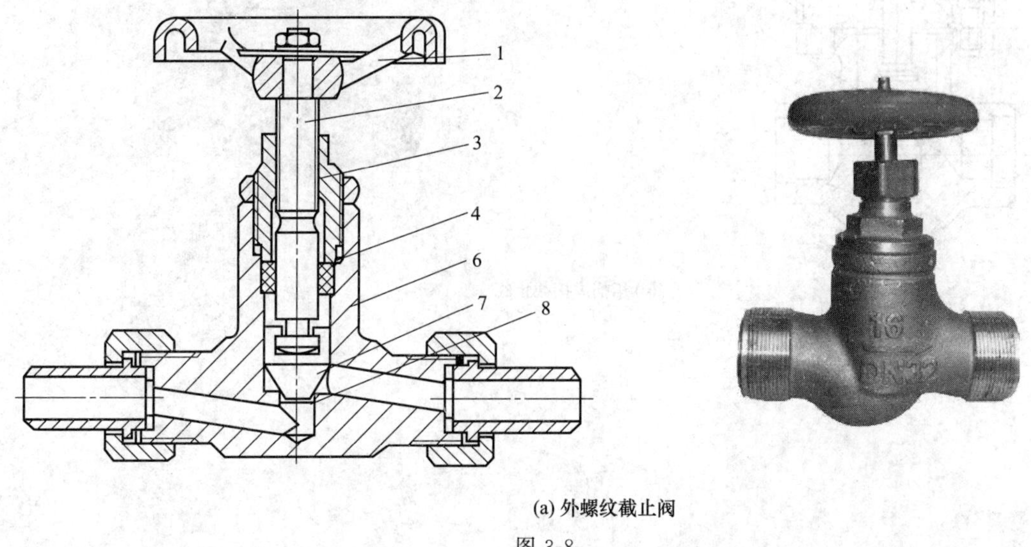

(a) 外螺纹截止阀

图 3-8

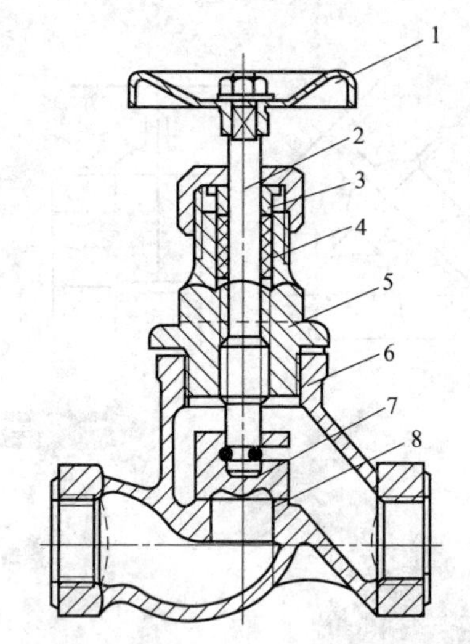

(b) 内螺纹截止阀

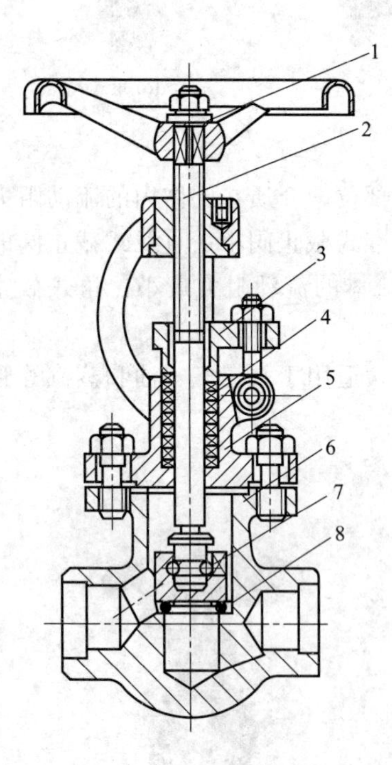

(c) 承插焊接截止阀

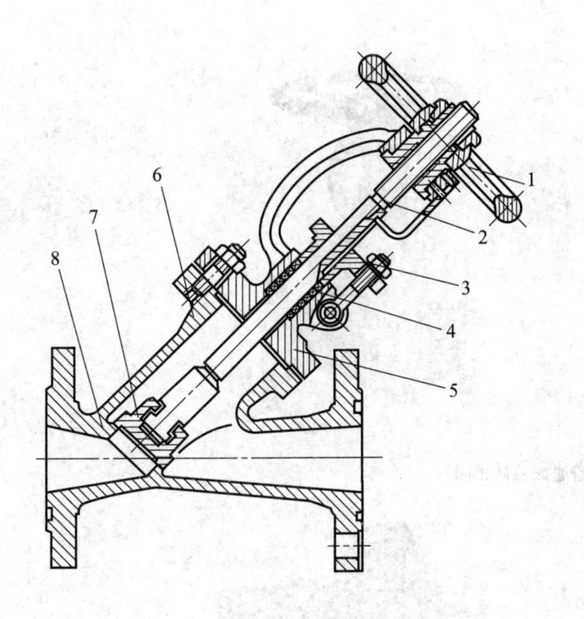

(d) 直流式截止阀

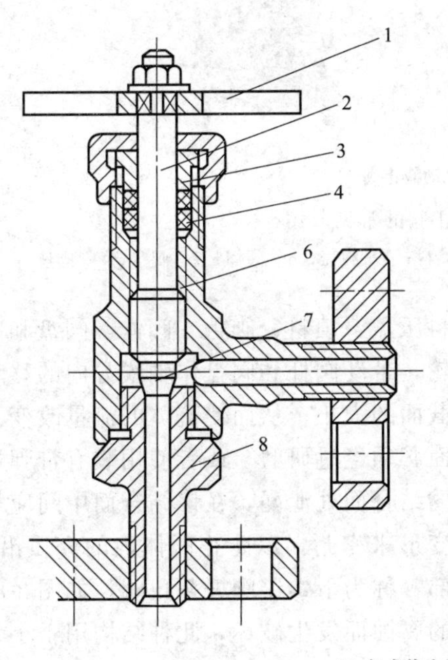

(e) 角式截止阀

图 3-8

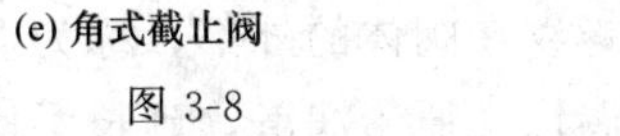

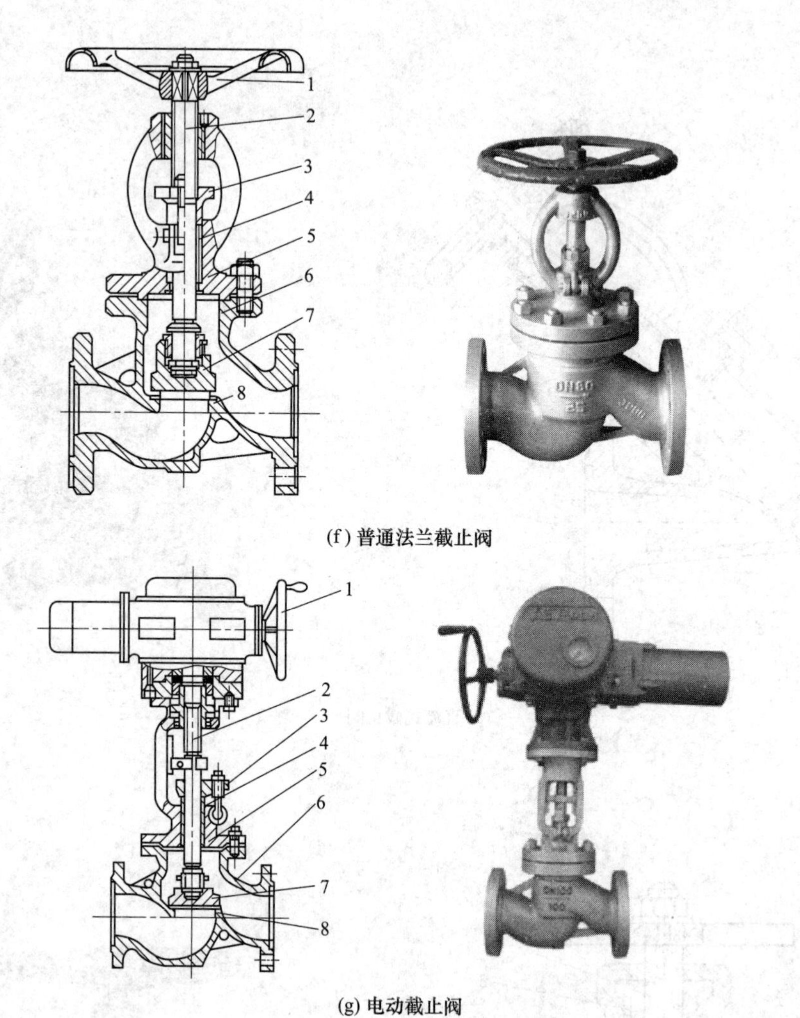

(f) 普通法兰截止阀

(g) 电动截止阀

图 3-8 截止阀的常见形式

1—手轮；2—阀杆；3—填料压盖；4—填料；5—阀盖；6—阀体；7—阀盘；8—阀座

截止阀的主要零部件有手轮、阀杆、填料压盖、填料、阀盖、阀体、阀盘和阀座等。

截止阀的密封件是阀盘和阀座。转动手轮，带动阀杆和阀盘作轴线方向的移动，从而改变了阀盘和阀座之间的距离，即改变了通道截面的大小，从而使流体的流量改变。为了使截止阀关闭后严密不泄漏，阀盘和阀座的结合面必须经过研磨，或者使用装有带弹性的非金属材料作为密封面。为防止介质从阀体和阀盖的结合面处泄漏，在该结合面中间应加垫片。阀杆穿出阀体之间的径向间隙，靠填料的挤压变形来密封，以防止阀体内的介质沿阀杆泄漏。阀杆上有螺纹，小型截止阀的螺纹在阀体内部，称为下螺纹阀杆截止阀，如图 3-8 (a)～(d) 所示，这种形式结构紧凑，但螺纹易受介质的腐蚀而发生破坏，此种结构用于小口径和温度不高的地方。大型截止阀的螺纹在阀体的外部，称为上螺纹阀杆截止阀，如图 3-8 (e)～(g) 所示，这样既避免了介质的腐蚀又便于润滑，延长了使用寿命，此种结构采用比较普遍。

截止阀在管路中一般只起到沟通和切断介质的作用，不宜长期用于调节介质的流量和压力，否则，密封面会被介质冲刷腐蚀，导致其密封性能被破坏。

为了使阀体能够承受介质的腐蚀，延长其使用寿命，可在阀体内表面上衬以防腐层。常用的衬层材料有铅、橡胶、搪瓷和塑料等。

截止阀的特点是制造维修方便，可进行流量调节，应用广泛。但其结构较复杂，流体阻力较大，开启较缓慢，不适于输送带颗粒及黏度较大的介质。

截止阀在管路上安装时，应特别注意介质出入阀口的方向，使其“低进高出”，即介质从阀盘的底部进入，从阀盘的上部流出，只有这样才会减小介质的流动阻力，开启阀门时也比较省力，且阀门关闭后，阀杆和填料不再与介质接触，减少了受介质腐蚀的机会。

二、截止阀特点

截止阀是阀瓣沿阀座中心线移动的阀门，截止阀在管路中主要作切断用。截止阀有以下优点：

① 在开闭过程中密封面的摩擦力小，耐磨。

② 开启高度小（通常为 DN 的 1/4～1/3）。

③ 通常只有一对密封面，制造工艺好，便于维修。

截止阀使用较为普遍，但由于开闭力矩较大，结构长度较长，一般公称通径都限制在 $DN \leqslant 250$mm。截止阀的流体阻力损失较大，因而限制了截止阀更广泛的使用。

三、截止阀的修理

（一）截止阀修理的一般程序

① 熟悉阀门在管路中的工作情况，主要是介质的性质和工作压力。

② 从管路拆下前，应在阀体一端的法兰和管路相对应的法兰上做好标记，以便确定安装时的方向。

③ 拆卸并清洗零部件。

④ 检查零部件的破坏情况。

⑤ 对已破坏的零部件进行修理或更换。

⑥ 按照正确的方法和顺序进行装配。

⑦ 进行密封性能和强度试验。

⑧ 阀体的刷漆防腐。

（二）截止阀的拆卸与清洗

以截止阀 J41H-40Q 为例，其拆卸顺序为：手轮→填料压盖→阀盖→垫片→阀杆→阀盘→填料→套筒螺母。

截止阀拆卸后，应用煤油或其他清洗剂把零部件清洗干净，并按拆卸顺序摆放整齐。

1. 拆卸中的注意事项

① 拆卸过程中，尽量避免碰、摔、砸等破坏性操作，以防造成设备或人身事故。

② 填料一定要清除彻底。

③ 注意保护垫片，尽量不使其破坏。当垫片发生粘连破坏时，一定要把粘连在阀体或阀盖上的垫片清除干净，否则安装后容易发生泄漏。

④ 注意保护密封面。

2. 填料的拆卸

从阀门中拆出的旧填料（盘根），原则上不再使用，这给拆卸带来了方便，但填料函槽窄而深，不便操作，特别是拆卸填料函中深处的填料，极易损伤阀杆，影响填料密封。填料的拆卸实际上比安装更困难。

（1）填料拆卸工具

图 3-9 所示是填料的拆卸工具，它们主要用于填料的取出。

① 拔压工具　见图 3-9（a），用来把填料拔出，当填料函中放置填料不平整时，用它也可调正、压平。

② 钻具　见图 3-9（b），用于在填料函深处的填料接头处钻入，然后慢慢地用力拉起，取出填料。

③ 钩具　见图 3-9（c），用于从填料函内钩出填料。

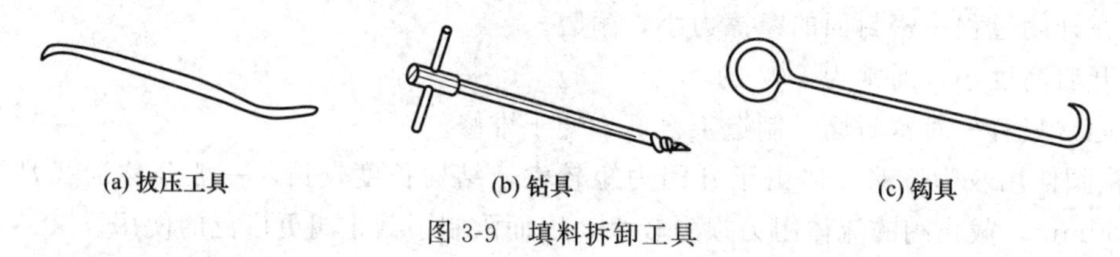

图 3-9　填料拆卸工具

（2）拆卸填料

填料拆卸时首先拧松压紧螺栓或压套螺母，用手转动压盖，将压盖或压套提起，用绳索或卡具把它们固定在阀杆上，以便于填料拆卸作业。如果能将阀杆先从填料函中抽出，则填料函的拆卸将会更方便。

图 3-10 所示为填料拆卸方法，在拆卸过程中，使用拆卸工具，要尽量避免与阀杆碰撞，损伤阀杆。

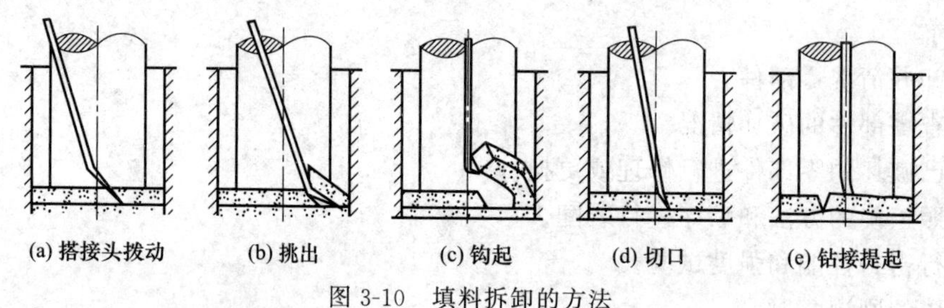

图 3-10　填料拆卸的方法

（三）截止阀的检查与修理

1. 截止阀主要零部件的检查与修理

对截止阀的主要零部件拆卸清洗后应进行详细彻底的检查，然后根据破坏形式和破坏程度决定所采用的修理方法。重要的阀门应把检修情况整理记录到相应的设备档案中。

表 3-22　截止阀主要零部件常见破坏形式与修理方法

零件名称	常见的破坏形式	修理方法
阀体	①裂纹、气孔或砂眼等 ②阀体法兰密封面出现沟纹 ③阀体连接螺纹破坏	①补焊或堵塞 ②轻微者锉削、严重者补焊后车削或镗削 ③更换
手轮	滑方、裂纹或断裂	补焊或更换

续表

零件名称	常见的破坏形式	修理方法
阀盖	①裂纹、气孔或砂眼等 ②和阀体结合的密封面破坏	同阀体
阀杆	①弯曲 ②裂纹或断裂 ③螺纹破坏	①校直 ②补焊或更换 ③更换
套筒螺母	螺纹破坏	更换
阀座阀盘	密封面破坏	有轻微沟槽时（<0.05mm）研磨，较大时车削或镗削后研磨，严重时先补焊再车削最后研磨

值得指出的是表 3-22 所列修理方法仅供参考，因修理方法并不是唯一的，在此难以尽述，修理过程中应根据实际情况灵活选用。

2. 截止阀泄漏的修理

截止阀的泄漏可分为内漏和外漏两种情况。内漏主要是由密封圈故障或阀盘与阀座间的结合不紧密造成的，外漏是指填料和阀体或阀盖结合处的泄漏。

(1) 阀座根部故障的修理

阀体或阀盘上的密封圈常用的有两种固定方法，即压入法和螺纹连接法。修理时如果不需更换新密封圈，最简单的方法是将聚四氟乙烯生料带放置于密封圈环形槽的底部，重新压入固定的密封圈，或将其螺纹用聚四氟乙烯生料带充填，如图 3-11 所示。以螺纹连接来固定的密封圈，如果密封圈破坏严重，但阀体上的螺纹还保持良好，可更换新密封圈；如果阀体上的螺纹也已经破坏，可将旧螺纹车掉，另配制一新的密封圈，用电焊焊接在阀体上，再在该密封圈上堆焊一层不锈钢或铜合金层，经车削和研磨后成为新的密封面，如图 3-12 所示。

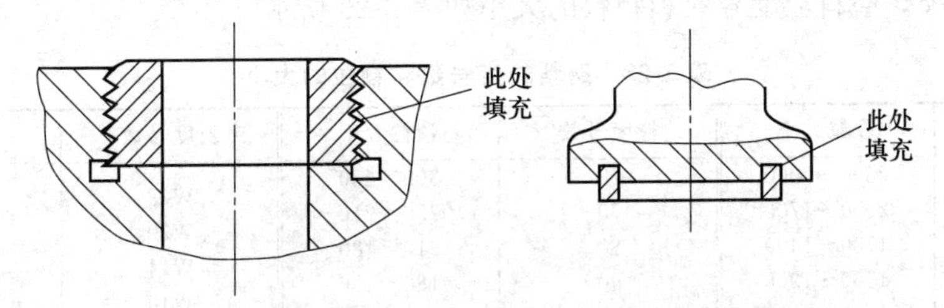

图 3-11　用聚四氟乙烯生料带充填密封圈根部的修理

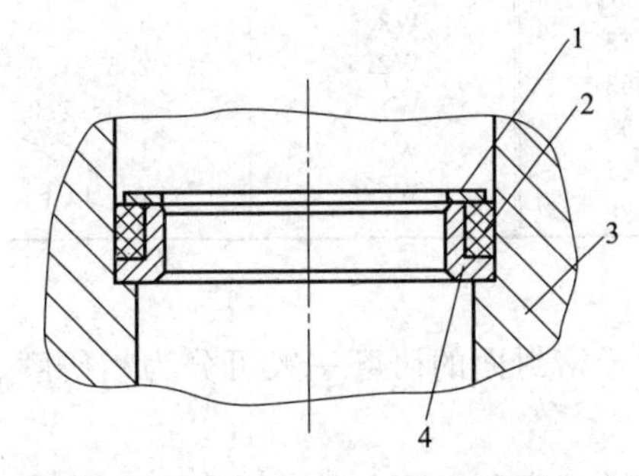

图 3-12　更换新密封圈的修理

1—堆焊密封圈层；2—将特殊圈焊在阀体焊料层；3—阀体；4—车制的特殊圈

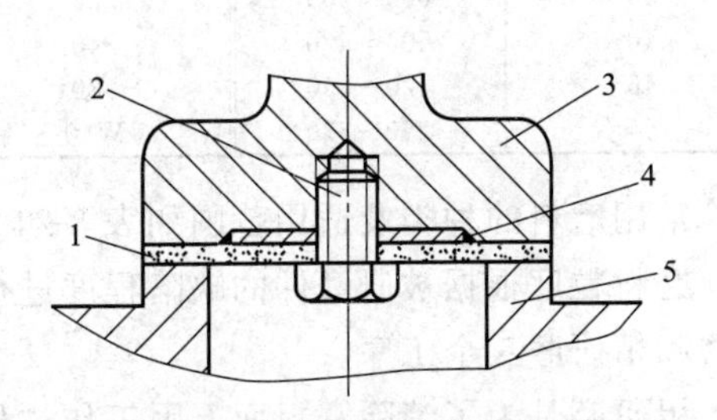

图 3-13　密封面的简捷修理方法

1—聚四氟乙烯板；2—螺栓；3—阀瓣；4—金属垫片或弹簧垫圈；5—阀座

（2）密封面的修理

修理泄漏的密封面，比研磨更简捷省力的方法是在关闭件中间加非金属垫片（一般由聚四氟乙烯板料制作）。由于非金属具有耐腐蚀、密封性能好、对密封面的要求不高和维修方便的特点，在条件允许的情况下是比较实用的，其修理方法如图 3-13 所示。

对于泄漏的密封面一般采用研磨的方法进行修理。研磨过程中最常用的是用磨具和研磨剂对关闭件进行研磨修理。研磨时加在研具上的研磨剂在受到工件和研具一定的压力后，部分磨料嵌入研具内，当研具与工件作复杂的相对运动时，磨料就在工件和研具之间作滑动和滚动，产生挤压摩擦和切削，从而使被研磨表面磨去一层凸峰（非常薄的金属层），同时研磨液还起化学作用，使被研磨面很快形成一层氧化膜。在研磨过程中，凸峰处的氧化膜很快被磨掉，而凹谷处的氧化膜则受到保护，不能继续氧化，从而在切削和氧化的交替过程中，使工件表面获得规整的几何形状和较细的表面粗糙度。

① 研磨前的检查：视关闭件的破坏程度不同，采用的修理方法也不同，当关闭件密封面的缺陷（划痕、压伤、凹坑等）深度小于 0.005～0.05mm 时，可采用研磨的方法予以消除；当深度大于 0.05mm 时，应先采用精车的办法去掉破坏层，再进行研磨；当破坏情况严重时，则先应堆焊，再车削，最后进行研磨。

检查时，若缺陷用肉眼分辨不清楚，可涂红丹后用校验平板检查，也可先将密封面擦干净，用铅笔在密封面上画同心圆或通过中心的辐射线，再把密封面放到校验平板上轻轻按住并旋转几圈，然后检查密封面；如果所画的铅笔线全部被擦去，则密封面是平整的，否则不平整。

② 研磨的程序：研磨时必须在被研磨面上涂上一层磨料，即研磨剂（俗称凡尔砂），常用的磨料有碳化硅（SiC）、碳化硼（B_4C）、氧化铬（Cr_2O_3）、刚玉粉（Al_2O_3）和金刚石粉等。研磨剂是根据粒度（粗细）进行分级的，使用时应根据被研磨件的材质和研磨的精度进行正确的选择，磨料粒度号数和颗粒的大小如表 3-23 所示。

表 3-23 磨料粒度号数和颗粒的大小 μm

粒度号数	颗粒大小	粒度号数	颗粒大小	粒度号数	颗粒大小
10	2300～2000	60	300～250	W28	28～20
12	2000～1700	70	250～210	W20	20～14
14	1700～1400	80	210～180	W14	14～10
16	1400～1200	90	180～150	W10	10～7
18	1200～1000	100	150～125	W7	7～5
20	1000～850	120	125～105	W5	5～3.5
14	850～700	150	105～85	W3.5	3.5～2.5
30	700～600	180	85～75	W2.5	2.5～1.5
36	600～500	220	75～63	W1.5	1.5～1.0
40	500～420	240	63～53	W1.0	1.0～0.5
46	420～350	280	53～42	W0.5	0.5 以下
54	350～330	W40	42～28		

常用磨料的种类及适用范围如表 3-24 所示。

磨料粒度根据被研磨件的缺陷程度进行选择。对于密封面的研磨一般可分为粗研磨、细研磨和精研磨三个工序。

粗研磨是为了消除密封面上因工作过程中或上一道工序所留下的擦伤、压伤、划痕、蚀点或机加工痕迹，使密封面获得较高的平整度和一定的粗糙度等级，为细研磨打下基础。精研磨则是为了消除密封面上的纹路，进一步提高密封面的表面粗糙度等级。

表 3-24　常用磨料的种类及适用范围

系列	磨料名称	代号	颜色	强度和硬度	工件材料	应用范围
氧化铝系	棕刚玉 白刚玉 铬刚玉 单晶刚玉	GZ GB GG GD	棕褐色 白色 浅紫色 透明、无色	比碳化硅稍软，韧性高，能承受很大压力 切削性能优于棕刚玉而韧性稍低 韧性较高 多棱、硬度、强度均高	钢 合金钢 不锈钢 硬质合金钢	粗研磨 精研磨
碳化物系	黑碳化硅 绿碳化硅 碳化硼	TB TL TP	黑色半透明 绿色半透明 黑色	比刚玉硬，生脆而锋利 比黑碳化硅硬而脆 比碳化硅硬而脆	铸铁、青铜 黄铜 硬质合金	粗研磨 精研磨
金刚石系	人造金刚石 天然金刚石	JR JT	灰色至 黄白色	最硬	硬质合金	粗研磨 精研磨
其他	氧化铁 氧化铬			比氧化铬软 较硬	钢、铁、铜	粗研磨 精研磨

粗研磨时选用 120～280 号研磨粒，表面粗糙度可达到 $Ra3.2$～$1.6\mu m$。

细研磨时选用 W40～W7 号研磨粉，表面粗糙度可达到 $Ra0.8$～$0.4\mu m$。

精研磨时选用比 W7 号细的研磨粉，表面粗糙度可达到 $Ra0.2$～$0.1\mu m$。

③ 磨料的调涂：用润滑剂把磨料调和成糊状，均匀地涂在被研磨的密封面上。调和得太稀或太稠都会影响研磨质量。对不同的研磨件，要求使用不同种类的润滑剂，铸铁件宜选用煤油或汽油作润滑剂，低碳钢件则选用机油作润滑剂，而铜密封件可选用机油、酒精或碳酸钠水作润滑剂。

润滑剂在研磨过程中有以下四个作用。

a. 调和作用：使磨料分布均匀。

b. 冷却作用：降低因摩擦而产生的热量，避免工件变形。

c. 润滑作用：使研磨时滑动自如。

d. 化学作用：加速研磨过程，使表面粗糙度变小。

④ 研磨工具（磨具）：研磨阀门时，阀座的研磨比阀盘的研磨困难些，对于阀座的研磨关键是做好磨具，对磨具的制作材料总的要求是在一定的研磨压力下，磨料能部分地嵌入磨具内（而不会嵌入密封面内），这样磨具的表面就像砂轮一样，有无数的切削刃，当磨具与密封面作相对运动时，就产生了微切削作用。因此磨具的材料要求比密封面软，但也不能太软，否则磨料会全部嵌入磨具内失去作用。最好的磨具材料是灰铸铁，其次是软钢、铜或硬木等。

常用的磨具如图 3-14 所示，磨具 3 可根据密封面的大小进行选择，导向装置 2 也可根据阀门的公称口径进行选配，零件 1 是供研磨旋转时的手柄。如果利用钻床或其他机械研磨，零件 1 可制成钻柄状，如图 3-15 所示，导向装置和阀座间的径向间隙应不大于 0.1～0.2mm，万向接头 2 用以避免因作用在磨具上的压力不均匀而导致磨具的倾斜。磨具的工作面，应经常用校验平板检查其平整度。

⑤ 研磨方式：研磨分为手工研磨和机械研磨两种。机械研磨通常用于工件数量较多而且密封面精度要求不高的场合，也可用于密封面损伤较为严重的工件，其特点是研磨速度快，效率高，但获得的表面粗糙度较大。手工研磨则相反，可使被研磨表面获得很小的表面粗糙度，故常用于精度要求较高或机械研磨后的精研磨。

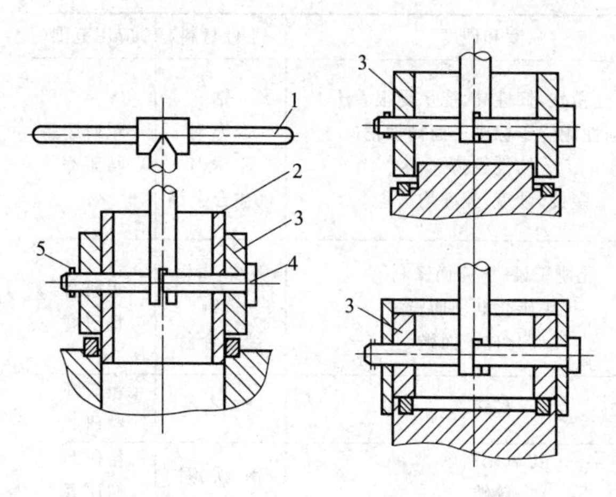

图 3-14 密封面磨具

1—手柄；2—导向装置；3—磨具；4—销；5—开口销

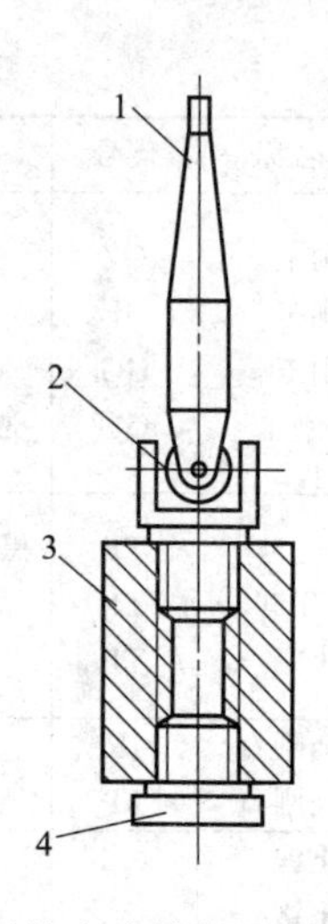

图 3-15 利用钻床或其他机械研磨时的磨具

1—钻柄；2—万向接头；3—磨具；4—导向装置

常用的研磨机械有下旋式研磨机、上旋式研磨机、振动研磨机和钻床等。平面形关闭件可用下旋式研磨机（图 3-16）或振动研磨机（图 3-17）研磨。阀体上的密封面，可用上旋式研磨机或钻床研磨。

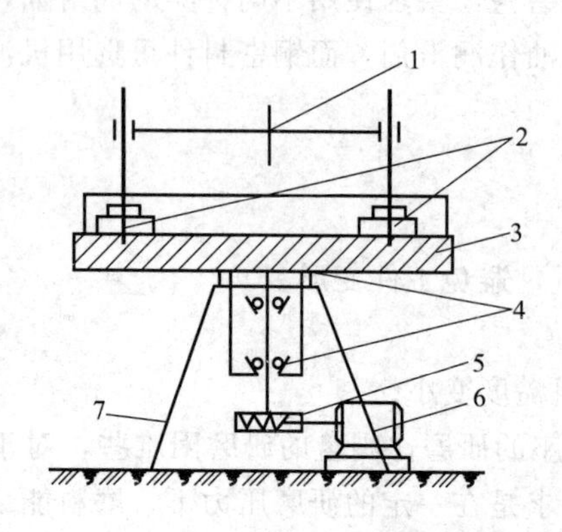

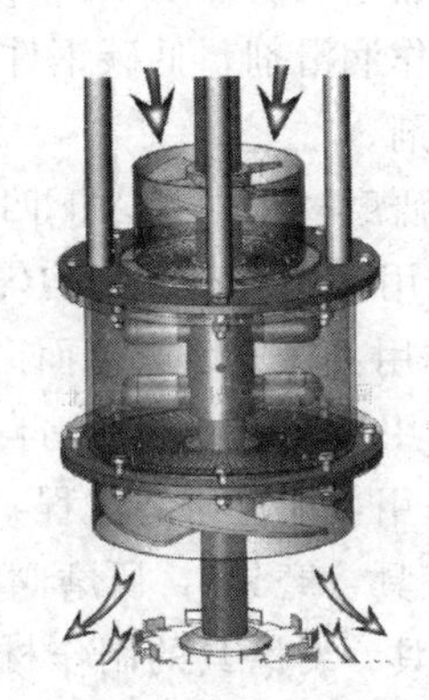

图 3-16 下旋式研磨机

1—定位架；2—阀头；3—研磨盘；4—轴承；5—蜗轮；6—电机；7—机架

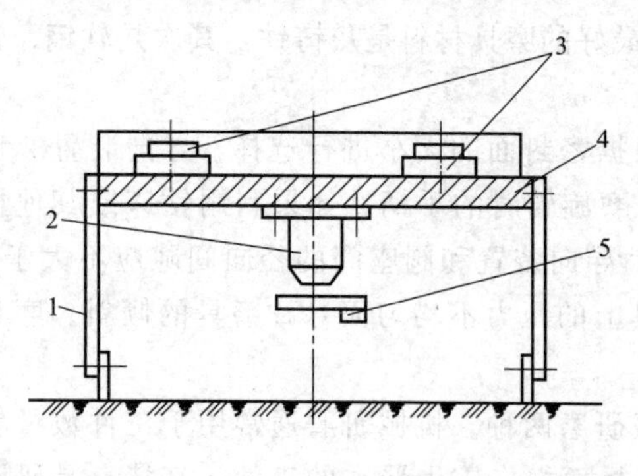

图 3-17 振动研磨机

1—板弹簧；2—电机；3—阀头；4—圆盘；5—偏心盘

⑥ 手工研磨方法：手工研磨在阀门修理中，应用最广泛。研磨前必须用煤油或汽油清洗磨具的工作面和被研磨件，清洗干净后，在密封面上均匀地涂上一层很薄的用润滑剂调和后的磨料，将磨具放在密封面上作正反交替90°的转动，转动6～7次后将磨具的原始位置转换120°～180°，再继续研磨，这样重复操作5～8次后，用煤油或汽油清洗掉磨料，再重新涂上新磨料继续研磨，直到合格为止。

研磨时，一般是先用较高的压力和较低的转速进行粗研，然后用较低的压力和较高的转速进行精研，经过研磨后，应使被研磨表面细微的划道都成为同心圆，这样可以阻止介质的泄漏。

粗研时，磨具压在密封面上的压力不应大于1.5×10^5Pa；精研时，则不应大于0.5×10^5Pa。研磨时，用力应均匀，要特别注意不能把密封面的边缘磨钝或磨成球面。两个需研磨的密封面如果表面较为平整，可以放在一起进行相互研磨，否则应分别用磨具研磨。

研磨注意事项：

a. 在整个研磨过程中，必须保持清洁，不同粒度或不同号数的研磨剂不能相互掺和，且应严密封存以防杂质混入。

b. 研具必须保持平整，并应妥善存放。

c. 不能在同一块平板或磨具上同时使用不同粒度或不同种类的研磨剂。

d. 硬质合金材料制成的平板不宜进行粗研磨。

e. 研磨时的压力不应太大，以免因磨料压碎而划伤密封面。

f. 阀盘和阀座之间一般不允许对研，应分别进行研磨。

⑦ 研磨时的常见缺陷、产生原因及消除方法　如表3-25所示。

表3-25　研磨时的常见缺陷、产生原因及消除方法

常见缺陷	产生原因	消除方法
密封面凸形或不完整	①研磨剂涂得太多 ②挤出的研磨剂积聚在工件边缘 ③研具不平整 ④研具和导向机构配合不当 ⑤研磨时压力不匀或没有改变方向 ⑥研具运动不平稳	①适当减少研磨剂 ②擦去后再研磨 ③磨平研具 ④改变配合间隙 ⑤均匀用力，并经常变换角度 ⑥研磨速度应适当，防止研具与工件的非研磨面接触
密封面不光洁或拉毛	①研磨剂调和不当 ②磨料粗 ③研磨剂涂得不均匀 ④研磨剂混入杂质 ⑤研具与导向机构间隙太小 ⑥精磨剂过湿或过干 ⑦压力过大，压碎的磨料嵌入工件中	①重新调和研磨剂 ②正确选用磨料的粒度 ③涂抹均匀 ④更换研磨剂，并做好清洁工作 ⑤调整配合间隙 ⑥干湿应适当 ⑦压力适当

⑧ 研磨质量的检查　被研磨后的密封面其粗糙度不应低于$Ra0.4\mu m$，表面应无辐射状痕迹，颜色呈灰白色，可以用涂色法检查其平面度，但是最终的质量检查仍取决于密封性试验。

(3) 填料及阀盖与阀体结合面处泄漏的修理

如表3-26所示。

表 3-26 填料泄漏的原因及修理

故障	泄漏原因	修理方法	故障	泄漏原因	修理方法
填料泄漏	①填料没压紧 ②填料型号不对 ③填料充填得少 ④压盖装偏 ⑤填料老化或腐蚀	①拧紧填料压盖螺栓 ②选择正确的填料进行更换 ③增加填料 ④调整螺栓压力 ⑤更换填料	阀盖与阀体接合面泄漏	①螺栓松动 ②两端面倾斜 ③垫片破坏 ④接合面破坏	①拧紧螺栓 ②对称均匀地拧紧螺栓 ③更换垫片 ④修理接合面

（四）截止阀的装配

截止阀的安装顺序原则上应和拆卸顺序相反，组装时应防止擦伤密封面和其他配合面，螺栓的螺纹部分应涂上二硫化钼，便于以后的拆卸，阀杆螺纹应涂上润滑油，拧紧阀体和阀盖间的螺栓前一定将阀盘提起（使阀门呈开启状态），以免破坏关闭件或其他零件，拧紧力应对称均匀。

1. 填料的选择及装填

(1) 填料的选择

填料又称盘根，选用时必须考虑使用条件和介质，使填料与填料函结构相配套，并与有关标准和规定相符等。一般来说，油浸石墨石棉填料可用于一般的空气、蒸汽、水和石油产品；橡胶石棉填料可用于水和石油产品；石墨石棉填料可用在高温高压条件下，尤其夹铜丝的石墨石棉填料承压能力更好；高温且温度又多变的介质可用石棉加铅填料；强腐蚀性介质可用油浸聚四氟乙烯石棉填料或聚四氟乙烯编织的填料。

(2) 装填方法

安装填料前，应对填料装置各部件进行清洗、检查和修整，损坏了的部件应更换。

① 填料函内的残存填料应彻底清理干净，不允许有严重的腐蚀和机械损伤。

② 压盖压套表面光洁，不得有毛刺、裂纹和严重的腐蚀等缺陷。

③ 压紧螺栓应无乱牙、滑牙现象，螺栓、螺母相配对无明显晃动，螺栓销轴应无弯曲和磨损，开口销齐全。

④ 填料函应完好，斜面向上。

安装填料时，可根据需要自行制作各式各样的工具。工具的硬度不能高于阀杆的硬度。装卸工具应用质软而强度高的材料制成，如铜、铝合金、低碳钢或 18Cr-8Ni 型不锈钢等，工具的刃口应较钝，不应有锐口。

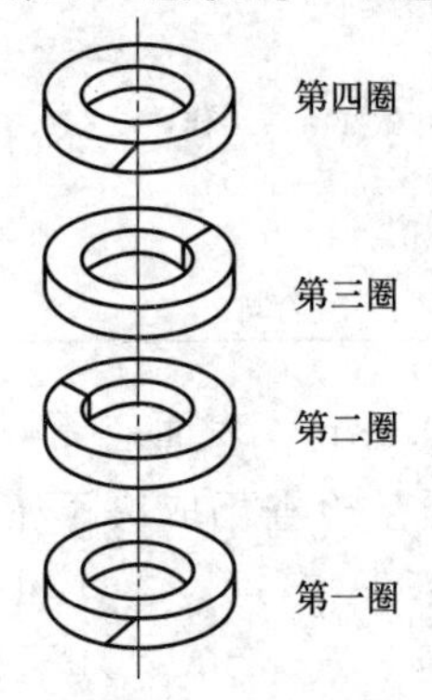

图 3-18 填料的装填方法

填料的安装，须在阀杆和填料装置完好，阀门处在开启位置（现场维修除外），填料预制成形，安装工具准备就绪的条件下，方可进行。

填料的装填方法如下：

a. 小型阀门只需将绳状填料按顺时针方向顺阀杆装入填料函内，拧紧压盖即可。

b. 大型阀门采用方形截面的填料，首先按能绕阀杆一圈的长度切断，切口应成 45°，然后逐段加入，圈与圈之间的接缝应错开 120°～180°。如图 3-18 所示为填料的正确装填方法。

c. 无石墨的石棉填料，装填前，应该涂上一层鳞片状石墨粉。

d. 凡是能在阀杆上端套入填料的阀门，都应该尽可能采取直接套入的方法装填填料。

e. 填料装填质量的好坏，直接影响阀杆的密封，而装填填料的第一圈（底圈）是关键，要认真仔细地装填合格。

f. 装填填料时，应该一圈一圈地装入填料函中，并且每装一圈就压紧一次，不能连装几圈，一次压紧，更不得使许多圈连成一条绕入填料函中。

g. 填料压盖压紧时，压盖螺栓应对称拧紧，不能偏斜，并且留有供压紧用的间隙。如图 3-19 所示。

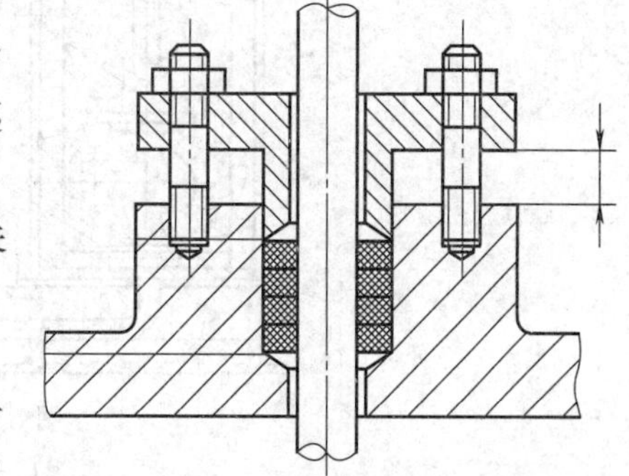

图 3-19 填料压盖的装配位置

h. 压紧时，应同时转动阀杆，以保持四周受力均匀，并防止压得太死，加填料后除保证密封外，还必须保证阀杆转动灵活。

i. 填料装配后，在试压时如有轻微泄漏，可将阀门关闭，再紧一紧填料压盖，如仍泄漏则应将填料全部更换。

2. 填料安装中容易出现的问题

填料安装中出现的问题主要是操作者对填料密封的重要性认识不足，求快，怕麻烦，违反操作规程引起的。常见问题如下：

① 清洁工作不彻底，操作粗心，滥用工具。表现在阀杆、压盖、填料函不用油清洗，甚至填料函有残存填料；操作不按顺序，乱用填料，随地放置，使填料粘有泥沙；不用专用工具，随便用錾子切除，用起子安装等。这样大大地降低了填料安装质量。

② 选用填料不当，以低代高，以窄代宽，使用不耐油填料等。

③ 填料搭接的角度不对，长短不一，安装在填料函中，不平整，不严密。

④ 多层填放，多层连绕填装，一次压紧，使填料函中填料不均匀，有空隙，压紧后造成上紧下松，增加了填料泄漏的可能。

⑤ 填料安装太多时，使压盖在填料函上面，压盖容易位移擦伤阀杆。

⑥ 压盖与填料函之间的预留间隙过小，填料在使用中泄漏，就无法再拧紧压盖。

⑦ 压盖对填料压得太紧，使阀杆启闭力增大，增加了阀杆的磨损，容易引起泄漏。

⑧ 压盖歪斜，松紧不匀，容易引起填料泄漏，阀杆擦伤。

⑨ 阀杆与压盖的间隙过小，相互摩擦，磨损阀杆。

⑩ O 形圈安装出现扭曲、划痕、变形等缺陷。

3. 垫片的选用及制作

为了保证阀体和阀盖之间的密封性，阀体和阀盖之间必须加垫片。

① 垫片的材质应根据介质的种类选用。此问题将在管路连接中予以详细介绍。

② 垫片的制作应大小合适，安装前应涂以二硫化钼，安装时应保证与阀体法兰密封面同心，组装后应作仔细检查，把阀腔和外部擦拭干净后作水压试验。

（五）截止阀的水压试验

截止阀组装后必须进行水压试验。水压试验可分为强度试验和密封性能试验两种。

强度试验压力在 $PN2.5\times10^5\sim320\times10^5$Pa 范围内为公称压力的 1.5 倍，在 $PN400\times10^5\sim800\times10^5$Pa 范围内为 1.4 倍，在 $PN1000\times10^5$Pa 以上分别为 1.25 倍或 1.2 倍不等。

密封试验压力一般以公称压力进行，在能够确定工作压力的情况下，也可按工作压力的1.25倍进行。

强度实验和密封试验一般在试压台上进行，试压台可参考图3-20设计制作。

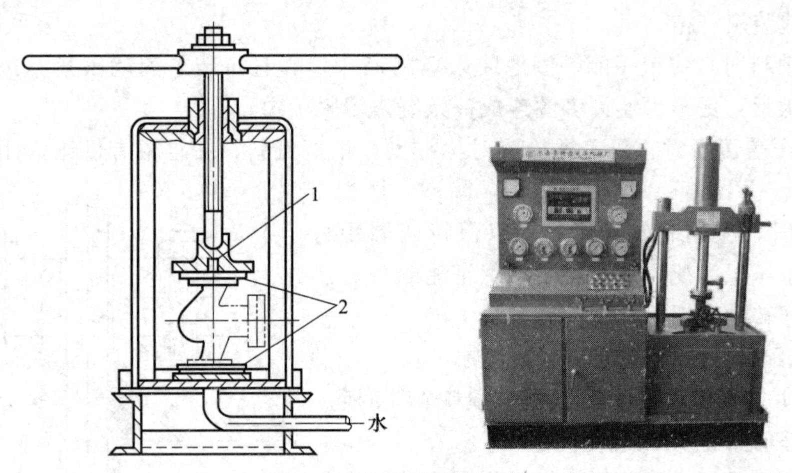

图3-20 阀门水压试验台

1—放气用小孔；2—垫片

1. 强度试验

截止阀的水压强度试验如图3-21所示。试验时将阀门开启，一端用盲板堵塞，水从另一端引入，排净阀腔内的空气，按上述方法选择试验所需的压力值，安装并连接试压装置。试压时，压力逐渐升高至所需压力，当达到规定压力值时，检查阀体、阀盖密封垫和填料等处有无泄漏或破坏，保压5min后压力不降低即为合格。

2. 密封性能试验

截止阀的密封性试验如图3-22所示。试验时关闭阀门，水从出口端引入，同时进行了阀体和阀盖结合面以及填料部分的密封性试验。试压时，压力逐渐升高至所需压力，保压5min后以压力不下降并且无渗漏为合格。

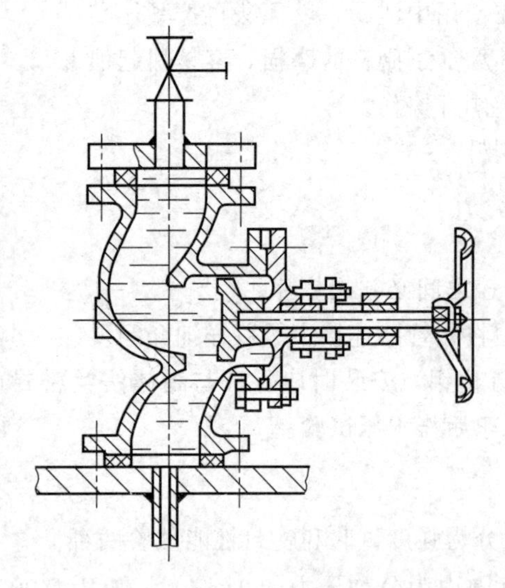

图3-21 截止阀的强度试验

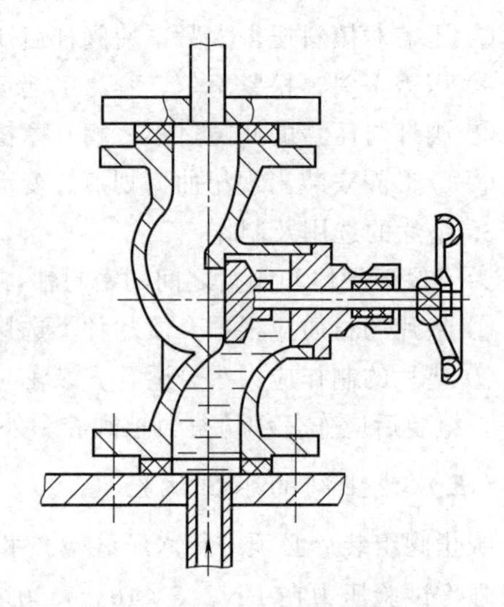

图3-22 截止阀的密封性试验

在强度和密封试验中，如出现问题，应查找分析原因，处理后再进行试验，直到合格为止。

试验合格后，应由技术人员鉴定，最后重新按规定涂色，做好标记，使之跟“新阀门”一样。

第三节　闸板阀及其修理

一、闸板阀的基础知识

1. 闸板阀的工作原理

闸板阀又叫闸阀或闸门阀。阀体内装有一个与介质流动方向相垂直的闸板。当闸板升起或落下时阀门即开启或关闭，闸板阀是常用的截断阀之一。闸板阀的启闭件是阀盘和阀座，为了保证阀门在关闭时严密不漏，闸板和阀座均需要经过研磨。阀座上通常镶有耐磨、耐腐蚀的金属密封圈，以便延长阀座的使用寿命。

2. 闸板阀的主要零部件

闸板阀的主要零部件有闸板、阀体、阀杆、阀盖、填料函、套筒螺母和手轮等。常用闸板阀结构如图 3-23 所示。

图 3-23　常用闸板阀

3. 闸板阀的分类

闸板阀可按连接形式、阀杆运动情况和闸板结构进行分类。

（1）根据连接形式

根据与管路连接的形式可分为法兰连接和螺纹连接两种。法兰连接一般用于公称直径较大的阀门，而螺纹连接则用于公称直径较小的阀门。

（2）根据阀杆运动情况

根据闸板阀启闭时阀杆运动情况的不同，可分为明杆式和暗杆式两种。

明杆式闸板阀如图 3-24 所示。明杆式闸板阀的阀杆螺纹位于阀杆的上部，与阀盖上部的套筒螺母相配合，旋转手轮时，阀杆与闸板一起作上下方向的升降运动，随着阀门的开启，阀杆逐渐升高。暗杆式闸板阀如图 3-25 所示，暗杆式闸板阀的阀杆螺纹位于阀杆的下

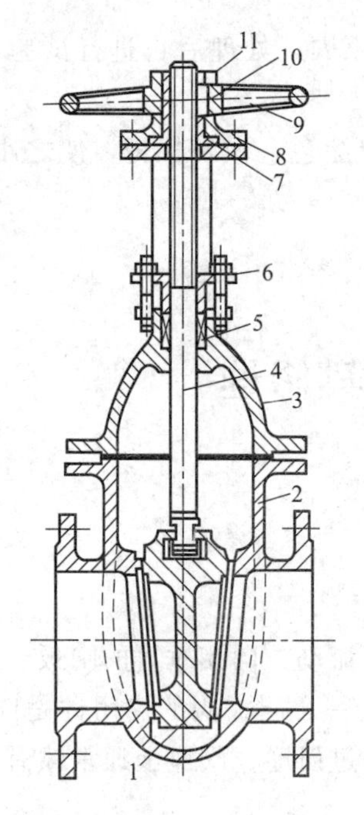

(a) 楔式闸板阀

1—楔式闸板；2—阀体；3—阀盖；4—阀杆；5—填料；6—填料压盖；
7—套筒螺母；8—压紧环；9—手轮；10—键；11—压紧螺母

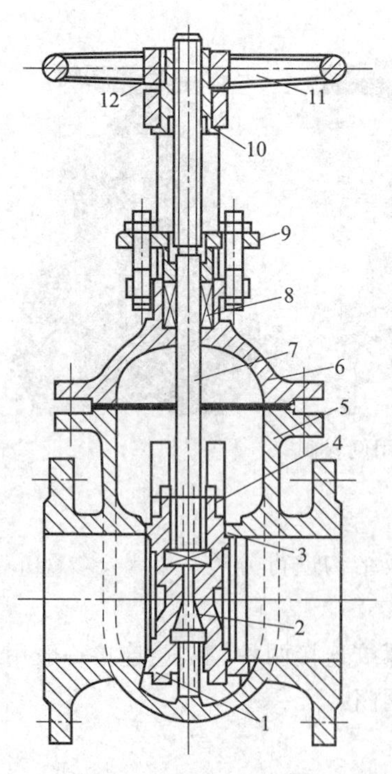

(b) 平行式闸板阀

1—平行式双闸板；2—顶楔；3—密封圈；4—卡箍；5—阀体；6—阀盖；7—阀杆；
8—填料；9—填料压盖；10—套筒螺母；11—手轮；12—键

图 3-24　明杆式闸板阀

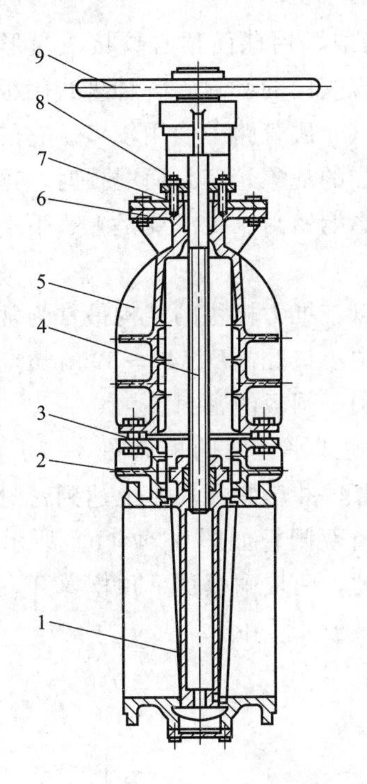

图 3-25　暗杆式闸板阀

1—楔式闸板；2—套筒螺母；3—阀体；4—阀杆；5—阀盖；6—填料函法兰；7—套筒螺母；8—压紧环；9—手轮

部，与嵌在闸板上的套筒螺母相配合，旋转手轮时，阀杆与手轮一起转动，闸板在阀腔内作上下方向的升降运动，阀门在开启或闭合时，阀杆只在原地旋转，而没有轴向运动。

明杆式闸板阀在工作过程中，阀杆需上下运动，需要占用的空间高度较大，暗杆式闸板阀的阀杆上下位置不变，占用的空间高度较小；明杆式可根据阀杆的高低判断阀门的开启程度，暗杆式则不能；明杆式的螺纹不受介质的腐蚀且便于润滑，使用寿命长，暗杆式则相反。

(3) 根据闸板结构

根据闸板结构的不同，闸板阀可分为楔式闸板阀和平行式闸板阀两类，如图 3-24 所示。

楔式闸板阀密封面与垂直中心线成某种角度，即两个密封面成楔形的闸阀。密封面的倾斜角度一般有 2°52′、3°30′、5°、8°、10°等，角度的大小主要取决于介质温度的高低。一般工作温度愈高，所取角度应愈大，以减小温度变化时发生楔住的可能性。在楔式闸板阀中，又有弹性闸板、单闸板和双闸板之分。

弹性闸板如图 3-26 (a) 所示，在闸板的对称平分面上加工出一个环形槽，从而使闸板的两个密封面具有一定的弹性。当阀门关闭时借助于闸板产生微量的弹性变形，使其与阀座达到良好的接触，以保证其密封性。适用于各种温度、压力和中、小口径场合，但介质中的固体杂质较少。

单闸板如图 3-26 (b) 所示，单闸板是一个整体的楔形闸板，当阀门关闭时，借助于闸板阀座密封面的加工精度，实现阀门的密封。它结构简单，使用可靠，但对密封面角度的精度要求较高，加工和维修较困难，温度变化时楔住的可能性很大。

双闸板如图 3-26（c）所示，由两块闸板组合而成，用球面顶心铰接成楔形闸板，借助球面顶心自动调整两闸板与密封面的楔角，从而实现阀门的密封。各种楔式闸板都是依靠楔形密封面之间的挤压作用来实现密封的。在水和蒸汽介质管路中使用较多。它的优点是：对密封面角度的精度要求较低，温度变化不易引起楔住的现象，密封面磨损时，可以加垫片补偿。但这种结构零件较多，在黏性介质中易黏结，影响密封。更主要是上、下挡板长期使用易产生锈蚀，闸板容易脱落。

在平行式闸板阀中，分单闸板和双闸板两种，以带推力楔块的结构最常为常见，即在两闸板中间有双面推力楔块，这种闸板阀适用于低压中小口径（DN40～300mm）闸板阀。也有在两闸板间带有弹簧的，弹簧能产生预紧力，有利于闸板的密封。

平行式双闸板分为上顶楔和下顶楔两种，上顶楔式平行双闸板如图 3-27 所示，当阀门关闭时，阀杆推动上顶楔向下移动，使两块闸板撑开，并压紧在阀座上达到密封的目的，适用于常温、中温，各种介质和压力下。下顶楔式平行双闸板如图 3-24（b）所示，当阀门关闭时，下顶楔先接触阀腔的底部，阀板继续向下移动，两块闸板被下顶楔撑开，并压紧在阀座上达到密封的目的，多用于低压，中、小口径，一般介质中。

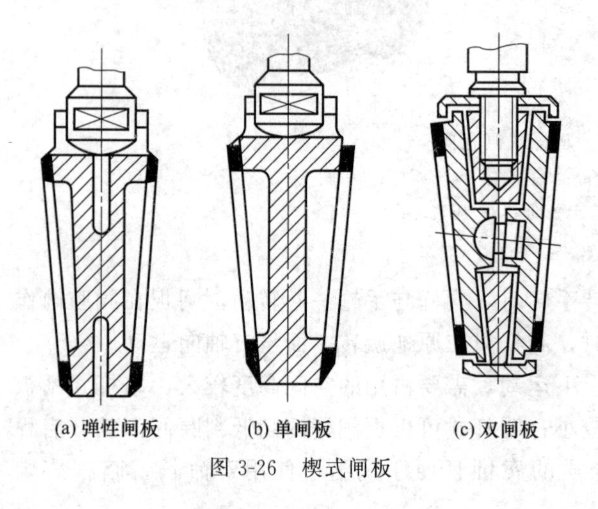

图 3-26 楔式闸板

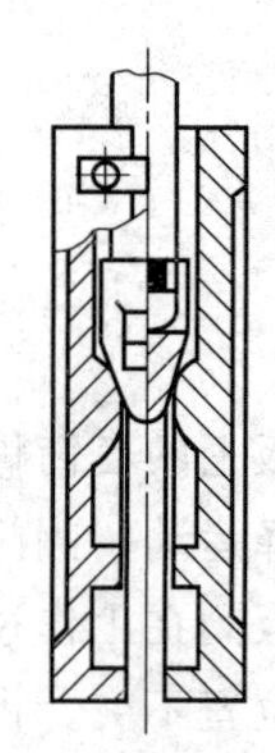
图 3-27 上顶楔式平行双闸板

4. 闸板阀的特点

闸板阀是指闸板沿通路中心线的垂直方向移动的阀门。闸板阀在管路中主要作切断用。

闸板阀是使用很广的一种阀门，一般口径 $DN \geqslant 50$mm 的切断装置都选用它，有时口径很小的切断装置也选用闸板阀，闸板阀有以下优点：

① 流体阻力小。

② 开闭所需外力较小。

③ 介质的流向不受限制。

④ 全开时，密封面受工作介质的冲蚀比截止阀小。

⑤ 体形比较简单，铸造工艺性较好。

闸阀也有不足之处：

① 外形尺寸和开启高度都较大。安装所需空间较大。

② 开闭过程中，密封面间有相对摩擦，容易引起擦伤现象。

③ 闸板阀一般都有两个密封面，给加工、研磨和维修增加一些困难。

二、闸板阀的修理

1. 闸板阀的修理程序

闸板阀的修理程序和截止阀基本相同。

2. 闸板阀的拆卸

以明杆楔式单闸板阀为例，如图 3-24（a）所示，其拆卸顺序为：手轮→填料压盖→阀盖连接螺栓→阀体→阀盘→阀杆→填料→套筒螺母。拆卸后，用煤油或其他清洗剂把零部件清洗干净，并按拆卸顺序摆放整齐。

3. 拆卸中的注意事项

① 填料一定要清除干净。

② 注意保护垫片，尽量不使其破坏。当垫片发生粘连破坏时，一定要把粘连在阀体或阀盖上的垫片清除干净，否则安装后容易造成泄漏。

③ 注意保护密封面。

4. 闸板阀主要零部件的检查与修理

闸板阀拆卸并清洗后，应进行详细彻底的检查，然后根据破坏形式和破坏程度决定所采用的修理方法，重要的阀门应把检修情况整理记录到相应的设备档案中。

闸板阀主要零部件常见的破坏形式与修理方法见表 3-27。

表 3-27　闸板阀主要零部件常见破坏形式与修理方法

零件名称	常见破坏形式	修理方法
阀体	①裂纹、气孔或砂眼等 ②阀体法兰密封面出现沟纹 ③阀体连接螺纹破坏	①补焊或堵塞 ②轻微者锉削、严重者补焊后车削或镗削 ③更换
手轮	裂纹或断裂	补焊或更换
阀盖	①裂纹、气孔或砂眼等 ②和阀体端面连接的密封面破坏	同阀体
阀杆	①弯曲 ②裂纹或断裂 ③螺纹破坏	①校直 ②补焊或更换 ③更换
套筒螺母	螺纹破坏	更换
阀盘阀座	密封面破坏	有轻微沟槽时(<0.05mm)研磨，较大时车削或镗削后研磨，严重时先补焊再车削最后研磨

值得指出的是表 3-27 所列修理方法仅供参考，修理过程中应根据实际情况灵活选用。

5. 闸板阀密封件的研磨

闸板阀的密封件研磨时应将闸板与阀座分别研磨，阀座利用铸铁制作的研磨工具进行研磨，如图 3-28 所示，而闸板则放在平台上研磨，如图 3-29 所示。

6. 闸板阀的安装

安装时，应按拆卸相反的顺序进行，组装时应特别细心，不能擦伤密封面和其他配合面，螺栓的螺纹部分应涂上二硫化钼，便于以后拆卸，阀杆螺纹应涂上润滑油，拧紧阀体和阀盖之间的螺栓前一定要将阀盘提起，否则将破坏关闭件，拧紧力要均匀。填料和垫片的选

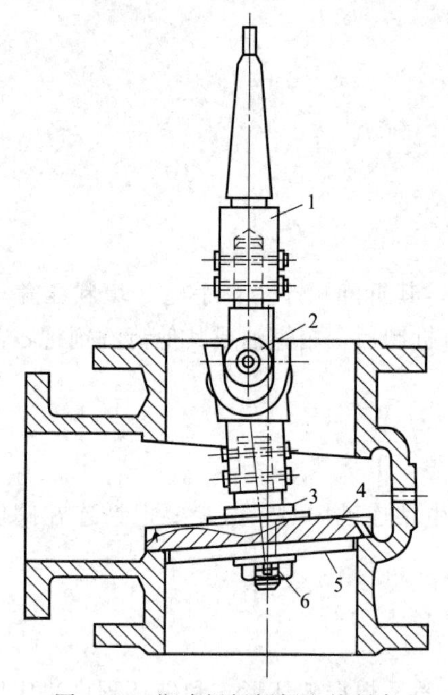

图 3-28 楔式闸板阀阀座的研磨
1—莫氏锥柄；2—万向接头；3—连接磨具的轴；
4—磨具；5—导向装置；6—螺母

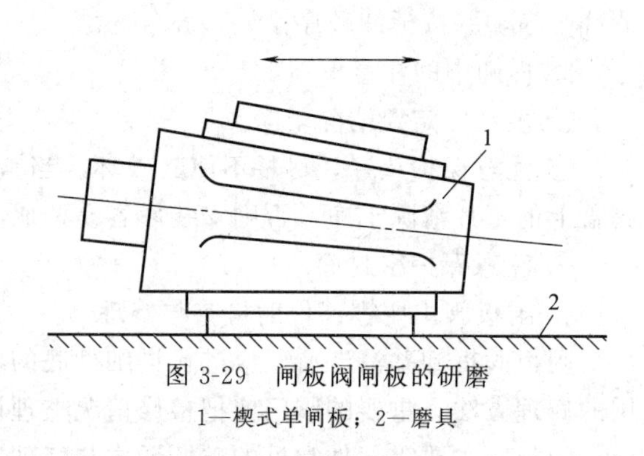

图 3-29 闸板阀闸板的研磨
1—楔式单闸板；2—磨具

用与装配等均与截止阀相同。

7. 闸板阀的水压试验

闸板阀组装后必须进行水压试验，试验的规定和方法与截止阀相同，只是水压密封试验和截止阀的连接稍有不同，闸板阀水压试验的连接方法如图 3-30 所示。

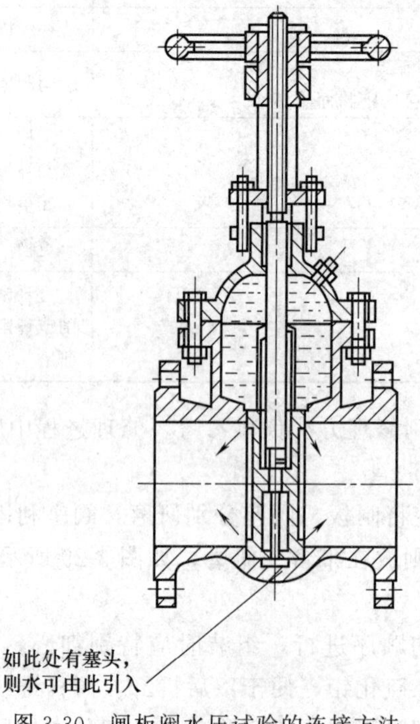

图 3-30 闸板阀水压试验的连接方法

试验合格后，应由技术人员鉴定，最后重新按规定涂色，做好标志备用。

第四节　安全阀及其修理

一、安全阀的基础知识

安全阀是一种根据介质工作压力的大小而自动启闭的阀门。它的作用是确保受压容器或管路的安全，以免超压而发生破坏性事故。当介质的工作压力超过规定数值时，介质将阀盘顶起，并将过量介质排放出来，使压力降低；当压力恢复正常后，阀盘就又自动关闭。

安全阀的特点是能够较准确地维持设备和管路内的压力值，根据介质压力的大小自动控制启闭。

二、安全阀的分类

根据和管路的连接形式可分为法兰连接和螺纹连接两种；根据平衡内压的方式不同，安全阀又可分为杠杆重锤式、弹簧式和脉冲式三种。

1. 杠杆重锤式安全阀

结构如图3-31所示，其主要零部件有阀体、阀座、阀盘、导向套、阀杆、重锤、杠杆和阀盖等。杠杆重锤式安全阀是通过杠杆使重锤的重量作用在阀盘上来实现内压平衡的。根据杠杆平衡原理可知，当重锤在杠杆上向阀体方向移动时，作用在阀盘上的压力将减小，即安全阀的开启压力变小，反之将增大。重锤的位置根据所需压力调整好后，为防止重锤滑动，造成开启压力改变，重锤的位置调整后必须用螺栓定位，并用铁盒罩住。

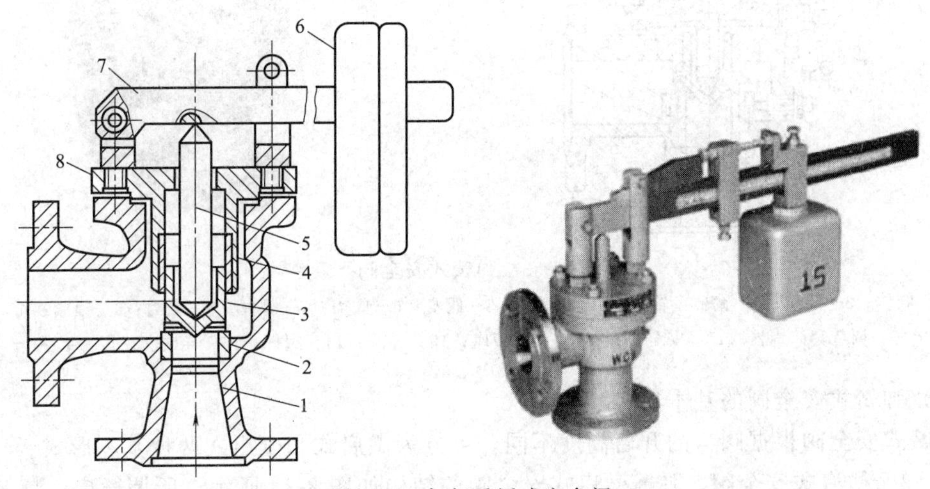

图3-31　杠杆重锤式安全阀

1—阀体；2—阀座；3—阀盘；4—导向套；5—阀杆；6—重锤；7—杠杆；8—阀盖

2. 弹簧式安全阀

(1) 弹簧式安全阀的结构原理

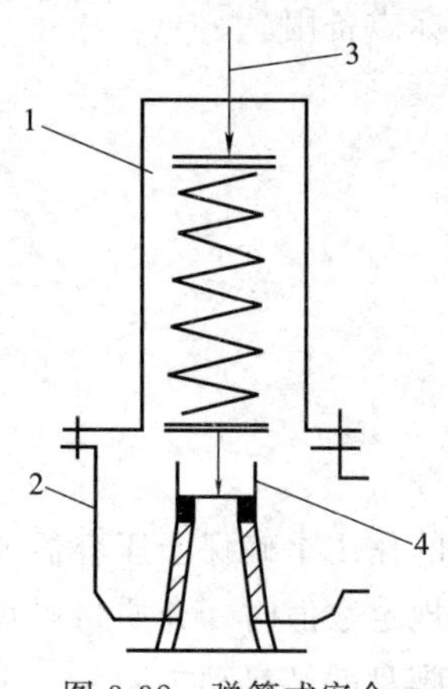

图 3-32　弹簧式安全阀的结构原理

1—阀盖；2—阀体；3—调节套筒螺栓；4—阀盘

如图 3-32 所示，它是采用将螺旋弹簧压紧的办法，使之产生的弹性作用力传递到阀盘上，使阀盘与阀座之间的密封面产生密封力，从而达到密封的目的。

安全阀的阀盖 1 和阀体 2 由螺栓连接成一体，阀盖内的弹簧由调节套筒螺栓 3 通过上弹簧座将弹簧压紧，这个压紧力由调节套筒螺栓 3 的升降来调节，下弹簧座托住弹簧并安装在阀杆上，阀杆将弹簧的弹力通过端部传递到阀盘 4 的中心。所以，弹簧式安全阀开启压力的大小是通过调节套筒螺栓的上下位置来改变的。

弹簧式安全阀开启压力的调节方法（图 3-33）是，先拆下安全罩 11，松开锁紧螺母 9，旋转调节套筒螺栓 10，使上弹簧座 12 作上下移动，从而改变了弹簧 13 的压缩程度，因此也就改变了弹簧对阀盘 5 的压力，从而得到安全阀所需的开启压力。调节后，再用锁紧螺母固定，套上安全罩，并加以铁丝铅封。

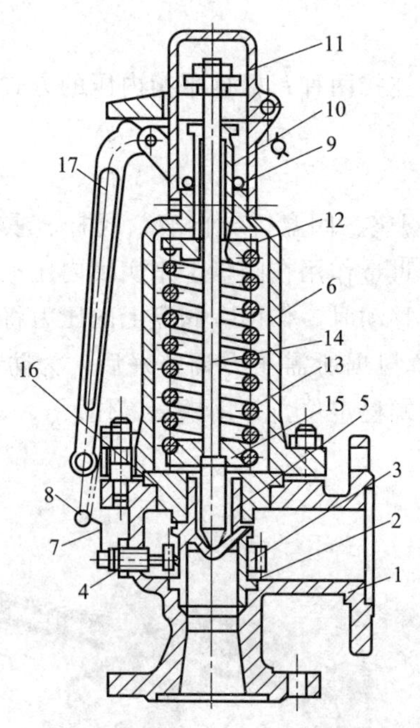

图 3-33　弹簧式安全阀

1—阀体；2—阀座；3—调节齿轮；4—止动螺钉；5—阀盘；6—阀盖；7—铁丝；8—铅封；9—锁紧螺母；10—调节套筒螺栓；11—安全罩；12,15—弹簧座；13—弹簧；14—阀杆；16—导向套；17—扳手

（2）弹簧式安全阀的基本形式

弹簧式安全阀根据阀盘的开启高度不同，可分为微启式和全启式两种基本形式。

① 弹簧微启式安全阀。弹簧微启式安全阀的结构如图 3-33 所示，所谓微启，就是安全阀的开启高度是微量的。

设备超压时，介质的排放速度应该越快越好，但当安全阀的工作介质为液体时，要求安全阀的启闭过程应该非常平稳，不允许有突然开关的动作，否则将造成“水锤”现象，再者，因液体介质是不可压缩的，在一个充满液体介质的容器内，液体体积的少量变化，就会使容器内的压力发生很大的变化，所以在液体介质容器上使用的安全阀为微启式安全阀。

微启式安全阀的开启高度是喷嘴喉径的 1/15～1/20，通常做成渐开式。

② 弹簧全启式安全阀。弹簧全启式安全阀的结构如图 3-34 所示。

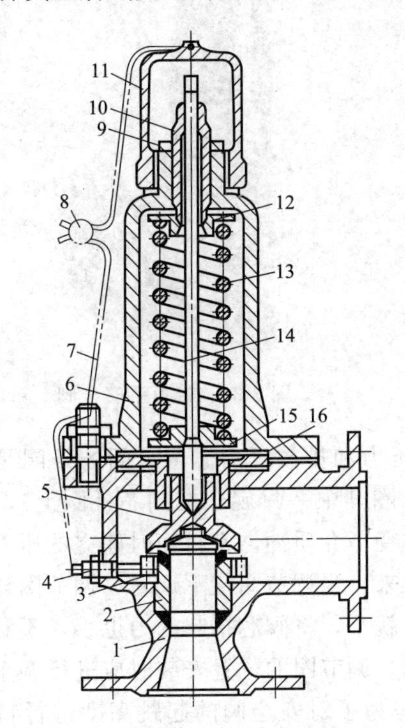

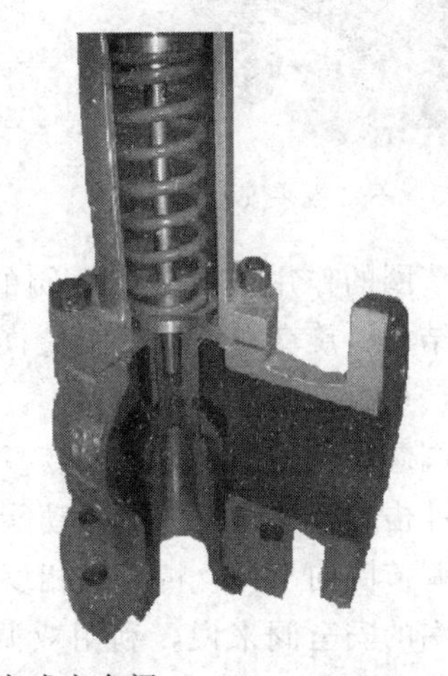

图 3-34 弹簧全启式安全阀

1—阀体；2—阀座；3—调节齿轮；4—止动螺钉；5—阀盘；6—阀盖；7—铁丝；8—铅封；9—锁紧螺母；10—调节套筒螺栓；11—安全罩；12,15—弹簧座；13—弹簧；14—阀杆；16—导向套

锅炉运行中，水沸腾后将产生大量的压力蒸汽，压缩机运转时，气体被压缩而积储大量的能量；当设备超压时，需要迅速释放这些能量。若采用微启式，则泄压不够及时。

所谓全启，即全部开启的意思，其开启高度等于或大于喷嘴喉径的 1/4～1/3。全启式安全阀通常做成急开式，即阀盘在开启过程中的某一瞬间突然启跳，达到全开高度。它主要利用反冲机构（反冲盘配以阀座调节圈，或在阀盘和阀座上分别配置调节圈，下面将作详细介绍）改变介质的流向，增加阀盘在开启时的受力面积，气体介质在大量冲出时形成向上的冲击动能，阀盘一下子被托得很高，达到全启，但在阀盘刚开启时，气体还没有产生相当的动能，所以在开始时也是平稳开启的，当达到一定程度才产生突变。由于弹簧全启式安全阀的整个开启动作是由平稳到突然升起，因此它也被称为两段作用式安全阀。这种安全阀适用于气体或蒸汽介质的场合。

弹簧式安全阀又分为密封的（图 3-35）和不密封的（图 3-36）两种。密封的一般用于易燃易爆和有毒性的介质。

弹簧式安全阀还有不带扳手的（图 3-35）和带扳手的（图 3-36）之分。扳手的作用主要是检查阀盘的灵活程度，有时也可做手动紧急卸压用。

(3) 弹簧式安全阀的调节机构

弹簧式安全阀除了上面所说的调节螺栓对开启压力的调节作用外，大多数弹簧式安全阀还带有调节圈结构。弹簧式安全阀的调节圈结构有两种：一种是单调节圈结构；另一种是双

图 3-35 不带扳手安全阀

图 3-36 带扳手安全阀

调节圈结构。调节圈的作用是调节安全阀的回座压力和排放压力。调节圈的外圈是齿轮状的，内圈有螺纹结构，旋套在阀座外圈上（双调节圈其中一只旋套在阀芯外圈上），调节圈上下位置的改变，可改变介质动量的大小，也就改变了介质冲击密封面时建立的压力区能量的大小，使托起阀芯的力的大小得以改变。一般说来，当调节圈往下调时，调节圈与阀芯之间的距离变大，冲击的介质建立的聚压动能区力量就小，将阀芯抬起的力也小，不利于介质的排放，如果将调节圈向上调，情况则相反。因此，调节圈的位置安装时应进行调整。

对于双调节圈的安全阀来说，利用双调节圈是为了对安全阀的起跳高度进行精确的调整。调节圈外圈的齿状结构不是供啮合之用，而是为了方便拨动和锁紧调节圈的。图 3-37 为安全阀的调节圈结构，图 3-38 为调节圈的位置作用。

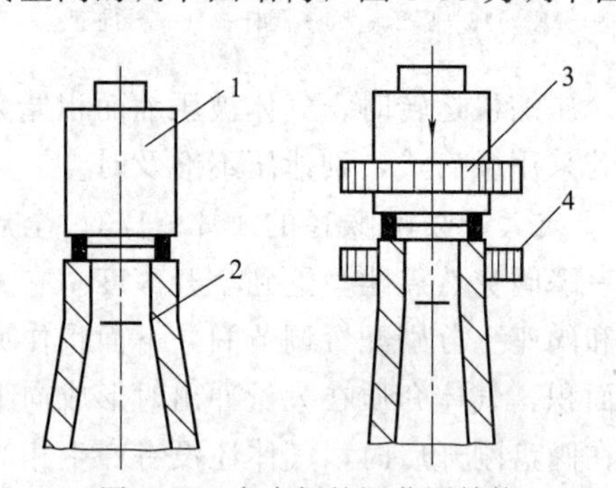

图 3-37 安全阀的调节圈结构

1—阀盘；2—阀座；3—上调节圈；4—下调节圈

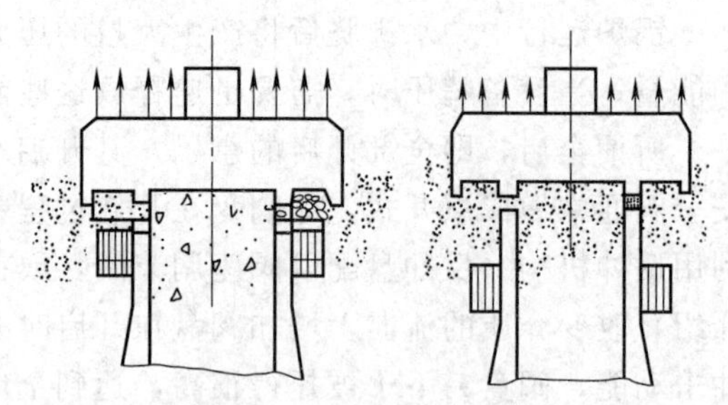
图 3-38 调节圈的位置作用

杠杆重锤式安全阀的结构笨重，安装时必须严格保证阀盘轴线与水平面垂直，弹簧式安全阀结构精巧，安装位置要求不太严格；杠杆重锤式安全阀启跳时，重锤作用在阀盘上的力几乎不变，但弹簧式安全阀启跳时，阀盘上升越高，弹簧对阀盘的压力就越大；杠杆重锤式安全阀在高温下工作时其压力是不变的，而弹簧式安全阀在长期的高温和负荷影响下，其弹簧的压力会变小，从而会使启跳压力变小，故弹簧式安全阀不适用于高温下工作。

3. 脉冲式安全阀

脉冲式安全阀的结构如图 3-39 所示，主要零部件有主阀盘、主阀座、活塞缸、副阀盘和隔膜等。

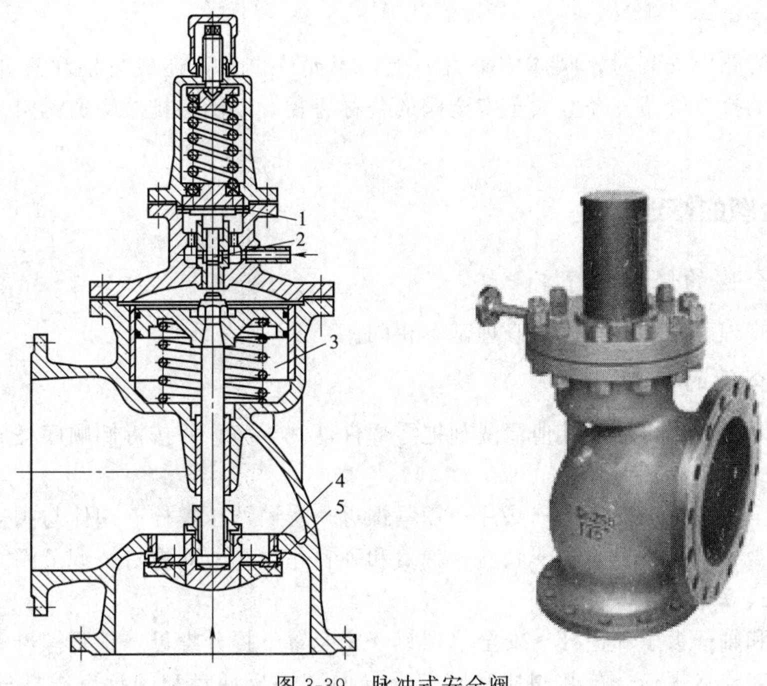

图 3-39　脉冲式安全阀

1—隔膜；2—副阀盘；3—活塞缸；4—主阀座；5—主阀盘

脉冲式安全阀由主阀和副阀两大部分组成，主阀在下半部，副阀在上半部，介质同时通入主阀和副阀阀盘处。当介质压力超过规定数值时，首先压缩副阀弹簧，使副阀盘上升，副阀开启，然后介质进入活塞缸的上方，并推动活塞下移，驱使主阀盘向下移动，主阀开启，介质被排放出来。当介质压力下降到规定值时，副阀在上部弹簧的作用下开始关闭，活塞上方的压力降低，主阀在介质压力的作用下也开始关闭。脉冲式安全阀适用于大口径的管路上和高压的场合。

在实际生产中，为了确保安全，有时在重要的管路或设备上并联安装两个安全阀，如图 3-40 所示。在使用过程中，为了防止阀盘和阀座胶接在一起，应定期将扳手稍稍抬起，以

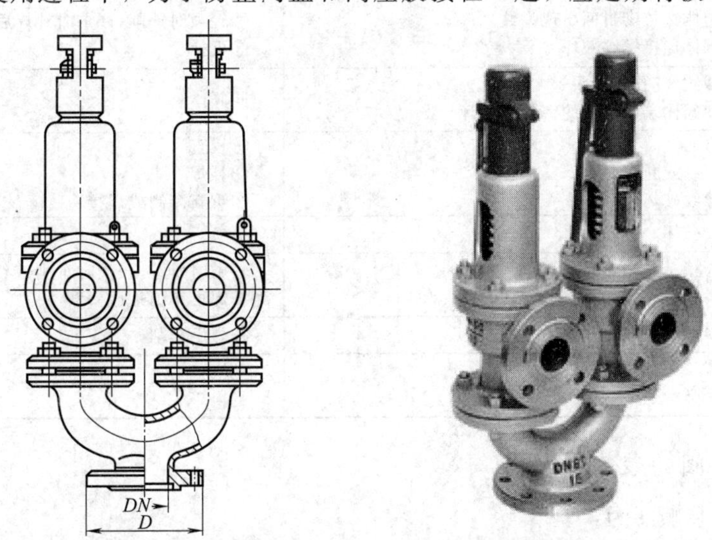

图 3-40　安全阀的并联

确保安全阀的灵敏度。

安全阀在管路中安装时，阀体应垂直向上，不允许倒置，还应特别注意介质的流动方向。阀门出口的排放管路直径应大于安全阀的公称直径，以确保排放畅通无阻。

三、安全阀的修理

（一）安全阀的修理程序

安全阀的修理程序和截止阀的修理基本相同。

（二）安全阀的拆卸

安全阀拆卸后，用煤油或其他清洗剂把零部件清洗干净，并按拆卸顺序摆放整齐。

弹簧微启式安全阀：

铅封→安全罩螺钉→安全罩→垫片→锁紧螺母→套筒调压螺栓→阀体与阀盖连接螺栓→分开阀体和阀盖→阀盘→导向套→阀杆→弹簧和弹簧座→调节圈螺钉→调节圈。

弹簧全启式安全阀：

铅封→销和轴→扳手和横杆→安全罩螺钉→安全罩→提升螺母→锁紧螺母→套筒调压螺栓→阀体与阀盖连接螺栓→分开阀体和阀盖→导向套→反冲盘和阀盘→阀杆→弹簧和弹簧座→调节圈螺钉→调节圈。

拆卸过程中的注意事项与截止阀和闸板阀基本相同。

（三）安全阀主要零部件的检查与修理

对安全阀的主要零部件拆卸清洗后应进行详细彻底的检查，然后根据破坏形式和破坏程度决定所采用的修理方法。重要的阀门应把检修情况整理记录到相应的设备档案中。安全阀主要零部件常见破坏形式与修理方法见表 3-28。

表 3-28 安全阀主要零部件常见破坏形式与修理方法

零件名称	常见破坏形式	修理方法
阀体	①裂纹、气孔或砂眼等 ②阀体法兰密封面出现沟纹 ③阀体连接螺纹破坏	①补焊或堵塞 ②轻微时锉削，严重时补焊后车削或更换 ③更换
阀盖	①裂纹、气孔或砂眼等 ②和阀体端面连接的密封面破坏	同阀体
阀杆	①弯曲 ②裂纹或断裂 ③螺纹破坏	①校直 ②补焊 ③重新套制或焊接
套筒螺栓	螺纹破坏	更换
阀座与阀盘	密封面破坏	轻微时研磨，较大时车削或镗削后研磨，严重时先补焊再车削最后研磨
弹簧座	磨损或腐蚀	补焊后车削
弹簧	断裂 失去弹性	更换 更换

（四）安全阀的装配

安全阀的安装顺序为：

弹簧微启式安全阀：

阀盘→导向套→垫片→阀杆→弹簧和弹簧座→阀盖→阀体和阀盖连接螺栓→套筒调压螺栓。(启跳压力和密封压力试验后) 锁紧螺母→垫片→安全罩→安全罩螺钉。

弹簧全启式安全阀:

调节圈→反冲盘和阀盘→导向套→阀杆→弹簧和弹簧座→阀盖→阀体和阀盖连接螺栓→套筒调压螺栓→锁紧螺母。(启跳压力和密封压力试验后) 圆形螺母和锁紧螺母→安全罩→扳手→横杆 (调节圆形螺母使其和杠杆拨叉的蘑菇顶刚好接触) →扳动扳手 1~2 次检查安全阀的灵敏程度。

安全阀安装时应特别细心，密封面一定要清洁，试压用的介质也一定要清洁，所有螺纹部分均应涂上二硫化钼，以防止锈蚀，便于以后检修。

(五) 安全阀的性能试验

安全阀组装后必须进行性能试验，性能试验可分为强度试验、启跳试验和密封试验三种。

1. 强度压力试验

凡是实际运行中承压的部位都应进行强度压力试验，承压部位是指阀门介质进口与密封面之间的体腔，一般在安全阀装配前进行试验。试验的介质一般是水，除特殊要求外，不允许使用气体。强度试验的压力为安全阀公称压力的 1.5 倍，其维持试验压力的最短时间如表 3-29 所示，试验中以不发生破坏或渗漏为合格，应注意的是，在带压情况下被试压部位不允许锤击。

表 3-29 强度试验最短持续时间

公称通径 DN /mm	公称压力 PN/MPa			公称通径 DN /mm	公称压力 PN/MPa		
	≤4	>4~6.6	>6.4		≤4	>4~6.6	>6.4
	持续时间/min				持续时间/min		
≤50	2	2	3	>100~125	2	4	6
>60~65	2	2	4	>125~150	2	5	7
>65~85	2	3	4	>150~200	3	5	9
>80~100	2	4	5				

2. 启跳压力试验

对于蒸汽用安全阀，启跳压力应小于或等于开启压力 (即阀盘刚离开阀座，有介质连续流出时的压力) 的 1.03 倍；对于气体介质的安全阀，不应大于开启压力的 1.1 倍；对于液体介质安全阀，不应大于开启压力的 1.2 倍。

3. 密封压力试验

安全阀的泄漏会引起介质的损失，如果是易燃易爆或有毒介质泄漏还会带来危险，且介质的不断泄漏也会造成密封材料的破坏，但是，常用安全阀的密封面都是金属材料对金属材料，即“硬碰硬”，虽然力求密封面光洁平整 (经过精研磨)，但是要在介质带压情况下做到绝对不漏是非常困难的，严格地说金属密封面的阀门没有绝对不漏的，只是漏得很少，或漏出后蒸发了肉眼看不出罢了。因此，对于蒸汽用安全阀，在规定压力值下如果看不见泄漏也听不出有泄漏声，就可以认为其密封性能是合格的。对于液体介质的安全阀，在规定的压力下，如果 2min 内密封面不漏出水珠，即为合格。

(六) 安全阀的校验

1. 必须进行校验的情况

① 成品出厂。

② 运输过程中部件或铅封破坏。

③ 仓库中存放一段时间后使用。

④ 有锈蚀或脏物堵塞。

⑤ 锅炉或容器年检时。

⑥ 运行中达到压力不开启或泄漏严重。

⑦ 修理后。

⑧ 需改变开启压力值时。

2. 校验方法

根据任务书或铭牌选择压力范围，装上相应的压力表，压力表的量程要适当，开启压力值为压力表全量程的 1/3～1/2 为宜，然后装上相应通径的连接法兰，旋紧连接螺栓。

连接试压装置系统如图 3-41 所示，当然，在这个系统图上也可增加所需的其他附加功能，例如对开启压力的自动记录、位置切换以及气动加紧装置等。图中被校验的安全阀 1 装在法兰盘上，此时针形阀 3 在关闭状态，当打开阀门 2 时，介质流入安全阀下部，压力逐渐升高，当达到开启压力时，安全阀 1 启跳阀口有介质喷出，并伴有轻微的鸣爆声，此时压力表的指针达到最大值后，迅速回摆。启跳 1～2 次后，准确地读出并记录压力表的数值，该数值即为安全阀的启跳压力值，该压力值如超过规定压力值，应拧松调压螺栓；反之，则拧紧调压螺栓，然后进行试验，直到合格为止。调试过程中，拧松或拧紧调压螺栓时应做到心中有数，使调试的次数越少越好，以防阀盘起跳次数过多，造成破坏。

调试定压后，关闭阀门 3，稍微打开阀门 2 使校验系统内的压力降至密封压力后，再进行密封试验，密封试验以肉眼看不见泄漏，严格者以压力表 5min 内不发生偏转为合格。

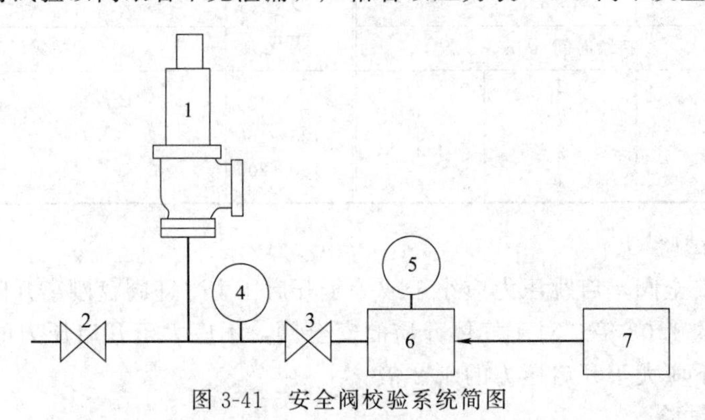

图 3-41 安全阀校验系统简图

1—安全阀；2,3—针形阀；4,5—压力表；6—缓冲器；7—试压泵

3. 校验注意事项

① 在安全阀校验时，整个校验系统不应有任何泄漏。

② 介质应清洁。

③ 由于开启时介质会高速冲出，因此安全阀排放口处不准有人员。

④ 在试验过程中可用手锤轻轻敲打阀盖部位，以使弹簧受力中心得到纠正，但不得用力过猛。

⑤ 法兰式安全阀的螺孔数是经过计算的。因此当被测安全阀连接于法兰上时，不允许随意减少连接螺栓的数量，以防止法兰面泄漏或发生事故。

按照上述方法进行校验合格后，旋紧锁紧螺母，套上安全罩，在安全罩上方或防止旋动的部位穿入铁丝并铅封，下面穿入螺栓（或螺柱）的孔内，打上铅封，铅封应有操作者印记，以明确操作者责任。

校验后的安全阀，应粘贴校验标志，内容包括安全阀的型号、规格、开启压力值、完成日期、校验单位名称及校验人员等，并应填写校验报告单。

安全阀检验报告单样本如表 3-30 所示。

表 3-30　安全阀校验报告

使用单位			
单位地址			
设备代码		安装位置	
安全阀类型	弹簧式[　] 先导式[　] 重锤式[　] 脉冲式[　]	安全阀型号	
工作压力		工作介质	
要求整定压力		执行标准	
检验方式		检验介质	
整定压力		密封试验压力	
检验结果		校验合格编码	
维修情况说明：			
检验时间		下次检验日期	
校验人			
校核			

第五节　生产中的其他常用阀门

通过对前边三种阀门的学习不难看出，各种阀门在结构上均有相似之处，而在拆卸和修理方法等方面又大同小异。因此，在熟练掌握前几种阀门基础理论知识及其修理的基础上，举一反三，就能较快地掌握其他阀门的理论知识及其修理方法。本章节着重介绍其他常用阀门的基础知识，而拆卸、修理、安装及试压方法等可参照前面所学方法自行练习。

一、旋塞阀

（一）旋塞阀的结构及工作原理

旋塞阀又名考克，其典型结构如图 3-42 所示。旋塞阀是利用带孔的栓塞来控制启闭的阀门。旋塞阀的主要启闭零件是带孔的栓塞和阀体密封面，栓塞上部有方头，当用扳手转动栓塞时，即可沟通或切断管路内的介质，达到启闭的作用。旋塞阀常用的填料为石棉绳，通过旋紧压盖螺栓上的螺母对填料施加压力，使栓塞和阀体沿密封面压紧，防止泄漏。

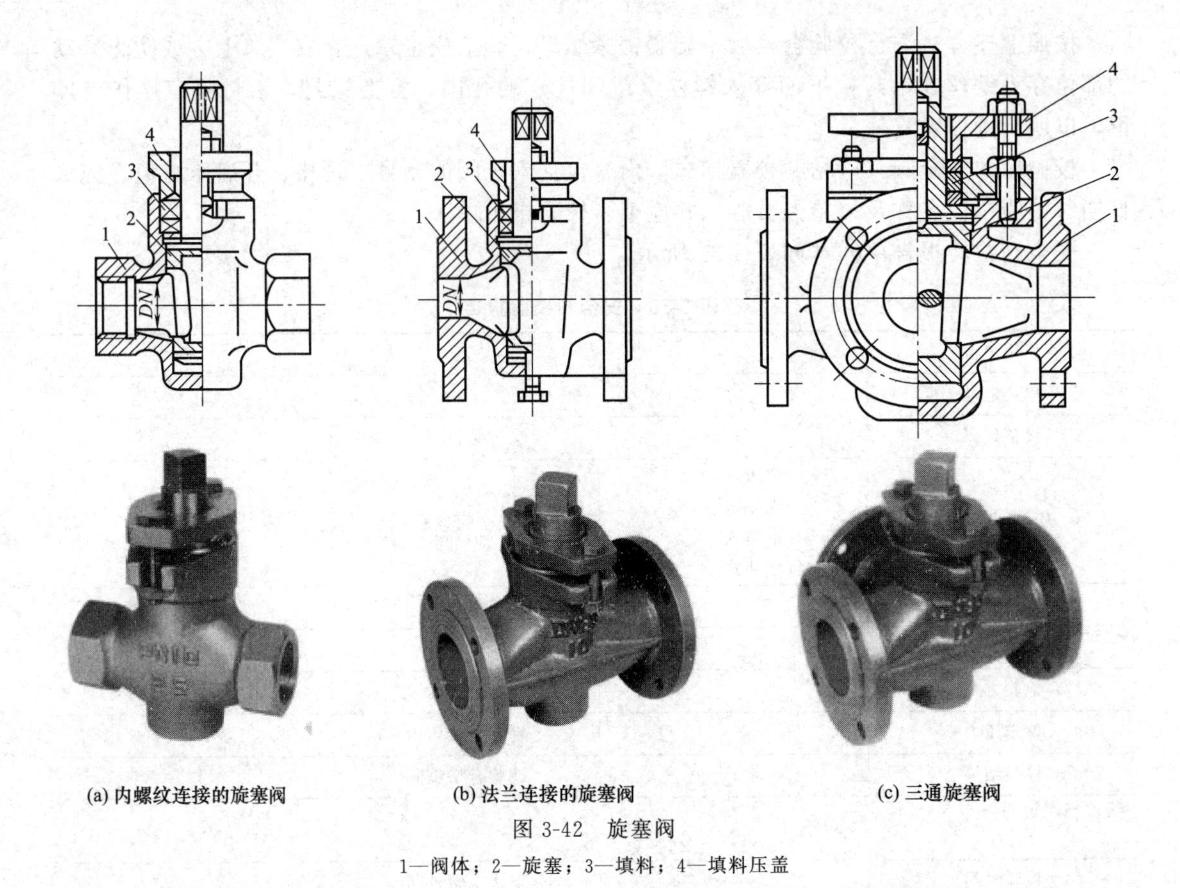

(a) 内螺纹连接的旋塞阀 (b) 法兰连接的旋塞阀 (c) 三通旋塞阀

图 3-42 旋塞阀

1—阀体；2—旋塞；3—填料；4—填料压盖

（二）旋塞阀的分类

1. 根据连接方式

旋塞阀分为法兰连接和螺纹连接两种，如图 3-42（a）、（b）所示。法兰连接一般用于公称直径较大的阀门，而螺纹连接一般用于公称直径较小的阀门。

2. 根据介质流向

旋塞阀分为直通式、三通式和四通式三种。

在直通式旋塞阀中，流体的流向不变。

在三通式旋塞阀中，流体的流向取决于栓塞的位置，旋转栓塞时，可使三路全通、三路全不通或两路相通，如图 3-43 所示。

在四通式旋塞阀中，流体的流向也随栓塞转动位置而改变，可以使互相垂直的任意两路接通或同时关闭四个通路，如图 3-44 所示。

3. 根据旋塞结构

旋塞阀可分为锥形塞和柱形塞两种。

（三）旋塞阀的特点

旋塞阀的特点是结构简单，启闭迅速，介质流动阻力小，但大直径的旋塞阀开关时费力，密封面研磨修理困难。

（四）旋塞阀的选用

适用于旋塞阀的场合有：

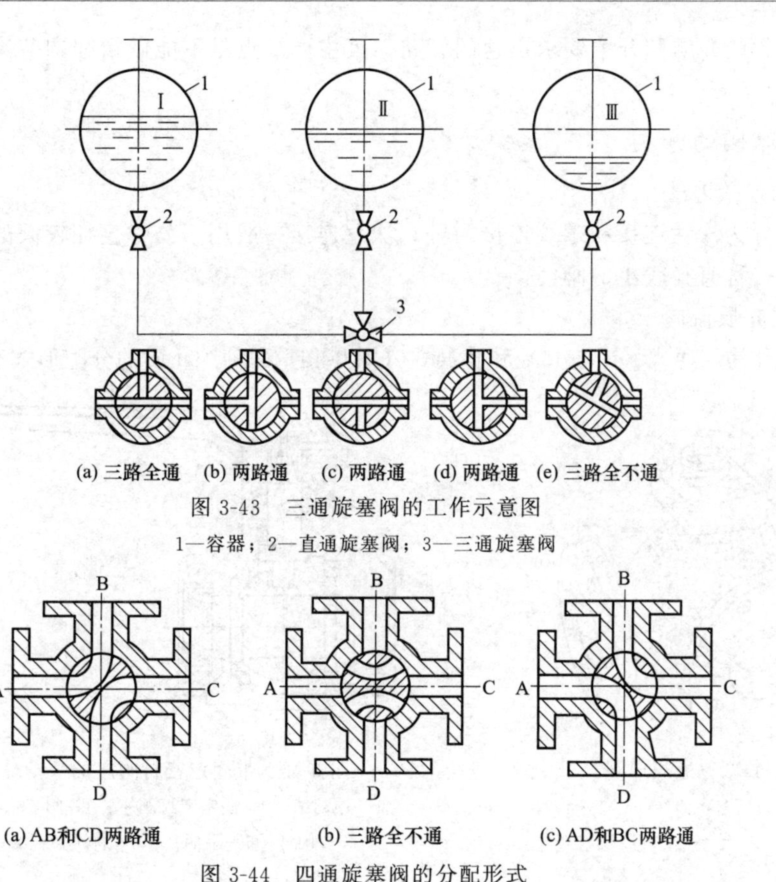

(a) 三路全通　(b) 两路通　(c) 两路通　(d) 两路通　(e) 三路全不通

图 3-43　三通旋塞阀的工作示意图

1—容器；2—直通旋塞阀；3—三通旋塞阀

(a) AB和CD两路通　(b) 三路全不通　(c) AD和BC两路通

图 3-44　四通旋塞阀的分配形式

① 在 120℃和 10×10^5 Pa 的情况下，输送含有悬浮物和结晶颗粒的液体管路，或黏度较大的物料管路。

② 在 120℃以下输送压缩空气或废蒸汽的管路，以及排送废气至大气的管路等。

但下列情况下不适用于旋塞阀：

① 需要精确调节管路流量和压力的管路。

② 输送蒸汽或高温流体的管路。

③ 液体在较大压力下流动的管路。

（五）旋塞阀的安装

旋塞阀可以安装在水平方向的管路中，也可安装在垂直方向的管路中，且阀门的出入口可以任意调整，但在安装时应尽量使阀杆朝上，以便尽量减少填料处泄漏的机会。

二、球阀

（一）球阀的结构及特点

球阀的密封原理和旋塞阀非常相似，只是把旋塞阀中的栓塞变成了带孔的球体，但结构及装配方法等和旋塞阀又有较大区别。它的主要优点是操作简便，开关迅速，只需要旋转90°的操作和很小的转动力矩就能关闭严密。直通的流道使介质流动阻力小，密封性能好，其本身结构紧凑，易于操作和维修，所以球阀得到日益广泛的应用。它主要适用于低温、高压及黏度较大的介质和开关要求迅速的管路。其主要缺点是不能做精细调节流量之用，开启费力。

（二）球阀的分类

1. 根据连接方式

球阀可分为法兰连接和螺纹连接两种，法兰连接一般用于公称直径较大的阀门；螺纹连接一般用于公称直径较小的阀门。

2. 根据介质流向

球阀可分为三通式（图 3-45）和直通式（图 3-46）两种。介质的分配形式和旋塞阀相同。

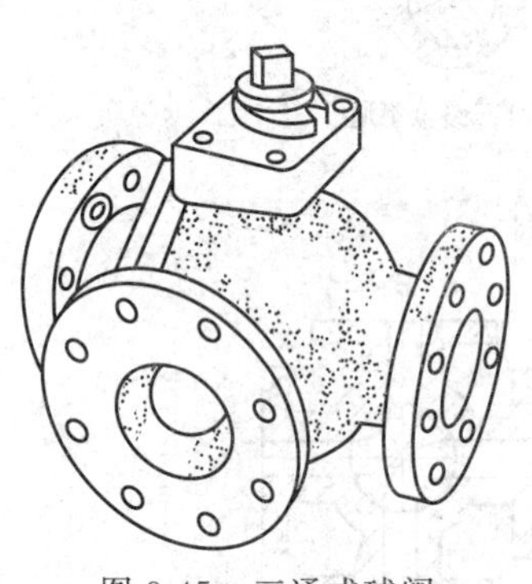

图 3-45　三通式球阀

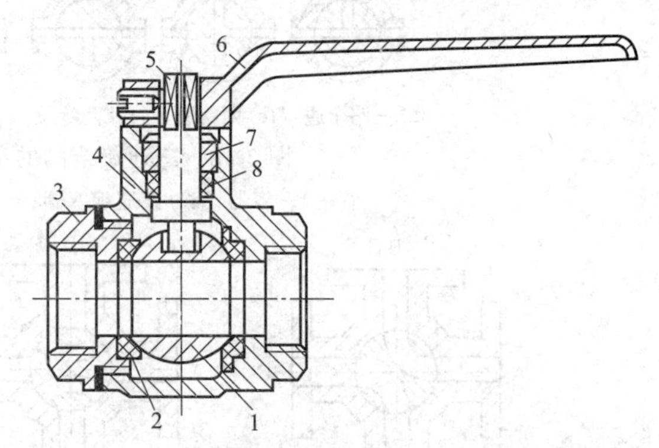

图 3-46　带固定密封阀座的浮动球球阀

1—浮动球；2—固定密封阀座；3—阀盖；4—阀体；5—阀杆；6—手柄；7—填料压盖；8—填料

3. 根据球体结构

球阀可分为浮动球和固定球两大类。浮动球球阀的球体在阀体内是可以自由浮动的，根据密封座结构的不同，浮动球球阀又可分为固定密封阀座和活动密封阀座两种形式。

（1）固定密封阀座的浮动球球阀

这种球阀的结构如图 3-46 所示，其主要结构有密封球体（浮动球）、固定密封座、阀盖、阀杆、手柄和填料密封装置等。在阀体内装有两个氟塑料制成的固定密封阀座，浮动球球体夹紧在两个阀座之间，球体是球阀的启闭件。为了提高阀门的密封性，球体要有较高的制作精度和较小的表面粗糙度，借助于手柄和阀杆的转动，可以带动球体转动，以达到球阀开关之目的。

（2）活动密封阀座的浮动球球阀

这种球阀的结构如图 3-47 所示。从图中可以看出，它与固定密封阀座球阀不同的只是两个密封座中一个是固定的，而另一个则可以沿轴向移动。该阀的优点是当关闭球体时右腔有介质，介质就给球体一个向左的压力，球体被压紧在活动阀座上，从而使密封性能提高，阀座磨损后，仍能保持阀座和球体间的预紧力，其缺点是操作时费力，关闭后阀体和填料仍受到介质的作用。

（3）固定球球阀

固定球球阀的特点是球体可绕自身的定轴作旋转运动，因而支承作用力从密封座转移到球体两端的轴承上，故大大减小了操作阀门时的扭矩。根据密封座位置的不同，固定球球阀可分为密封座在球前和密封座在球后两种，分述如下。

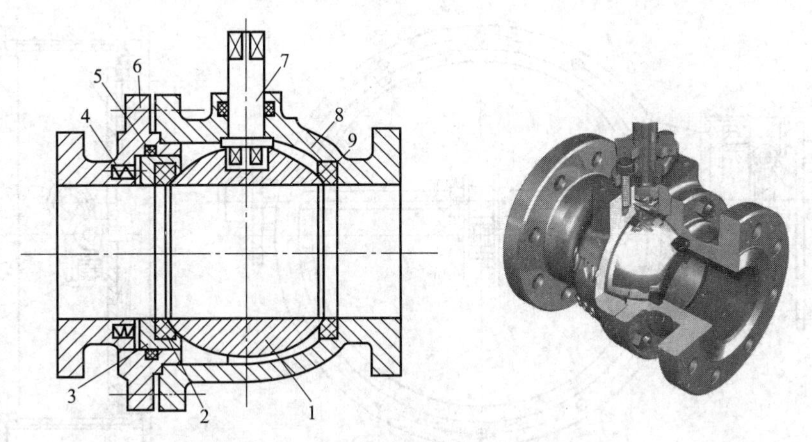

图 3-47 活动密封阀座的浮动球球阀

1—浮动球；2—密封阀座；3—活动套筒；4—弹簧；
5—圆形密封圈；6—阀盖；7—阀杆；8—阀体；9—固定密封阀座

① 密封座在球前的固定球球阀。这种球阀的结构如图 3-48 所示，带旋转轴的球体可以在两个滑动或滚动的轴承中自由转动，密封阀座被安装在活动套筒上，套筒在阀体内用圆形橡胶密封圈密封，左右两密封阀座和套筒均由弹簧组预先压紧在球体上，左侧进口端的阀座在球体关闭时，靠作用在球体表面上的压力把球体压紧，从而达到密封作用，出口端的密封座不起密封作用。

② 密封座在球后的固定球球阀。这种球阀的结构如图 3-49 所示，当球阀处于关闭状态时，介质压力不是促使进口端的密封阀座压向球体，而是使阀座离开球体，所以进口端的阀座不起密封作用；相反，由于介质压力的作用，球后密封阀座把球体压紧，保证了密封。

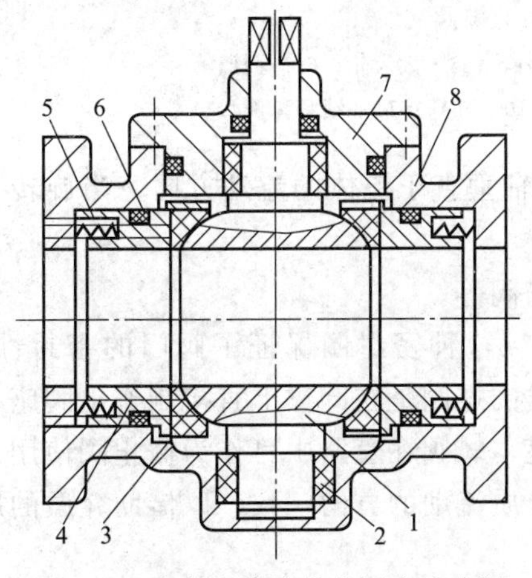

图 3-48 密封座在球前的固定球球阀

1—球体；2—轴承；3—密封阀座；4—活动套筒；
5—弹簧；6—O 形密封圈；7—阀盖；8—阀体

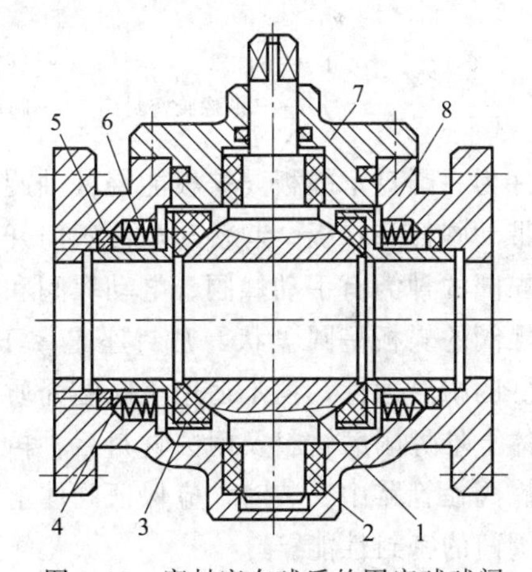

图 3-49 密封座在球后的固定球球阀

1—球体；2—轴承；3—密封阀座；4—活动套筒；
5—O 形密封圈；6—弹簧；7—阀盖；8—阀体

三、蝶阀

蝶阀的结构如图 3-50 所示，主要由阀体、蝶板、阀杆和密封圈等零部件组成。该阀的

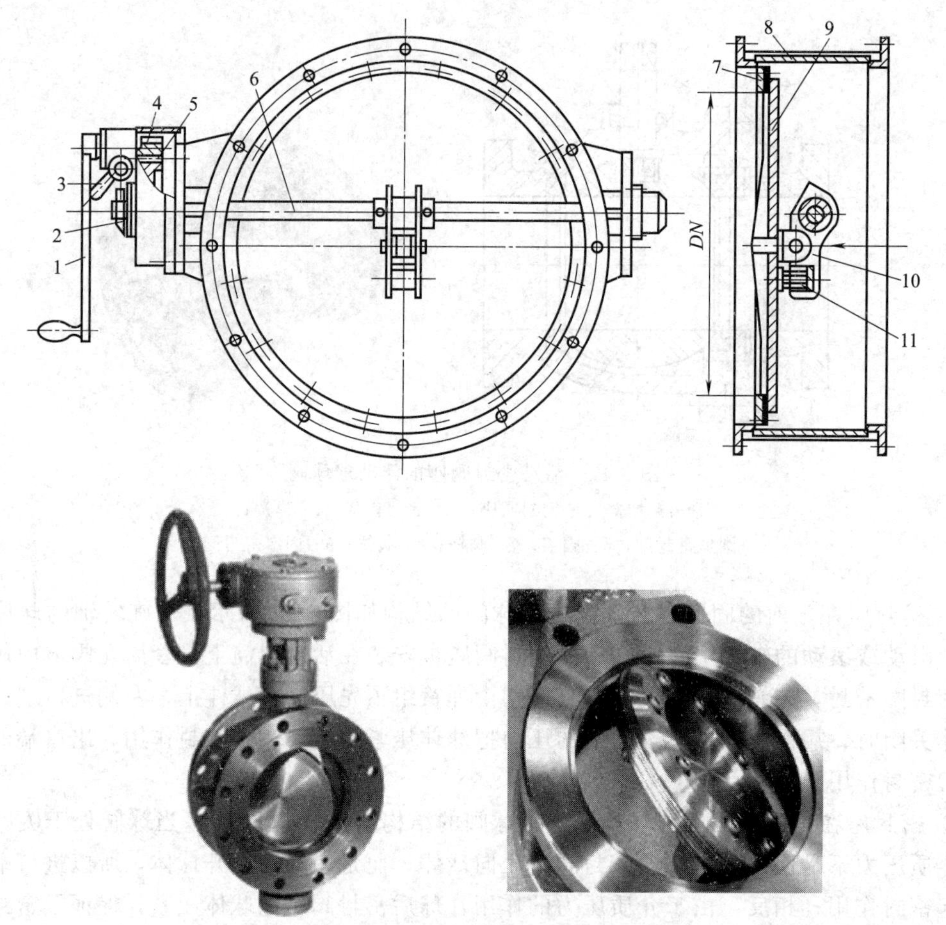

图 3-50 手动齿轮传动的蝶阀

1—手柄；2—指示针；3—锁紧手柄；4—小齿轮；5—大齿轮；6—阀杆；
7—P 形橡胶密封圈；8—阀体；9—蝶板；10—杠杆；11—锁紧弹簧

关闭件为一圆盘形蝶板，蝶板能绕其轴旋转 90°，板轴垂直于流体的流动方向。当旋转手柄时，带动阀杆和蝶板一起转动，使阀门开启或关闭。

蝶阀的种类有手动蝶阀、电动蝶阀和蜗杆传动蝶阀等。

蝶阀的蝶板呈圆盘状，密封座是一 P 形橡胶圈，这种密封圈保证了阀门的密封性能，有很好的耐腐蚀性，但不适用于高温介质，有些种类的蝶阀是在阀体上直接制作出阀座，或在阀体上堆焊耐磨材料及耐蚀材料后，再加工出阀座，蝶阀在管路中可作为截止阀使用。

蝶阀在管路中安装时，应保证阀体上的箭头与介质流动的方向一致，以借助介质的压力提高阀门的密封性能。

蝶阀的特点是结构简单，维修方便，开关迅速，带手柄的蝶阀可安装在管路的任何位置。蝶阀适用于低温低压管路。

四、节流阀

节流阀的结构如图 3-51 所示。它属于截止阀的一种，从图中可以看出其结构和截止阀基本相同，只是阀盘改制成了圆锥形或针形，从而具备了较好的流量和压力调节作用，并可

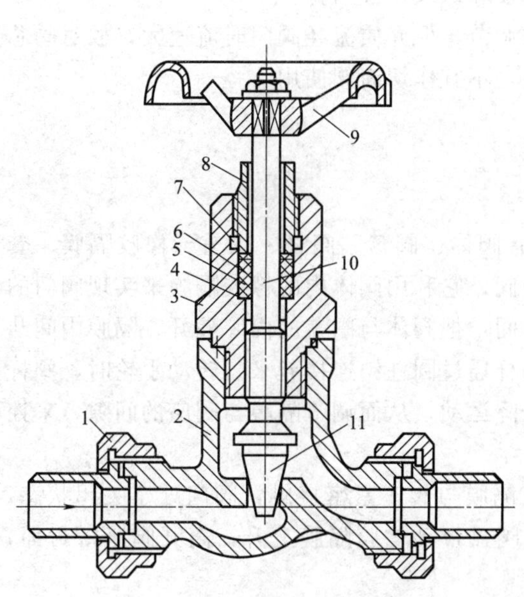

(a) 外螺纹连接的节流阀

1—活管节；2—阀体；3—阀盖；4—填料座；
5—中填料；6—上填料；7—填料垫；
8—填料压盖螺栓；9—手轮；10—阀杆；11—阀芯

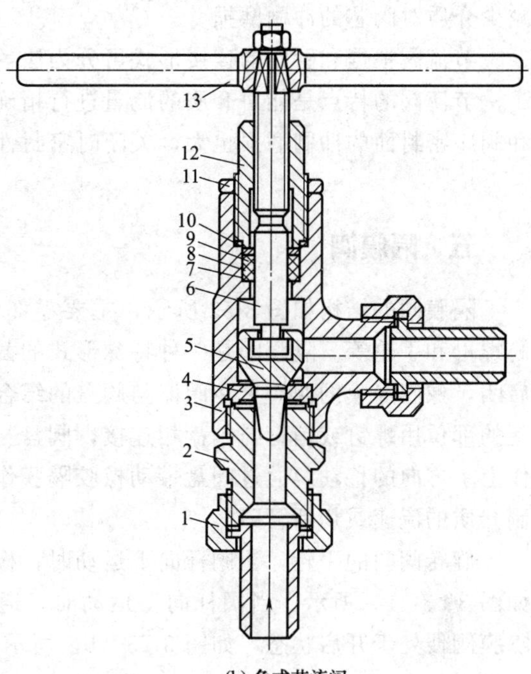

(b) 角式节流阀

1—活管节；2—阀底座；3—阀体；4—阀座；
5—阀芯；6—阀杆；7—填料座；8—中填料；9—上填料；
10—填料垫；11—锁紧螺母；12—阀杆螺母；13—手柄

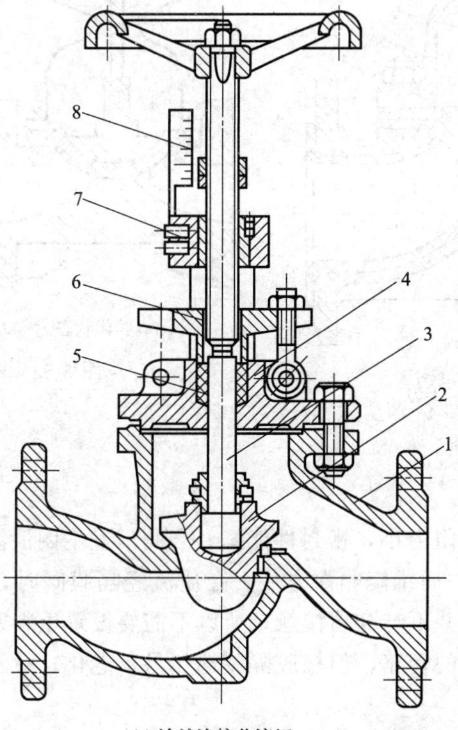

(c) 法兰连接节流阀

1—阀体；2—阀芯；3—阀杆；4—阀盖；5—填料；6—填料压盖；7—套筒螺母；8—标尺

图 3-51　节流阀

减少介质对阀芯的冲刷磨损。

节流阀根据和管路的连接形式可分为法兰连接和螺纹连接两种。

节流阀的特点是能对介质的流量进行精确的调节，但介质流经阀门时流速大，故对阀芯和阀座密封面的冲刷磨损也大，关闭时密封性差，不宜作切断阀使用。

五、隔膜阀

隔膜阀的结构如图 3-52 所示，主要零部件有阀体、阀盘、阀杆、阀盖、橡胶隔膜、套筒螺母和手轮等。隔膜阀是一种特殊形式的截止阀，它利用阀体内的橡胶隔膜来实现阀门的启闭，橡胶隔膜的四周夹在阀体与阀盖的结合面间，把阀体与阀盖的内腔隔开。隔膜中间凸起的部位用螺钉或销钉与阀盘相连接，阀盘与阀杆通过圆柱销连接起来。转动手轮时，阀杆作上下方向的移动，通过阀盘带动橡胶隔膜作升降运动，从而调节隔膜与阀座的间隙，来控制介质的流速或切断管路。

旋转阀门的手轮，当阀杆向下运动时，橡胶隔膜与阀座紧密接触，阀门处于关闭状态，如图 3-53（a）所示；当阀杆向上运动时，通过阀盘带动橡胶隔膜上升，离开阀座密封面，隔膜阀便处于开启状态，如图 3-53（b）所示。

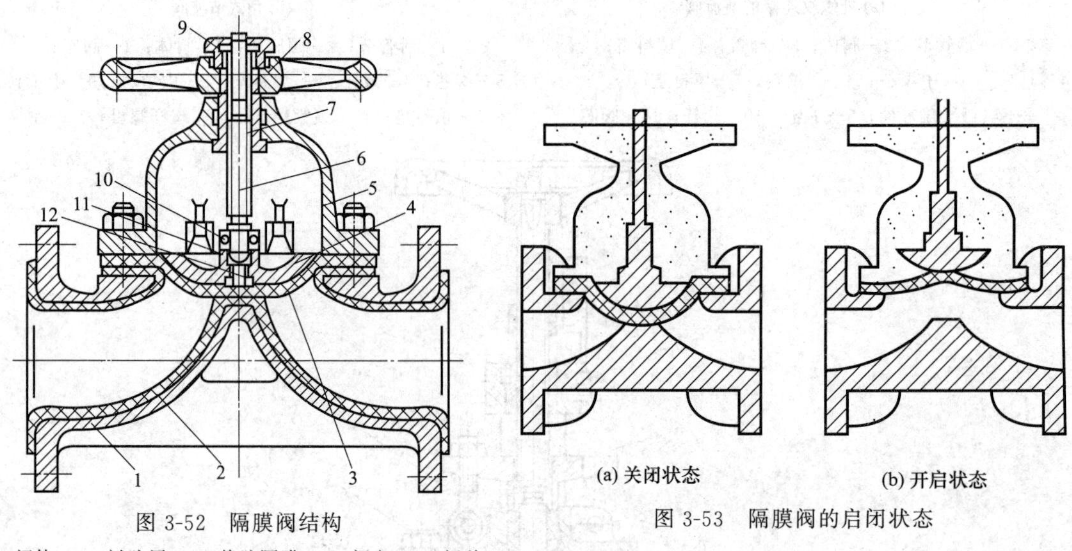

图 3-52 隔膜阀结构

1—阀体；2—衬胶层；3—橡胶隔膜；4—阀盘；5—阀盖；6—阀杆；7—套筒螺母；8—手轮；9—锁紧螺母；10—圆柱销；11—螺母；12—螺钉

图 3-53 隔膜阀的启闭状态

隔膜阀结构简单，流体阻力小，密封性能好，当阀门发生内泄漏时，一般只需更换橡胶隔膜，如图 3-54（b）即可，故而维修非常方便。介质流经隔膜阀时，只在橡胶隔膜以下的阀腔通过，橡胶隔膜以上的阀腔并不与介质接触，所以不需要设置填料密封装置。隔膜阀可适用于腐蚀介质或密封性要求较高的管路，但橡胶隔膜遇热易于老化，故不宜在高温管路中使用。

六、止回阀

止回阀又叫单向阀、止逆阀或不返阀等，它是根据阀盘前后介质的压力差而自动启闭的

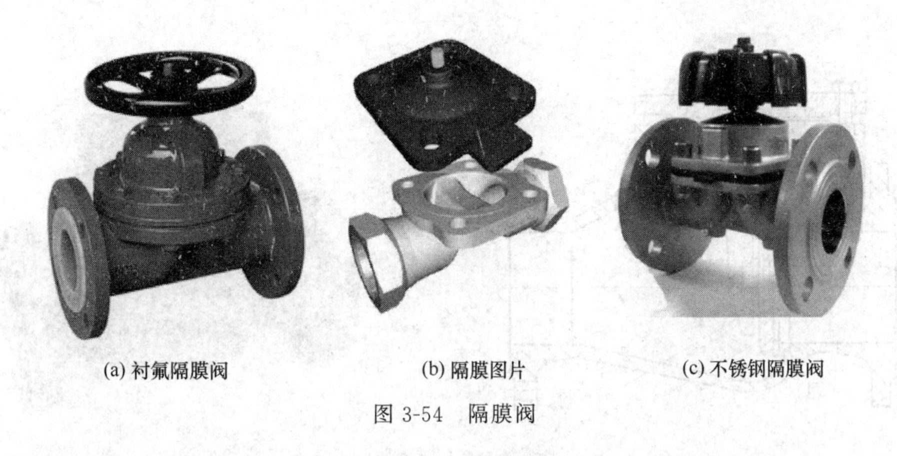

(a) 衬氟隔膜阀　(b) 隔膜图片　(c) 不锈钢隔膜阀

图 3-54　隔膜阀

阀门。在阀体内有一阀盘或摇板，当介质顺向流动时，阀盘或摇板即升起或打开；当介质倒流时，阀盘或摇板即自动关闭，故称为止回阀。根据结构形式的不同，止回阀可分为升降式止回阀、旋启式止回阀、底阀和高压止回阀四种。

1. 升降式止回阀

中低压管路中的升降式止回阀其结构如图 3-55 所示，主要由阀体、阀座、阀盘和阀盖等零件组成。其阀体的结构和截止阀相同，阀盘上有导向杆，它可以在阀盖内的导向套内自由升降。当介质自左向右流动时，靠介质的压力将阀盘顶开，从而实现了管路的沟通；当介质反向流动时，阀盘下落，截断通路，介质的压力作用在阀盘的上部，保证了阀门的密封。升降式止回阀安装在管路中时，必须使阀盘的中心线与水平面垂直，否则阀盘将难以灵活升降。

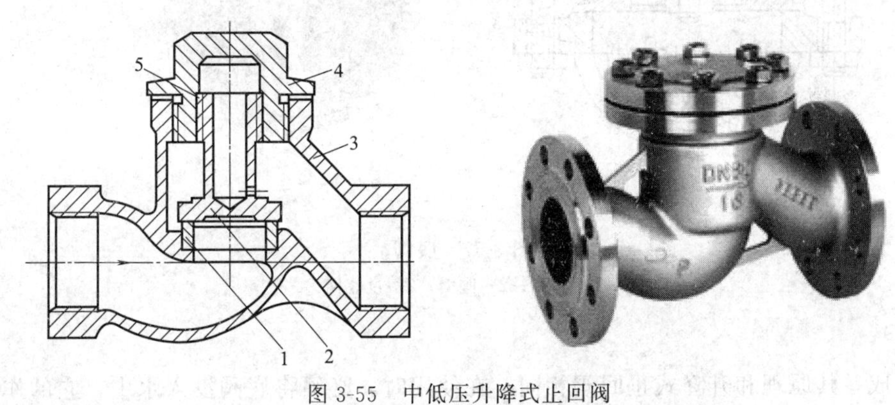

图 3-55　中低压升降式止回阀

1—阀座；2—阀盘；3—阀体；4—阀盖；5—导向套

2. 旋启式止回阀

旋启式止回阀的结构如图 3-56 所示，主要由阀体、阀座、摇板（阀盘）、枢轴和阀盖等零件组成。其启闭件是摇板，当介质自左向右流动时，靠介质的压力将摇板顶开，从而实现了管路的沟通；当介质反向流动时，摇板关闭，截断通路，介质的压力作用在摇板的右面，保证了阀门的密封。旋启式止回阀一般安装在水平管路中，也可安装在垂直的管路上，但会使流体的流动阻力增加。

3. 底阀

底阀也有升降式和旋启式两种。常用升降式底阀如图 3-57 所示，由阀体、滤网和阀盘

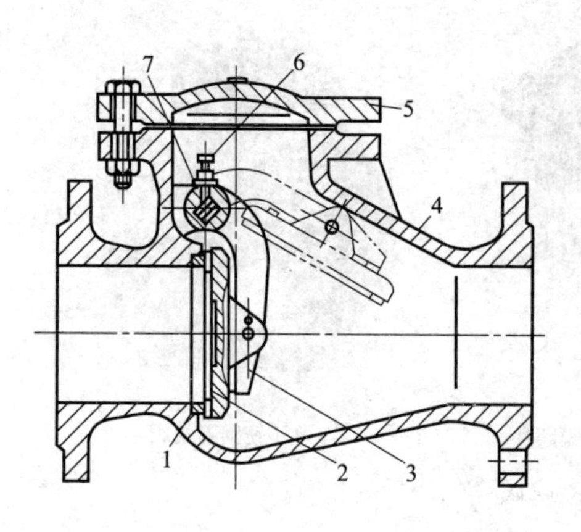

图 3-56　旋启式止回阀

1—阀座密封圈；2—摇板；3—摇杆；4—阀体；5—阀盖；6—定位紧固螺钉与螺母；7—枢轴

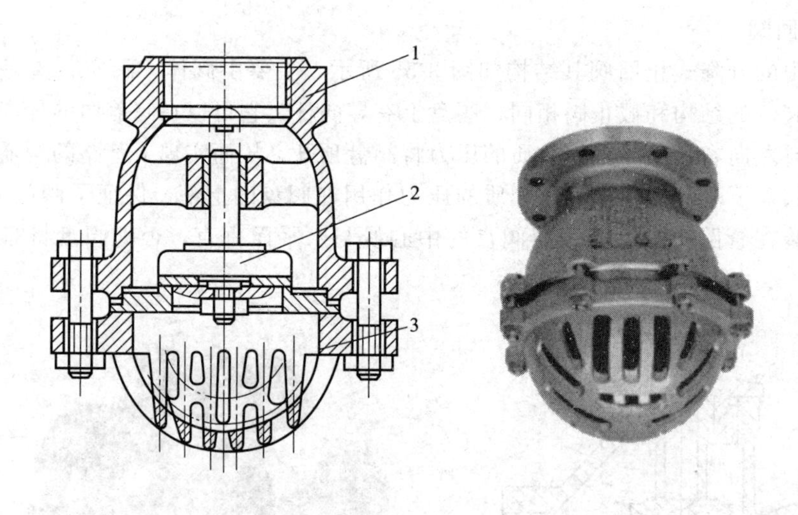

图 3-57　底阀

1—阀体；2—阀瓣；3—过滤网

等零件组成，其原理和升降式止回阀相同。在使用时，必须将底阀没入水中，它的作用是防止吸入管中的介质倒流，以便使设备能正常启动，滤网的作用是过滤介质，以防杂质进入设备内部。

4. 高压止回阀

高压止回阀的结构如图 3-58 所示，主要由阀座、阀体、阀盘、阀盖、弹簧、O 形密封圈和法兰连接螺栓等零件组成。高压止回阀借助于管路上的高压法兰把阀体与阀座夹紧，在法兰与阀座之间装有球形密封垫，两个法兰之间用双头螺栓连接起来，所以又把这种止回阀叫做直通对夹式止回阀。高压止回阀安装时，只要出入口的方向正确，在管路中的位置可以是任意的。

止回阀的特点是单向（介质只能从一个方向流经阀体）和自控（无须人为控制，靠介质的压差控制）。

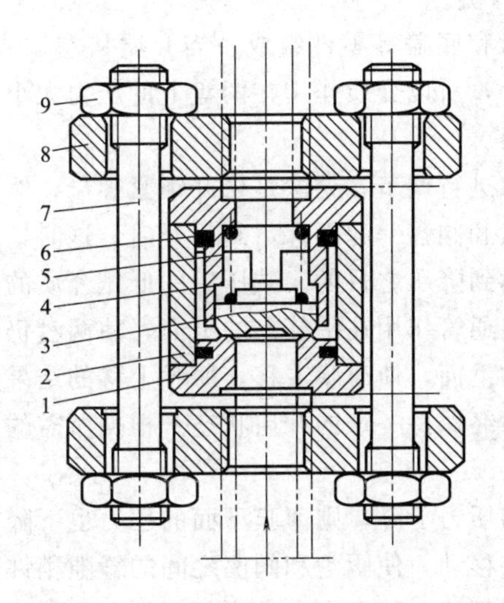

图 3-58　高压止回阀

1—阀座；2—阀体；3—阀芯；4—弹簧；5—阀盖；6—O 形密封圈；7—连接螺栓；8—法兰；9—螺母

七、减压阀

减压阀是靠膜片、弹簧或活塞等敏感元件来改变阀盘和阀座的间隙，使蒸汽或空气自动从某一较高的压力，降至所需稳定压力的一种自动阀门。生产中常用的减压阀有薄膜式、弹簧薄膜式、活塞式和波纹管式等形式，现仅对薄膜式和活塞式减压阀介绍如下。

1. 薄膜式减压阀

薄膜式减压阀的结构如图 3-59 所示，其主要由阀体、平衡盘、阀盖、调节螺钉、弹簧、

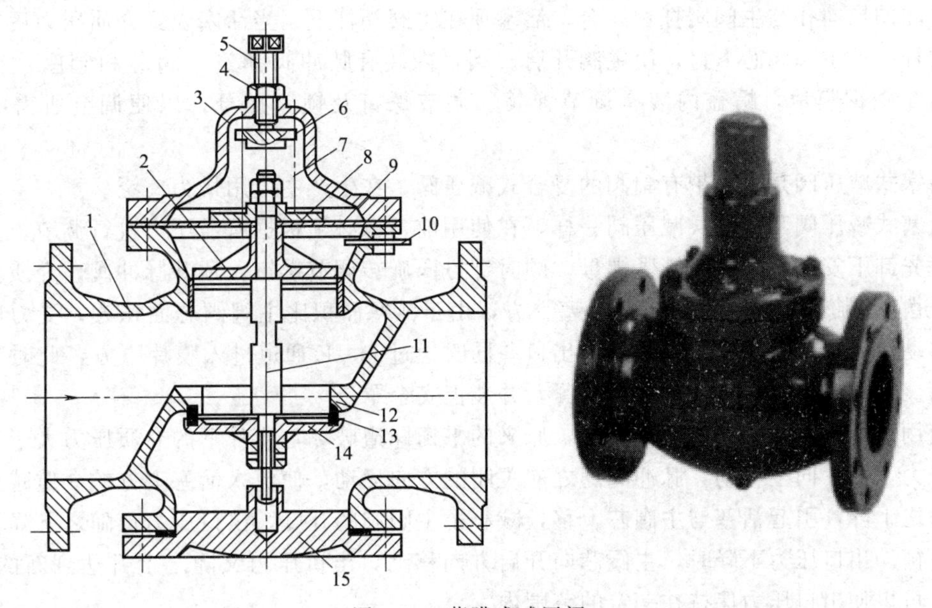

图 3-59　薄膜式减压阀

1—阀体；2—平衡盘；3—阀盖；4—锁紧螺母；5—调节螺钉；6—弹簧座；7—弹簧；8—圆盘；9—橡胶薄膜；10—低压连通管；11—阀杆；12—阀座；13—密封圈；14—阀盘；15—底盖

橡胶薄膜、低压连通管、阀杆、阀座、阀盘和底盖等零件组成。当介质从左端流入阀腔时，因阀杆上部的平衡盘和下部的阀盘直径相等，所以介质作用在两盘上的压力大小相等，方向相反，其合力为零。因此阀门不能自动开启。

减压阀在使用前，应根据所需要的压力进行调节，方法是松开锁紧螺母，然后旋转调节螺钉，压缩弹簧，使薄膜连同阀杆、平衡盘和阀盘一起下移，阀门开启。这时，介质流经阀盘和阀座之间的缝隙，产生压力降，从而达到降压之目的。减压后的低压介质的压力，一方面作用在阀盘的下面；另一方面通过低压连通管作用在平衡盘的上面，使两盘仍处于平衡状态，同时，低压介质的压力也作用在薄膜的下面，使薄膜上移，薄膜上移的结果是又与弹簧的压力取得平衡，因而使阀盘和阀座之间始终保持一定的开启状态。根据所需的压力调节合适后，应将锁紧螺母拧紧。

减压阀在工作过程中，如果低压介质的压力下降，则薄膜下面的压力也下降，这时，在弹簧压力的作用下，推动平衡盘和阀盘向下移动，使阀盘和阀座之间的缝隙稍许变大，介质的流量增加，压力随之增大，使低压介质在管路中的压力自动恢复正常；如果低压介质的压力升高，则作用在薄膜下面的压力也随之增大，便克服弹簧的压力，使薄膜和阀盘上移，阀盘和阀座的间隙就变小，减小介质的流量，使低压管路中的压力也自动恢复正常。

薄膜式减压阀的特点是灵敏度高，但结构复杂，调节范围较小，适用于介质压力较低的场合。

2. 活塞式减压阀

活塞式减压阀的结构如图 3-60 所示，主要零部件有阀体、主阀阀座、主阀弹簧、主阀阀芯、气缸、活塞、阀盖、调节弹簧、调节螺钉、不锈钢膜片、脉冲阀阀座、脉冲阀阀芯和脉冲弹簧等。它利用膜片、弹簧和活塞等敏感元件改变阀芯和阀座的间隙来达到减压的目的。在阀体的下部装有主阀弹簧以支撑主阀阀芯，使主阀阀芯与阀座处于密封状态，下部端盖中的螺塞用来排放阀中的积液。阀体上部的气缸中装有气缸盘、气缸套、活塞和活塞环，气缸中间的导向孔与主阀阀杆相配合，活塞顶在主阀阀杆上，当活塞受到介质压力后，通过主阀阀杆推动主阀阀芯下移，使主阀开启。阀盖内装有脉冲阀弹簧、阀芯和阀座，在阀座上覆有不锈钢膜片，帽盖内装有调节弹簧、调节螺钉及锁紧螺母，以便调节所需的工作压力。

活塞式减压阀是一种带有副阀的复合式减压阀，在生产中应用最为广泛。

活塞式减压阀和薄膜式减压阀一样，在使用前，也必须根据所需压力进行调节，其调节方法是先卸下安全罩，松开锁紧螺母，顺时针方向旋转调节螺钉，顶开脉冲阀，介质由进口 A、通道 B、脉冲阀和通道 C 进入活塞上方，由于活塞面积比主阀阀芯面积大，受力后活塞向下移动使主阀阀芯开启，介质流向出口并同时通过 D、E 通道进入膜片下方，此时与弹簧力平衡。压力调好后，将锁紧螺母拧紧，并装上安全罩。

使用过程中，如果出口压力增高，原来的平衡即遭破坏，膜片下的介质压力大于调节弹簧的压力，膜片向上移动，脉冲阀随之向关闭的方向运动，使流入活塞上方的介质减少，压力亦随之下降，引起活塞与主阀芯上移，减小了主阀芯的开度，出口压力也随之下降，达到新的平衡。出口压力下降时，主阀芯向开启方向移动，出口压力又随之上升达到新的平衡，这样，可以使出口压力保持在一定的范围内。

由此可见，当减压阀的压力调节后，不论低压管路中介质的消耗量如何变化，其压力基本可以维持稳定。

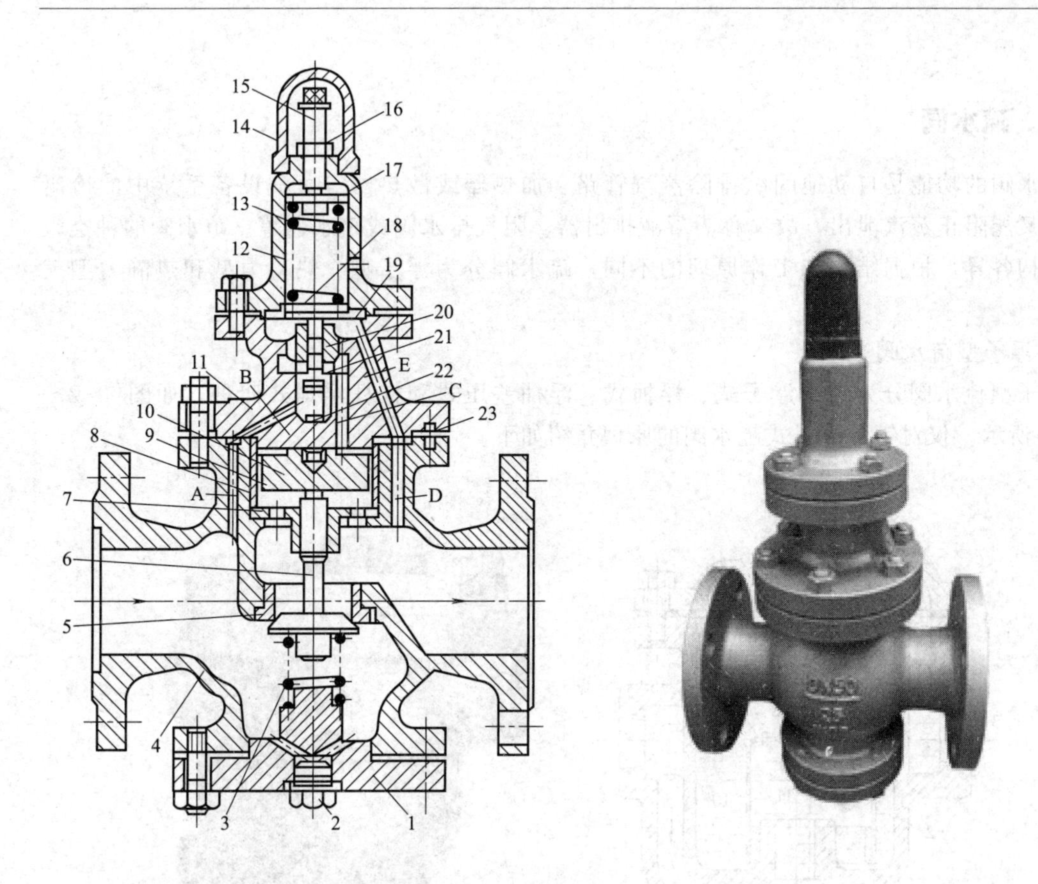

图 3-60 活塞式减压阀

1—端盖；2—螺塞；3—主阀弹簧；4—阀体；5—主阀阀座；6—主阀阀芯；7—气缸盘；8—气缸套；9—活塞环；10—活塞；11—阀盖；12—帽盖；13—调节弹簧；14—安全罩；15—调节螺钉；16—锁紧螺母；17—上弹簧座；18—下弹簧座；19—不锈钢膜片；20—脉冲阀阀座；21—脉冲阀阀芯；22—脉冲弹簧；23—定位销

减压阀在管路中安装时，一般采用如图 3-61 所示的形式。在检修时，为了不影响正常使用，可以采用旁路截止阀来人工调节减压。为了安全起见，在低压管路中还装有安全阀和压力表，以便在压力过高时可以自动放空，为了保证活塞式减压阀的正常工作，小口径通道不能发生堵塞，故在入口截止阀前装有过滤器。减压阀安装时必须使阀杆和阀芯处于垂直状态。

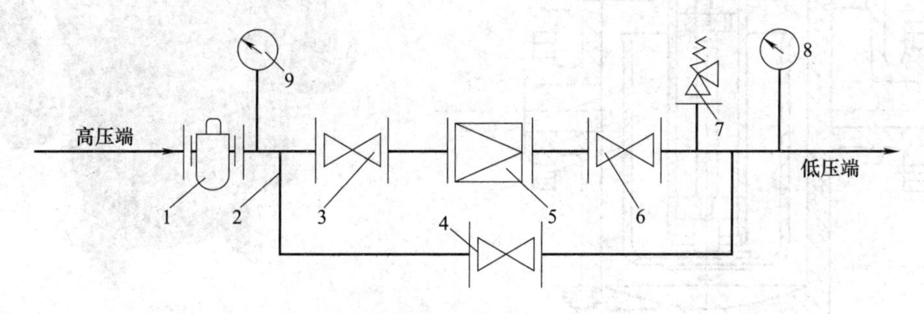

图 3-61 减压阀在管路中的安装简图

1—过滤器；2—旁路管；3—高压进口截止阀；4—旁路截止阀；5—减压阀；6—低压进口截止阀；7—弹簧式安全阀；8,9—压力表

八、疏水阀

疏水阀的功能是自动地间歇排除蒸汽管路、加热器或散热器等蒸汽设备系统中的冷凝水，而又能阻止蒸汽泄出，故又称为凝液排出器、阻气排水阀或疏水器等。疏水阀的种类较多，结构各异，根据结构和工作原理的不同，疏水阀分为浮子型、热动力型和热静力型三大类。

1. 浮子型疏水阀

浮子型疏水阀分为钟形浮子式、浮桶式、浮桶差压式和杠杆浮球式四种，如图 3-62～图 3-65 所示。仅对钟形浮子式疏水阀的原理介绍如下。

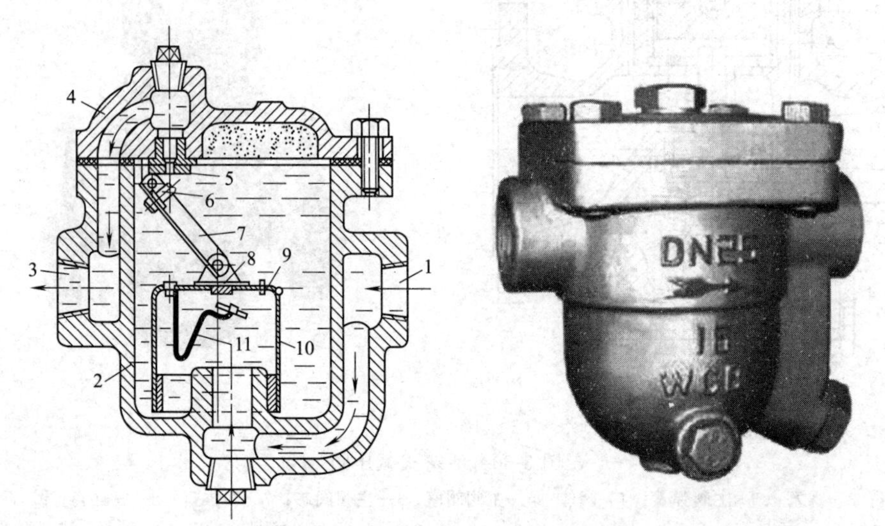

图 3-62 钟形浮子式疏水阀

1—进口；2—阀体；3—出水口；4—阀盖；5—阀座；6—阀芯；7—杠杆；8—自动放气孔；9—排气口；10—钟形浮子（倒吊桶）；11—双金属片

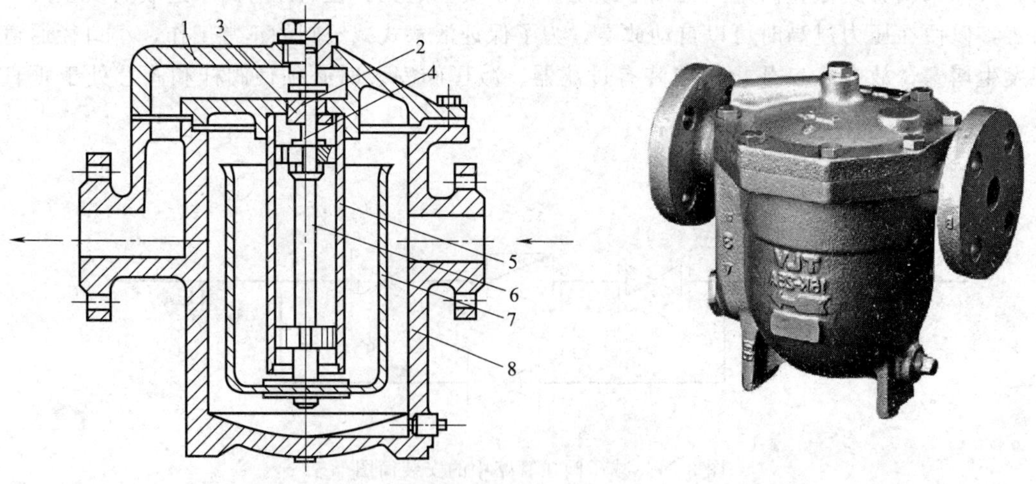

图 3-63 浮桶式疏水阀

1— 阀盖；2—止回阀阀芯；3—疏水阀座；4—疏水阀芯；5—套管；6—阀杆；7—浮桶；8—阀体

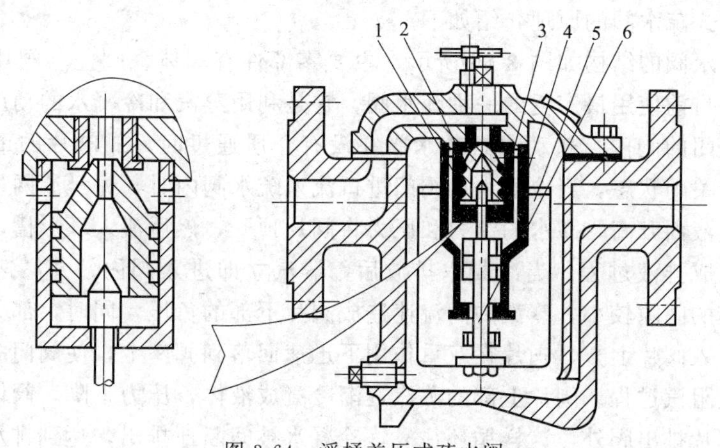

图 3-64　浮桶差压式疏水阀

1—主阀芯；2—导向阀芯；3—气缸；4—导管；5—浮桶组件；6—阀杆

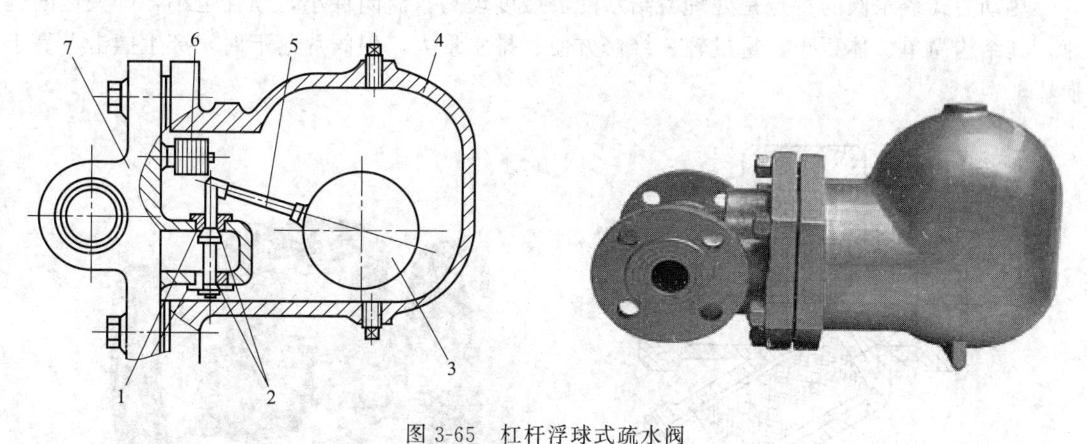

图 3-65　杠杆浮球式疏水阀

1—阀座；2—阀芯；3—浮球；4—阀体；5—杠杆机构；6—波纹管式排气阀；7—阀盖

钟形浮子式疏水阀的结构如图 3-62 所示，其主要是靠钟罩的动作进行阻汽排水，因钟形浮子像倒装的吊桶，故又称为吊桶式疏水阀。钟形浮子式疏水阀有不带双金属片的和带双金属片的两种。带双金属片的性能更好，其工作原理如下。

开始运行时，倒吊桶和杠杆等零件以支点为连接点呈下垂状态，阀芯 6 离开出水座 5，出水口开启，在蒸汽压力的作用下，新进入的冷凝水及不凝性气体（冷空气等）经出水口排出，双金属片和冷空气接触时，倒吊桶上的放气孔呈开启状态，进入倒吊桶的冷空气和凝结水即由孔内排出，此后蒸汽进入，双金属片接触高温蒸汽，受热膨胀而关闭倒吊桶上的放气孔，使倒吊桶内形成蒸汽腔，同时将桶内的部分凝结水压出，此时倒吊桶受凝结水的浮力作用浮起，阀芯 6 顶住出水座 5，将出水口关闭停止排放，及至再有冷凝水进入阀内时，倒吊桶内的蒸汽一部分凝结成水，所受浮力减小，倒吊桶再次下垂，出水口重新开启，冷凝水又被排出。

在钟形浮子式疏水阀的基础上，研制出了差压式钟形疏水阀，即在倒吊桶的顶部加装一套活塞-气缸差压机构，这种阀门的体积小、排量大、耐水击，可以制成高压型。

2. 热动力式疏水阀

热动力式疏水阀分为热动力式（图 3-66）、孔板式（图 3-67）和脉冲式（图 3-68）三种。仅对热动力式疏水阀的原理介绍如下。

热动力式疏水阀的结构如图 3-66 所示，主要零部件有阀体、阀盖、阀片和滤网等。热动力式疏水阀是目前使用最广泛的一种疏水阀，它是利用蒸汽和冷凝水的动压和静压的变化来自动开启和关闭的阀门。热动力式疏水阀在没有介质通过时，靠阀片的重量作用于阀座上，使阀门处于关闭状态，当冷凝水从阀门进口流入疏水阀内时，先经滤网过滤，再进入中央孔道，冷凝水液面升高，靠水的浮力和压力将阀片顶开，然后流入环形槽，经斜孔流到阀门出口排出，完成排液过程。当冷凝水排放后，蒸汽立即进入阀内，并高速从阀片下方流过，阀片与阀座的间隙较小，蒸汽的高流速造成阀片下部的负压，同时，部分蒸汽经过阀片与阀盖的间隙进入阀片上方，阀片在双重作用下迅速回落到阀座上，使阀门关闭，阻止蒸汽排出，从而完成阻汽过程。阀片上部的蒸汽逐渐冷凝成液体，压力下降，阀体内的冷凝水再次积聚，顶开阀片排出阀外，这样循环往复，冷凝水被间断地排出，达到排水阻汽之目的。

热动力式疏水阀在安装时，一定要注意阀门的进出口方向，阀盖必须垂直向上。

热动力式疏水阀的特点是处理凝结水的灵敏度较高，启闭件小，惯性也小，开关速度迅速，其结构简单、体积小、重量轻、维修方便、排水量大，但阀片落下时，产生撞击，易于损坏。

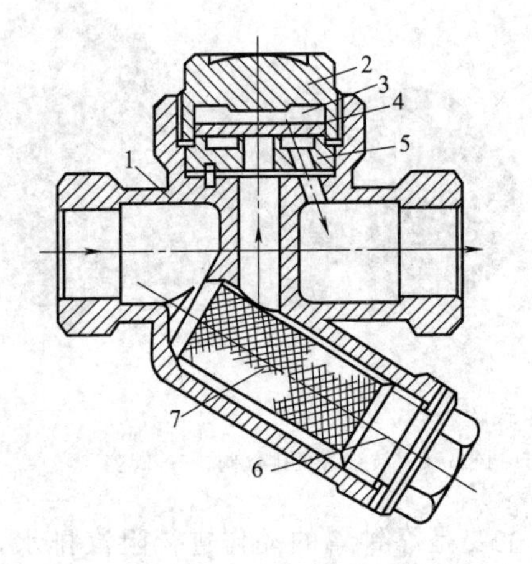

图 3-66 热动力式疏水阀

1—阀体；2—阀盖；3—变压室；4—阀片；5—阀座；6—螺塞；7—滤网

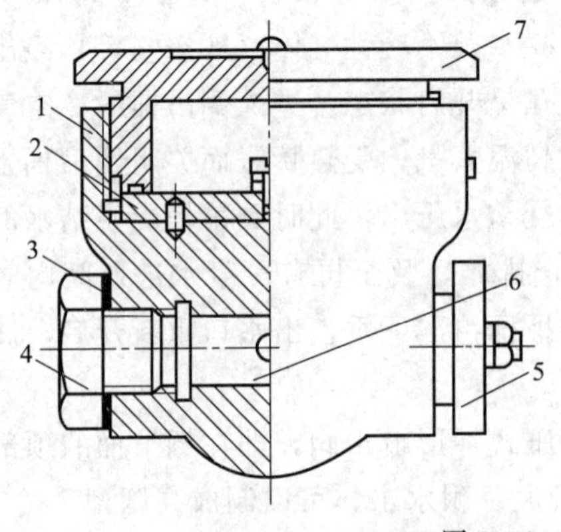

图 3-67 孔板式疏水阀

1—阀体；2—孔板；3—垫片；4—丝堵；5—压盖；6—旋塞；7—阀盖

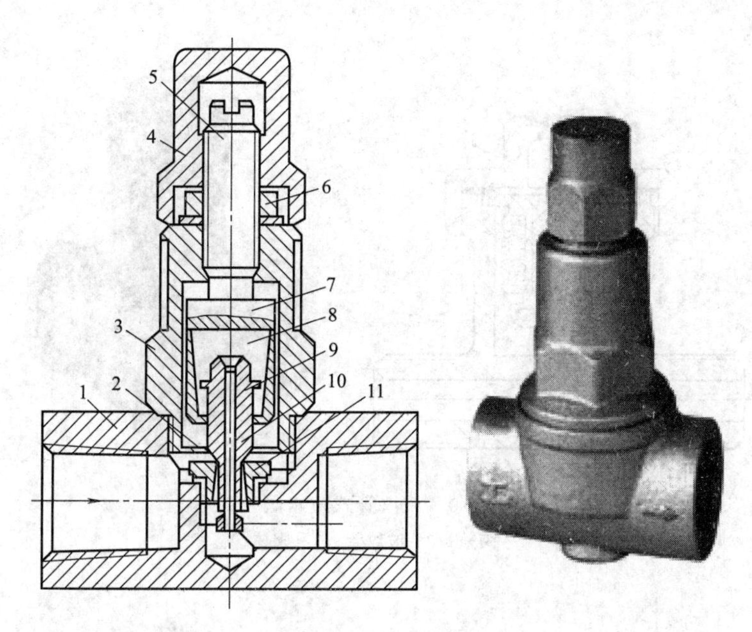

图 3-68　脉冲式疏水阀

1—阀体；2—排水孔；3—阀盖；4—安全罩；5—调节螺栓；6—锁紧螺母；7—倒锥缸体；8—控制室；9—控制盘；10—阀芯；11—阀座

3. 热静力式疏水阀

热静力式疏水阀分为双金属片式（图 3-69）、波纹管式（图 3-70）和隔膜式（图 3-71）三种。仅对双金属片式疏水阀的原理介绍如下。

双金属片式疏水阀的结构如图 3-69 所示，主要零部件有阀体、过滤网、双金属片、阀盖、调整螺母、阀座和阀芯等。它是利用两种膨胀系数不同的金属片组合，在不同的温度下产生不同的变形来控制阀门的阀芯，以调节阀门的启闭或开度。

双金属片式疏水阀的开启和关闭是由温度的变化自动控制的，因而灵敏度高，能连续排放和间歇排放，无噪声，无振动，不漏气，耐水击，能自动排出不凝气体，可制成高压型，维修方便，既能平装又可立装。

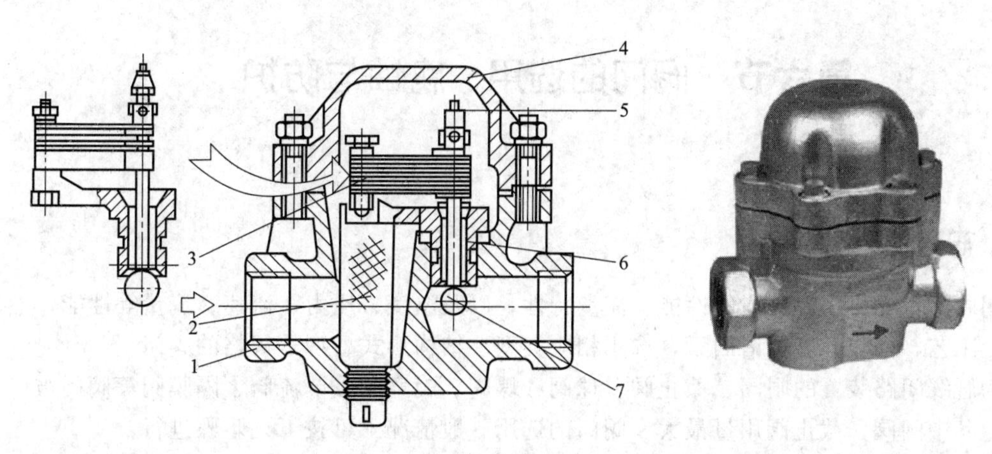

图 3-69　双金属片式疏水阀

1—阀体；2—过滤网；3—双金属片；4—阀盖；5—调整螺母；6—阀座；7—阀芯

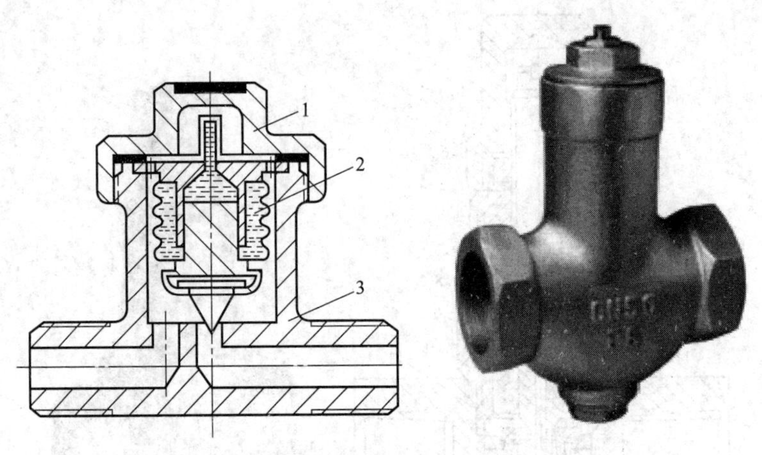

图 3-70 波纹管式疏水阀

1—阀盖；2—波纹管；3—阀体

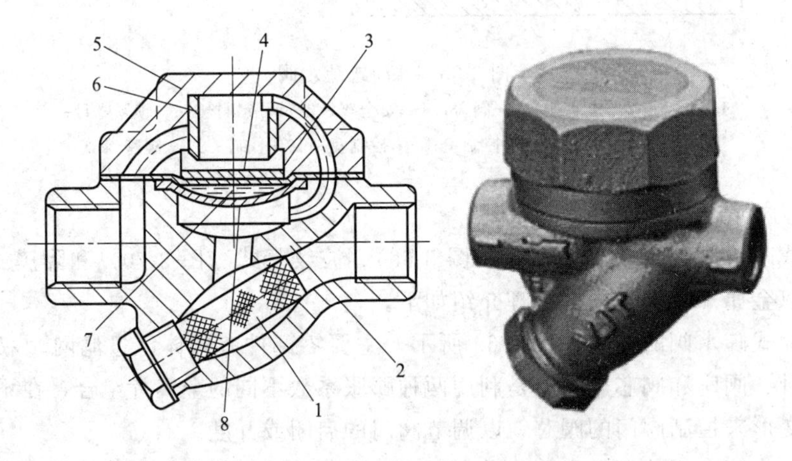

图 3-71 隔膜式疏水阀

1—过滤网；2—阀体；3—阀片；4—隔膜；5—阀盖；6—阀座；7—感温腔；8—铜碗

第六节 阀门的选用、腐蚀与防护

一、阀门的选用

选用阀门首先要掌握介质的性能、流量特性，以及温度、压力、流速、流量等性能，然后，结合工艺、操作、安全诸因素，选用相应类型、结构形式、型号规格的阀门。

作为管线闭路装置的闸阀、截止阀、球阀、蝶阀、旋塞阀、节流阀、隔膜阀等阀门被广泛使用，其中闸阀、截止阀用量最大。阀门的选用一般情况下可按下列步骤进行：

① 根据介质特性、工作压力和温度，参照相关规定数值，以及相关材料规定，来选择阀体材料，阀门内件材料。

② 根据阀体材料、介质的工作压力和温度，按照相关规定，确定阀门的公称压力级。

③ 根据公称压力、介质特性和温度，选择密封面材料，使其最高使用温度不低于介质工作温度。

④ 根据管道的管径计算值，确定公称尺寸。一般情况下，阀门的公称尺寸采用管子的直径。

⑤ 根据阀门的用途和生产工艺条件要求，选择阀门的驱动方式。

⑥ 根据管道的连接方法和阀门公称尺寸，选择阀门的连接形式。

⑦ 根据阀门的公称压力、介质特性和工作温度及公称通径等，选择阀门的类别、结构形式和型号。

1. 生产中常用阀门的选用原则

(1) 闸阀

闸阀的密封性能较截止阀好，流体阻力小，具有一定的调节性能。明杆式尚可根据阀杆升降高低调节启闭程度，缺点是结构较截止阀复杂，密封面易磨损，不易修理。闸阀适于制成大口径的阀门，除适用于蒸汽、油品等介质外，还适用于含有粒状固体及黏度较大的介质，并适合作放空阀和低真空系统阀门。

(2) 截止阀

截止阀与闸阀相比，其调节性能好，密封性能差，结构简单，制造维修方便，流体阻力较大，价格便宜。适用于蒸汽等介质，不宜用于黏度大、含有颗粒易沉淀的介质，也不宜作放空阀及低真空系统的阀门。

(3) 节流阀

节流阀的外形尺寸小、重量轻、调节性能较盘形截止阀和针形阀好，但调节精度不高，由于流速较大，易冲蚀密封面。适用于温度较低、压力较高的介质，以及需要调节流量和压力的部位，不适用于黏度大和含有固体颗粒的介质。不宜作隔断阀。

(4) 止回阀

止回阀按结构可分为升降式和旋启式两种。升降式止回阀较旋启式止回阀的密封性好，流体阻力大，卧式的宜装在水平管线上；立式的应装在垂直管线上。旋启式止回阀不宜制成小口径阀门，它可装在水平、垂直或倾斜的管线上，如装在垂直管线上，介质流向应由下至上。止回阀一般适用于清净介质，不宜用于含固体颗粒和黏度较大的介质。

(5) 球阀

球阀的结构简单、开关迅速、操作方便、体积小、重量轻、零部件少、流体阻力小，结构比闸阀、截止阀简单，密封面比旋塞阀易加工且不易擦伤。适用于低温、高压及黏度大的介质，不能作调节流量用。

(6) 柱塞阀

柱塞与密封圈之间采用过盈配合，通过调节阀盖上连接螺栓的压紧力，使密封圈上所产生的径向分力大于流体的压力，从而保证了密封性，杜绝了外泄漏。柱塞阀是国际上近代发展的新颖结构阀门，具有结构紧凑、启闭灵活、寿命长、维修方便等特点。

(7) 旋塞阀

旋塞阀的结构简单、开关迅速、操作方便、流体阻力小、零部件少、重量轻。适用于温度较低、黏度较大的介质和要求开关迅速的部位，一般不适用于蒸汽和温度较高的介质。

(8) 蝶阀

蝶阀与相同公称压力等级的平行式闸板阀比较，其尺寸小、重量轻、开闭迅速、具有一定的调节性能，适合制成较大口径阀门，用于温度小于80℃、压力小于1.0MPa的原油、油品及水等介质。

(9) 隔膜阀

阀的启闭是一块橡胶隔膜，夹于阀体与阀盖之间。隔膜中间突出部分固定在阀杆上，阀体内衬有橡胶，由于介质不进入阀盖内腔，因此不需要填料箱。隔膜阀结构简单，密封性能好，便于维修，流体阻力小，适用于温度小于200℃、压力小于1.0MPa的油品、水、酸性介质和含悬浮物的介质，不适用于有机溶剂和强氧化剂的介质。

2. 减压阀的选用原则

减压阀是通过启闭件的节流，将进口的高压介质降低至某个需要的出口压力，在进口压力及流量变动时，能自动保持出口压力基本不变的自动阀门。

① 减压阀的选用，根据工艺确定减压阀流量，阀前、阀后的压力及阀前流体温度等条件来确定阀孔面积，并按此选择减压阀的尺寸及规格。

② 在设计中，减压阀组不应设置在靠近移动设备或容易受冲击的地方，应设置在振动较小、周围较空之处，以便于检修。

③ 蒸汽系统的减压阀组前应设置排凝液疏水阀，为防止长距离输送的蒸汽管道中夹带一些渣物，应在切断阀（闸阀）之前，设置管道过滤器。

④ 阀组前后应装设压力表，以便于调节时观察。阀组后应设置安全阀，当压力超过时能起泄压和报警作用，保证压力稳定。

减压阀均装在水平管道上，为防止膜片活塞式减压阀产生严重液击，应将减压阀底螺栓改装排水阀（闸阀 *DN*20 或 *DN*25）。在投入运行时应放尽减压阀底存水。波纹管减压阀的波纹管应向下安装，用于空气减压时需将阀门反向安装。

3. 疏水阀的选用原则

疏水阀（也称阻汽排水阀、疏水器）的作用是自动排泄蒸汽管道和设备中不断产生的凝结水、空气及其他不可凝性气体，又同时阻止蒸汽的逸出。它是保证各种加热工艺设备所需温度和热量并能正常工作的一种节能产品。选用时要掌握疏水阀的设计要求：

① 疏水阀都应带有过滤器。如果不带过滤器，应在阀前安装管道过滤器，过滤器应设在易拆卸的位置。

② 疏水阀前后要装切断阀。由于旁路管上的旁路阀易漏气，使新鲜蒸汽窜入凝结水管网，系统背压升高，干扰了正常运行，因此一般都不设旁路管。在疏水阀前装排污阀及管道过滤器，疏水阀后装窥视镜及止回阀（需回收冷凝水时应加止回阀）。

③ 内螺纹连接的疏水阀一定要在疏水阀前或后的连接管上安装活接头，便于检修、拆卸。

④ 疏水阀组应尽量靠近蒸汽加热设备，以提高工作效率，减少热量损失。但热静力型疏水阀，特别是双金属片式疏水阀应离开用汽设备1m左右，这段管路不要保温以满足双金属片式疏水阀过冷度较大的工作特点。

⑤ 用汽设备到疏水阀这段管路，应沿流动方向有－4%的斜度，管路的公称通径不应小于疏水阀的公称通径，以免形成蒸汽阻塞，造成排水不畅通。

⑥ 不同蒸汽压力的用汽设备，不能共用一个疏水阀。因为高压用汽设备的进出口压力高，使低压用汽设备的出口压力提高，造成进出口压差缩小，减少了低压设备排水量，甚至

排不出水，使低压用汽设备无法工作。

⑦ 同一蒸汽压力的几个同类型用汽设备，也不允许共同使用一个疏水阀。由于制造和使用情况的不同，其加热效率、流体阻力都有所不同，更重要的是这些用汽设备的负荷都不能一致。蒸汽大量从阻力小的设备中流过，从而影响其他设备通过的蒸汽量，不能满足用汽设备的工艺要求。

⑧ 寒冷地区室外安装疏水阀时应注意防冻。因为凝结水在疏水阀内冻结，会使疏水阀失去阻汽排水的功能。防止方法是：加强疏水阀前后管路的保温；对经常停车或间断使用的疏水阀要在停车时进行人工放水或安装自动放水阀；特别是对体内有积水的机械型排水阀，在其阀体下部也要设置排水阀或丝堵。

⑨ 对同一设备先后使用蒸汽加热与冷却时，建议应分别设置加热与冷却两套完整装置，以保证疏水阀的功能并防止蒸汽、凝结水受到混杂。

二、阀门的腐蚀与防护

腐蚀是材料在各种环境的作用下发生的破坏和变质。金属的腐蚀主要是化学腐蚀和电化学腐蚀引起的，非金属材料的腐蚀一般是直接的化学和物理作用引起的破坏。

腐蚀是引起阀门损坏的重要因素之一，阀门管道常见的腐蚀是碳钢和低碳合金钢的腐蚀，不论阀门管道是铺设在地上、地下或水下，都要受到外界空气、土壤、水对其外壁的腐蚀，以及输送介质对其内壁的腐蚀。因此在阀门使用中，防腐保护是首先考虑的问题。

1. 阀门腐蚀的形态

金属阀门腐蚀有两种形态，即均匀腐蚀和局部腐蚀。

(1) 均匀腐蚀

均匀腐蚀是在金属的全部表面上发生。如不锈钢、铝、钛等在氧化环境中产生的一层保护膜，膜下金属状态腐蚀均匀。还有一种现象，金属表面腐蚀膜剥落，这种腐蚀是最危险的。

(2) 局部腐蚀

局部腐蚀发生在金属的局部位置上，它的形态有孔蚀、缝隙腐蚀、晶间腐蚀、脱层腐蚀、应力腐蚀、疲劳腐蚀、选择性腐蚀、磨损腐蚀、空泡腐蚀、摩振腐蚀、氢蚀等。

2. 腐蚀因素

(1) 空气湿度

空气中存在一定的水蒸气，它是腐蚀的主要因素。空气湿度越高，金属越容易腐蚀。

(2) 环境腐蚀介质的含量

环境腐蚀介质含量越高，金属越容易腐蚀。

(3) 土壤中杂散电流的强弱

埋地管道的土壤中，杂散电流越强，金属越容易腐蚀。对土壤腐蚀性影响较大的有 4 个因素，即土壤电阻率、土壤中的氧、土壤的 pH 值和土壤中的微生物。

3. 阀门的防腐

(1) 根据介质选用耐蚀材料

在生产实际中，介质的腐蚀是非常复杂的，正确选用阀门材质应该根据具体情况，分析各种影响腐蚀因素，按照有关防腐手册选用。

（2）采用非金属材料

非金属材料耐腐蚀性优良，只要阀门使用温度和压力符合非金属材料的要求，既能解决耐蚀问题，又可节省贵重金属。阀门的阀体、阀盖、衬里、密封面等常用金属材料制作，而垫片、填料主要是非金属材料制作的。

（3）喷刷涂料

喷刷涂料是应用最广泛的一种防腐手段，在阀门产品中更是一种不可缺少的防腐材料和识别标志。涂料主要用于水、盐水、海水、大气等腐蚀不太强的环境中。阀门内腔常用防腐漆涂刷，防止水、空气等介质对阀门腐蚀。油漆内掺不同颜色，来表示阀门使用的材料。阀门喷刷涂料，一般在半年至一年一次。

（4）添加缓蚀剂

缓蚀剂主要用于介质和填料处。

① 在介质中添加缓蚀剂，可使设备和阀门的腐蚀减缓，如铬镍不锈钢在不含氧的硫酸中，腐蚀较严重，若加入少量硫酸铜或硝酸等氧化剂，可使其表面生成一层保护膜，阻止介质的腐蚀；在盐酸中，加入少量氧化剂，可降低对钛的腐蚀；在试压的水中，加入少量亚硝酸钠，可防止水对阀门的腐蚀。

② 在石棉填料和阀杆上涂充缓蚀剂及牺牲金属，石棉填料中含有氯化物，添加锌粉作牺牲金属（也是一种缓蚀剂），可减少其与阀杆的接触，从而达到防腐的目的。

（5）金属表面处理

金属表面处理工艺有表面镀层、表面渗透、表面氧化钝化等。其目的是提高金属耐蚀能力，改善金属的力学性能。表面处理在阀门上应用广泛。

阀门连接螺栓常用镀锌、镀铬、氧化（发蓝）处理提高耐大气、耐介质腐蚀的能力。其他紧固件除采用上述方法处理外，还根据情况采用磷化、钝化等表面处理方法。密封面以及口径不大的关闭件，常采用渗氮、渗硼等表面处理工艺，提高它的耐蚀性能、耐磨性能和耐擦伤性能。阀杆常采用渗氮、渗硼、渗铬、镀镍等表面处理工艺，提高它的耐蚀性、耐磨性和耐擦伤性能。

（6）热喷涂

热喷涂是制备涂层的一类工艺方法，已成为材料表面防护与强化的新技术之一，是国家重点推广项目。它是利用高能源密度热源（气体燃烧火焰、电弧、等离子弧、电热、气体燃爆等）将金属或非金属材料加热熔融后，以雾化形式喷射到经预处理的基体表面，形成喷涂层，或同时对基体表面加热，使涂层在基体表面再次熔融，形成喷焊层的表面强化工艺方法。大多数金属及其合金、金属氧化物陶瓷、金属陶瓷复合物以及硬的金属化合物都可以用一种或几种热喷涂方法，在金属或非金属基体上形成涂层。

热喷涂能提高其表面耐腐蚀、耐磨损、耐高温等性能，延长使用寿命。热喷涂特殊功能涂层，具备隔热、绝缘（或异电）、可磨密封、自润滑、热辐射、电磁屏蔽等特殊的性能；利用热喷涂还可修复零部件。

（7）控制腐蚀环境

大多数环境无法控制，生产流程也不可任意变动。只有在不会对产品、工艺等造成有损害的情况下，才可以采用控制环境的方法，如锅炉水去氧、炼油工艺中加碱调节 pH 值等。在生产环境中，操作人员按操作规程，定期清洗、吹扫阀门，定期加油，减少烟囱和设备散发出的有毒气体、微粉对阀门的腐蚀，这是控制环境腐蚀的有效措施。阀杆安装保护罩、埋地阀设置地井、阀门表面喷刷油漆等，这也是防止含有腐蚀的物质侵蚀阀门的办法。环境温度升高和空中污染，特别是对封闭的环境下的设备和阀门，会加速其腐蚀，应该尽量采用敞开式厂房或采用通风、降温措施，减缓环境腐蚀。

4. 壳体的腐蚀与防护

阀门壳体包括阀体、阀盖等，占了阀门的大部分重量，又处在与介质的经常接触中。所以选用阀门，往往从阀门壳体材料出发。

壳体的防腐蚀，首先是正确选用材料。虽然防腐蚀的材料十分丰富，但选得恰当还是不容易的事情，选择壳体材料的难处在于不仅要考虑腐蚀问题，例如硫酸在浓度低时对钢材有很大的腐蚀性，浓度高时则使钢材产生钝化膜，能防腐蚀；氢只在高温高压下才显示对钢材的腐蚀性很强；氯气处于干燥状态时腐蚀性能并不大，而有一定湿度时腐蚀性能很强，许多材料都不能用。同时还必须考虑耐压、耐温能力，经济上是否合理，购买是否容易等因素。其次是采取衬里措施，如衬铅、衬铝、衬工程塑料、衬天然橡胶及各种合成橡胶等。再次，在压力、温度不高的情况下，用非金属作阀门主体材料，往往能十分有效地防止腐蚀。此外，壳体外表面还受到大气腐蚀，一般钢铁材料都以刷漆来防护。

5. 阀杆的腐蚀与防护

壳体的腐蚀损坏，主要是腐蚀介质引起的，而阀杆腐蚀情形不同，它的主要问题却是填料。不但腐蚀介质能使阀杆腐蚀损坏，一般的蒸汽和水也能使阀杆与填料接触处产生斑点。保存在仓库里的阀门，也会发生阀杆点腐蚀，即使不锈钢阀杆也难避免。这就是填料对阀杆的电化学腐蚀。

现在使用最广的填料是以石棉为基体的盘根，如石墨石棉盘根、油浸石棉盘根、橡胶石棉盘根。石棉材料中含有一定的氯离子，还有钾、钠、镁等离子，石墨中又含有硫化铁等杂质，这些都是腐蚀的因素。阀杆的防蚀可采取如下措施：

① 阀门保存期间不要加填料。不装填料，失去了阀杆电化学腐蚀的因素，可以长期保存而不致被腐蚀。

② 对阀杆进行表面处理。如镀铬、镀镍、渗硼、渗锌等。

③ 减少石棉杂质。用蒸馏水洗涤的办法，降低石棉中的氯含量，从而降低其腐蚀性。

④ 在石棉盘根中加缓蚀剂。这种缓蚀剂能抑制氯离子的腐蚀性，如亚硝酸钠。

⑤ 在石棉中加牺牲金属。可作为牺牲金属的有锌粉等。

⑥ 采用聚四氟乙烯保护。可将石棉盘根浸渍聚四氟乙烯组合使用，也可用聚四氟乙烯生料带包裹盘根，然后装入填料函。

6. 关闭件的腐蚀与防护

关闭件经常受到流体的冲刷、冲蚀，使得腐蚀加快发展。有些阀瓣，虽然采用较好材料，但腐蚀情况仍比壳体严重。

关闭件的一般防护办法如下：

① 尽量采用耐腐蚀材料。关闭件一般体积较小，重量也较轻，在阀门中起关键作用，只要能够耐腐蚀，即使采用一点贵重材料也无妨。

② 改进关闭件结构，使其少受流体冲蚀。

③ 改进连接结构，避免产生氧浓差电池。

④ 在150℃以下的阀门中，关闭件连接处和密封面连接处，使用聚四氟乙烯生料带密

封，可以减轻这些部位的腐蚀。

⑤ 使用抗冲蚀性强的材料作关闭件。

第七节 阀门的检修

一、阀门的检修周期与内容

阀门和管道附件的检修周期一般是结合使用单位设备的维修而定的，如炼油厂设备大检修是1年1次，这时阀门也随之检修。现在，随着科技的进步、新技术的应用以及检修手段的完善等，很多企业管道检修已从1年1次过渡到2年1次或3年1次，最长甚至达到5年1次，与此相应的阀门的检修应同时进行。

阀门检修一般分为三类，具体如下：

① 小修：清洗油嘴、油杯，更换填料，清洗阀杆及其螺纹，清除阀内杂物，紧固更换螺栓，配齐手轮等。

② 中修：包括小修项目、解体清洗零部件、阀体修补、研磨密封件、矫直阀杆等。

③ 大修：包括中修项目、更换阀杆、修理支架、更换弹簧与密封件等。

一般在室内修理的阀门，都应该解体检查和更换垫片。在阀门的维修中，一般以中小修较普遍。

二、阀门检修的一般程序

阀门的修理程序，在截止阀中也曾介绍过，现详细介绍阀门在检修时的具体流程：

① 用压缩空气吹扫阀门外表面。

② 检查并记下阀门上的标志。

③ 将阀门全部拆卸。

④ 用煤油清洗零件。

⑤ 检查零件的缺陷。以水压试验检查阀体强度；检查阀座与阀体及关闭件与密封圈的配合情况，并进行密封试验；检查阀杆及阀杆螺母的螺纹磨损情况；检验关闭件及阀体的密封圈；检查阀盖表面，消除毛刺；检验法兰的结合面。

⑥ 修理阀体，焊补缺陷和更换密封圈或堆焊密封面；对阀体和新换的密封圈，以及堆焊金属与阀体的连接处，进行密封试验；修整法兰结合面；研磨密封面。

⑦ 修理关闭件。焊补缺陷或堆焊密封面；车光或研磨密封面。

⑧ 修理填料室。检查并修整填料室；修整压盖和填料室底部的锥面。

⑨ 更换不能修复的零件。

⑩ 重新组装阀门。

⑪ 进行阀门整体的水压试验。

⑫ 阀门涂漆并按原记录做标志。

三、阀门检修前的准备

检修前必须进行以下准备工作：

① 制订施工组织措施、安全措施和技术措施。重大特殊项目的上述措施必须通过上级主管部门审批。

② 落实物资（包括材料、备品配件、用品、安全用具、施工机具等）和检修施工场地。

③ 根据相应的检修工艺规程制订检修工艺卡、检修文件包，准备好技术记录。

④ 确定需要测绘和校核的备品配件加工图，并做好有关设计、试验和技术鉴定工作。

⑤ 制订实施大修计划的网络图或施工进度表。

⑥ 组织检修人员学习相应的检修工艺规程，掌握检修计划、项目、进度、措施及质量要求，特殊工艺要进行专门培训。做好特殊工种和劳动力的安排，确定检修项目施工、验收的负责人。

⑦ 阀门检修开工前，根据需要检查阀门的运行技术状况和检测记录，分析故障原因和部位，制订详尽的检修技术方案，并在检修中解决。

⑧ 阀门检修必须建立完善的质量保证体系和质量监督体系。

四、阀门拆卸

① 将需要检修的阀门从管道上拆卸前，在阀门及与阀门相连的管道法兰上做标记，作为检修后安装复位的标记。

② 拆卸、组装应按工艺程序，使用专门的工装、工具，严禁强行拆装。

③ 根据所需拆卸力矩，拆卸连接螺栓，松开阀门固定螺栓，取下阀门。

④ 如果螺栓拆卸困难可加渗透液或采用其他安全有效方法。

五、阀门检查

① 测量法兰与阀体的间隙，并记录测量数据，供装配时使用。

② 检查阀体密封面有无凹坑、划痕。

③ 检查阀座及阀芯密封部位有无影响密封的缺陷。

④ 清洗各螺栓孔，并检查其损伤情况。

⑤ 阀体根据需要进行无损探伤，尤其需要对应力集中部位检查有无疲劳裂纹的产生，必要时做耐压试验。

⑥ 检查填料箱内壁有无影响密封的缺陷。

⑦ 检查阀杆直线度、填料密封部位有无划痕、阀杆螺纹的损坏情况。

六、阀门检修

阀门的解体检修工作，一般应在室内进行。如在室外，必须做好防尘、防雨、防雪等措施。

1. 阀杆的检修要求

① 阀杆表面应无凹坑、刮痕和轴向沟纹，若有轻微划痕可经抛光合格后继续使用；若损伤严重须经表面修复，表面粗糙度数值不大于 $Ra1.6\mu m$ 并且达到密封性能后可继续使用；仍不能保证密封性能的则应更换。

② 测量阀杆直线度，若有弯曲则矫直或更换。阀杆全长直线度极限偏差应符合表 3-31 要求。阀杆圆柱度极限偏差应符合表 3-32 要求。

表 3-31 阀杆全长直线度极限偏差值 mm

阀杆全长 L	≤500	500～1000	>1000
直线度极限偏差值	0.3	0.45	0.6

表 3-32 阀杆全长圆柱度极限偏差值 mm

阀杆直径	≤30	30～50	50～60	>60
圆柱度极限偏差值	0.09	0.12	0.15	0.18

③ 阀杆梯形螺纹和上密封锥面的轴面与阀杆轴线的同轴度极限偏差应符合表 3-33 的要求。

表 3-33 阀杆梯形螺纹和上密封锥面的轴面与阀杆轴线的同轴度极限偏差值 mm

阀杆全长 L	≤500	500～1000	>1000
同轴度极限偏差值	0.15	0.3	0.45

④ 阀杆头部如发现凹陷和变形，应及时修复。

⑤ 带传动螺纹的阀杆，若传动螺纹损坏则应更换。

2. 阀门密封面的检修要求

① 密封面用显示剂检查接触面印痕：

a. 闸阀、截止阀和止回阀的印痕线应连续，宽度不小于 1mm，印痕均匀。闸阀阀瓣在密封面上印痕线的极限位置距外圆不小于 3mm（含印痕线宽度）。

b. 球阀的印痕面应连续，宽度不小于阀体密封环外径，印痕均匀。

② 阀门密封面的修复研磨，应以零件单独研磨为主，尽量不采用配研，应根据密封零件选择适当的研磨剂，修研后密封面的表面粗糙度数值不大于 $Ra1.6\mu m$。

③ 阀体、阀盖及垫片的检修要求：

a. 阀座与阀体连接应牢固、严密、无渗漏。

b. 阀板与导轨配合适度，在任意位置均无卡阻、脱轨。

c. 阀体中法兰凹凸缘的最大配合间隙应符合表 3-34 的要求。

表 3-34 法兰安装间距 mm

中法兰直径	45～85	90～125	130～180	185～250	255～315	320～400	405～500
最大间隙	0.4	0.45	0.5	0.55	0.65	0.75	0.8

d. 钢圈垫与密封槽接触面应着色检查，印痕线连续。

e. 法兰应平行，安装间距应符合表 3-35 的要求。

表 3-35　法兰安装间距　mm

公称尺寸 DN	100	50～200	≥250
最小安装间距	2	2.5	3

f. 有拧紧力矩要求的螺栓，应按规定的力矩拧紧，拧紧力矩误差不应大于±5%。

3. 填料的检修要求

① 装 V 形填料时，应注意 V 形填料的开口方向，要逐圈压紧，直至加到规定的组数。

② 填料压好后，填料压盖压入填料箱不小于 2mm，外露部分不小于填料压盖可压入高度的 2/3。

③ 填料装好后，阀杆的转动和升降应灵活、无卡阻、无泄漏。

检修过程中，应按现场工艺要求和质量标准进行检修工作；检修应严格执行拟定的技术措施、安全措施；检修过程中，应做好技术资料记录、整理、归类等文档工作。

七、检修总结

检修总结应包括下列内容：

① 阀门状况的总结：

a. 包括阀门的修前状况、检修中处理的缺陷、阀门修后所能达到的运行状况。

b. 阀门解体后发现的重大隐患及处理措施、遗留问题及今后应采取的措施。

c. 采用新技术、新工艺给阀门检修带来的效果，应推广的技术工艺方法，对下次检修的要求。

② 阀门检修技术记录、试验报告、图纸变更及新测绘图纸等技术资料，应作为技术档案整理保存。阀门技术资料包括：

a. 检修项目进度表或网络图。

b. 重大特殊项目的技术措施及施工总结。

c. 检修技术记录及工时、材料消耗统计。

d. 变更系统和阀门结构的设计资料及图纸。

e. 金属及化学监督的检查、试验报告。

f. 特殊项目的验收报告，大修后的总结对质量的评审报告。

③ 分析检修质量，评价检修工作。

a. 总结阀门检修后所达到的质量及达到检修质量标准的工艺方法。

b. 评价阀门检修后所达到的指标。

c. 总结特殊专用工具的使用情况。

d. 总结检修工艺卡、文件包的使用情况。

④ 提出阀门变更单及阀门运行方案，并修改有关规程。

⑤ 主要阀门大修后应在 30 天内做出大修总结报告，阀门评级，并上报。

⑥ 做出检修总结评语。

八、常见阀门及阀门通用件的常见故障及排除

阀门在使用过程中，会出现各种各样的故障，一般来说，一是与组成阀门零件多少有

关，零件多故障多；二是与阀门设计、制造、安装、工况、操作、维修质量优劣密切相关。各个环节的工作做好了，阀门的故障就会大大减少。阀门通常由阀体、阀盖、填料、垫片、密封面、阀杆、支架、传动装置等零件组成，称为阀门通用件。下面详细介绍常用阀门及其通用件的常见故障及排除方法。

① 闸阀常见故障及其排除见表3-36。

表3-36 闸阀常见故障及其排除

常见故障	产生原因	预防措施及排除方法
阀门无法开启	①T形槽断裂	①T形槽应该圆弧过渡，提高制造质量。开启时不允许超过有效行程
	②传动部位卡阻、磨损、锈蚀	②保持传动部位旋转灵活，润滑良好，清洁无尘
	③单闸板卡死在阀体内	③关闭力适当，不要使用长杠杆扳手
	④暗杆闸阀内阀杆螺母失效	④阀杆螺母不宜用于腐蚀性大的介质
	⑤闸阀长期处于关闭状态下锈死	⑤在条件允许的情况下，经常开启一下闸阀，防止锈蚀
	⑥阀杆受热后顶死闸板	⑥关闭的闸阀在升温的情况下，应该间隔一定时间，阀杆卸载一次，将手轮倒转少许，采用高温型阀门电动装置
阀门关闭不严	①阀杆顶心磨损或悬空，使闸板密封失效	①闸阀组装时应该进行检查，顶心应该顶住关闭件并有一定活动间隙
	②密封面掉线	②更换楔式双闸板间顶心调整垫为厚垫，平行双闸板加厚或更换顶锥(楔块)，单闸板结构应更换或重新堆焊密封面
	③楔式双闸板脱落	③正确选用楔式双闸板闸阀保持架，要定期检查
	④闸板与阀杆脱落	④操作力适当，提高阀板与阀杆连接质量
	⑤导轨扭曲、偏斜	⑤组装前注意检查导轨，密封面应该着色检查
	⑥闸板装反	⑥拆卸时闸板应该做好标记
	⑦密封面擦伤、异物卡住	⑦不宜在含磨粒介质中使用闸阀，必要时阀前设置过滤、排污装置。发现关不严时，应该反复关闭成细缝，利用介质冲走异物
	⑧传动部位卡阻、磨损、锈蚀	⑧传动部位旋转灵活、润滑良好、清洁无尘

② 截止阀和节流阀常见故障及其排除见表3-37。

表3-37 截止阀和节流阀常见故障及其排除

常见故障	产生原因	预防措施及排除方法
密封面泄漏	①密封面冲蚀、磨损	①防止介质流向反向，介质的流向应该与阀体箭头一致；阀门关闭时应该严，防止有细缝时冲蚀密封面；必要时设置过滤装置，关闭力适中，以免压坏密封面
	②平面密封面易沉积脏物	②关闭前留细缝冲刷几次后再关闭阀门
	③锥面密封副不同心	③装配应该正确，阀杆、阀瓣或节流锥、阀座三者在一条轴线上
	④衬里密封面损坏、老化	④定期检查和更换，关闭力适中，以免压伤密封面
性能失效	①阀瓣、节流锥脱落	①选用要正确，应该解体检查。腐蚀性大的介质应该避免选用辗压、钢丝连接关闭件的结构
	②阀杆、阀杆螺母滑丝、损坏	②小口径阀门的操作力要小，开关不要超过死点

续表

常见故障	产生原因	预防措施及排除方法
节流不准	①标尺不对零位，标尺丢失 ②节流锥冲蚀严重	①标尺应该对零位，松动后应该及时拧紧 ②操作应该正确，流向不允许反向，正确选用节流阀和节流锥材质

③ 止回阀常见故障及其排除见表3-38。

表3-38　止回阀常见故障及其排除

常见故障	产生原因	预防措施及排除方法
升降式阀瓣升降不灵	①阀瓣轴和导向套上的排泄孔堵死，产生阻尼现象 ②安装或装配不正，使阀瓣歪斜 ③阀瓣轴与导向套间隙过小 ④阀瓣轴磨损、卡阻 ⑤预紧弹簧失效 ⑥阀前阀后压力接近或波动大，使阀瓣反复拍打而损坏阀瓣和其他零件	①定期清洗，不宜使用黏度大和含磨粒多的介质 ②检查零件加工质量，安装或装配应该正确，阀盖应该逢中不歪斜 ③阀瓣轴与导向套间隙适中，应该考虑温度变化和磨粒侵入对阀瓣升降的影响 ④定期检修 ⑤定期检查和更换 ⑥操作压力应该平稳，操作压力不稳定的工况，应该选用铸钢阀瓣和钢质摇杆
旋启式摇杆机构损坏	①摇杆机构装配不正，产生阀瓣掉上掉下现象 ②摇杆、阀瓣和心轴连接处松动或磨损 ③摇杆变形或断裂	①使用前应该着色检查密封面密合情况 ②组装应该牢固，质量符合技术要求，定期检修 ③制造质量符合技术要求，定期检查
介质倒流	①止回机构不灵或损坏 ②密封面损坏、老化 ③密封面长期不关闭，而沾附脏物，不能很好密合	①定期清洗，不宜使用黏度大和含磨粒多的介质；检查零件加工质量，安装或装配应该正确，阀盖应该逢中不歪斜；阀瓣轴与导向套间隙适中，应该考虑温度变化和磨粒侵入对阀瓣升降的影响；定期检修；定期检查和更换 ②正确选用密封面材料，定期检修，定期更换橡胶密封面 ③含杂质多的介质，应该阀前设置过滤器或排污管

④ 球阀常见故障及其排除见表3-39。

⑤ 蝶阀常见故障及其排除见表3-40。

⑥ 安全阀常见故障及其排除见表3-41。

⑦ 填料常见故障及其排除见表3-42。

⑧ 垫片常见故障及其排除见表3-43。

⑨ 密封面常见故障及其排除见表3-44。

表 3-39 球阀常见故障及其排除

常见故障	产生原因	预防措施及排除方法
阀门关闭不严	①球体不圆，表面粗糙	①提高制造质量，使用前解体检查和试压
	②球体冲翻	②装配应正确，操作要平稳，不允许作节流阀使用，球体冲翻后应及时修理，更换密封座
	③阀座密封面压坏	③装配阀座时，阀门应该处在全关位置，拧紧螺栓时应该均匀，用力应该小
	④密封面无预紧力	④定期检查密封面预紧力，注意调整预紧力
	⑤扳手所指关闭位置与实际不符，产生泄漏	⑤使用前应该检查扳手所指关闭位置应该与实际关闭位置相符，定期校正
	⑥阀座与阀体不密封，O 形圈等密封件损坏	⑥提高阀座与阀体装配精度和密封性能。减少阀座拆卸次数，定期检查和更换密封件

表 3-40 蝶阀常见故障及其排除

常见故障	产生原因	预防措施及排除方法
密封面泄漏	①橡胶密封圈老化、磨损	①定期检查和更换
	②介质流向不对	②应该按照介质流向指示箭头安装阀门
	③密封面压圈松动、破损	③安装前应该检查压圈装配是否正确。定期检查和更换
	④密封面不密合	④提高制造质量，使用前进行试压
	⑤阀杆与蝶板松脱，使密封面泄漏	⑤提高阀杆与蝶板连接强度，定期检修

表 3-41 安全阀常见故障及其排除

常见故障	产生原因	预防措施及排除方法
密封面泄漏	①制造精度低、装配不当、管道载荷等原因使零件不同心	①提高制造质量和装配水平，排除管道附加载荷
	②安装倾斜，使阀瓣与阀座位移，产生密合不严现象	②安装直立，不可倾斜
	③弹簧两端面不平行或装配歪斜，杠杆与支点发生偏斜或磨损，致使阀瓣与阀座接触压力不匀	③装配前应该认真检查零件质量，装配后应该认真检查整体质量
	④制造质量、高温或腐蚀等因素使弹簧松弛	④定期检查和更换弹簧
	⑤阀座与阀体连接处松动	⑤避免螺纹和套接式的连接方法，定期检修封面或带扳手的安全阀
	⑥密封面损坏或夹有杂质而不密合	⑥按照工况条件和实际经验选用安全阀，若温度不高，杂质多的介质适合选用橡胶、塑料封面或带扳手的安全阀
	⑦弹簧断裂	⑦弹簧质量符合技术要求。必要时应该做有关试验，抽查或100%验收

续表

常见故障	产生原因	预防措施及排除方法
密封面泄漏	⑧阀内运动件有卡阻现象	⑧根据温度和介质稀稠等工况选用安全阀的结构类型，必要时需设置保温等保护设施，防止卡阻现象。定期清洗
	⑨开启压力与正常工作压力太接近，密封比压低。当阀门振动或压力波动时，产生泄漏	⑨提高密封比压，设置防振装置，操作应该平稳
动作不灵活	①运动零件不对中	①根据零件缺陷程度加以修复或更换
	②管道或设备中有异物	②清洗设备或管道后再装上安全阀
	③长期没有检修	③根据零件损坏情况重新拆洗或更换阀门并建立定期检修制度
整定压力偏差超出允许范围	①整定压力操作误差或调整螺钉松动	①找出操作误差的原因并采取适当措施消除之。重新调整调节螺钉，调整好将锁紧螺母锁紧并加以铅封
	②温度影响	②根据安全阀的结构、弹簧选用材质和安全阀实际的工作温度进行整定压力的修正(即冷整定压力)
排放压力或回座压力变化	①背压力发生变化	①找出背压力变化的原因并加以消除。当背压变化量较大时应选用波纹管平衡式安全阀
	②调节圈位置变动	②按制造厂提供的调节圈的位置重新调整、固定并加以铅封
	③弹簧刚度不合适	③更换合适刚度的弹簧
	④安全阀的排量过大	④应根据设备必需的排量，重新计算并选用排量合适的安全阀
阀门频跳或颤振	①进口管道阻力太大	①增大进口管内径、缩短进口管道的长度或减少相关元件以降低安全阀进口端流阻降
	②排放管道阻力太大	②增大排放管内径或缩短排放管长度和使用波纹管平衡式安全阀
	③弹簧刚度太大	③检查安全阀的整定压力是否符合弹簧工作使用范围
阀门启闭不灵活	①调节圈位置不当	①按制造厂提供的位置进行重新调整
	②调节圈调整不当，使阀瓣开启时间过长或回座迟缓	②定压试验时应该调整正确
	③排放管口径小，排放时背压较大，使阀门开不足	③排放管口径应该按照排放量大小而定，必要时做背压试验
	④开启压力低于规定值；弹簧调节螺杆、螺套松动或重锤向支点窜动	④按规定值定压。调节螺杆、螺套以及其他紧固件应该紧固，有防松装置。定期检修校正

续表

常见故障	产生原因	预防措施及排除方法
阀门未到规定值就开启	①弹簧弹力减小或产生永久变形 ②弹簧腐蚀引起开启压力下降 ③常温下调整的开启压力用于高温后降低 ④调整后的开启压力接近、等于或低于安全阀工作压力,使安全阀提前动作、频繁动作	①定期更换。选用质量好的弹簧 ②选用耐腐蚀的弹簧。如选用包覆氟塑料弹簧或波纹管隔离的安全阀 ③在模式的高温条件下做定压试验。采用可调带散热器的安全阀 ④正确调整开启压力,定压准确
阀门到规定值而没有动作	①开启压力高于规定值 ②安全阀冻结 ③阀瓣被脏物粘住或阀座处被介质凝结物、结晶堵塞 ④阀门运动零件有卡阻现象,增加了开启压力 ⑤背压增大,到规定值阀门不起跳	①正确定压,定压时认真检查压力表 ②应该做好保温或伴热工作 ③定期清洗或开启吹扫;对易凝结和结晶介质,应该对安全阀伴热或在安全阀底连接处安装爆破片隔断 ④组装合理,间隙适当,定期清洗。按照温度和介质稀稠程度选用安全阀结构类型。必要时设置保护设施 ⑤定期检查背压,或选用背压平衡式波纹管安全阀
安全阀振动	①因管道和设备的振动而引起安全阀振动 ②弹簧刚度太大 ③调节圈调整不当,使回座压力过高 ④进口管口径太小或阻力太大 ⑤排放能力过大 ⑥排放管阻力过大,造成排放时过大背压,使阀瓣落向阀座后,又被冲起,以很大频率产生振动	①管道和设备应该有防振装置,操作应该平稳 ②应该选用刚度较小的弹簧 ③应该正确调整调节圈 ④进口管内径不应该小于安全阀进口通径或减小进口管的阻力 ⑤选用安全阀额定排放量尽可能接近设备的必需排放量 ⑥应该降低排放管阻力

表 3-42 填料常见故障及其排除

常见故障	产生原因	预防措施及排除方法
预紧力过小	①填料太少。填装时填料过少,或因填料逐渐磨损、老化和装配不当而减小了预紧力 ②无预紧间隙 ③压套搁浅。压套因歪斜,或直径过大压在填料函上面 ④螺纹抗进。由于乱牙、锈蚀、杂质浸入,螺纹拧紧时受阻,疑是压紧了填料,实未压紧	①按规定填装足够的填料,按时更换过期填料,正确装配填料,防止上紧下松、多圈缠绕等缺陷 ②填料压紧后,压套压入填料函深度为其高度的 1/4～1/3 为宜,并且压套螺母和压盖螺栓的螺纹应该有相应的预紧高度 ③装填料前,将压套放入填料函内检查一下它们配合的间隙是否符合要求,装配时应该正确,防止压套偏斜,防止填料露在外面,检查压套端面是否压到填料函内 ④经常检查和清扫螺栓、螺母,拧紧螺栓、螺母时,应该涂敷少许的石墨粉或松锈剂

续表

常见故障	产生原因	预防措施及排除方法
紧固件失灵	①制造质量差。压盖、压套螺母、螺栓、耳子等零件产生断裂现象	①提高制造质量，加强使用前的检查验收工作
	②振动松弛。设备和管道的振动，使其紧固件松弛	②做好设备和管道的防振工作；加强巡回检查和日常保养工作
	③腐蚀损坏。由于介质和环境对紧固件的锈蚀而使其损坏	③做好防蚀工作。涂好防锈油脂；做好阀门的地井保养工作
	④操作不当。用力不均匀对称，用力过大过猛，使紧固件损坏	④紧固零件时应该对称均匀。紧固或松动前应该仔细检查并涂以一定松锈剂或少许石墨
	⑤维修不力。没有按时更换紧固件	⑤按时按技术要求进行维修，对不符合技术要求的紧固件及时更换
阀杆密封面损坏	①阀杆制造缺陷；硬度过低；有裂纹、剥落现象；阀杆不圆、弯曲	①提高阀杆制造质量，加强使用前的验收工作，包括填料的密封性试验
	②阀杆腐蚀；阀杆密封面出现凹坑、脱落等现象	②加强阀杆防蚀措施，采用新的耐蚀材料，填料添加防蚀剂，阀门未使用时不添加填料为宜
	③安装不正，使阀杆过早损坏	③阀杆安装应该与阀杆螺母、压盖、填料函同心
	④阀杆更换不及时	④阀杆应该结合装置和管道检修，对其按照周期进行修理或更换
填料失效	①选用不当，填料不适合工况	①按照工况条件选用填料，要充分考虑温度与压力之间的制约关系
	②组装不对。不能正确搭配填料，安装不正，搭头不合，上紧下松	②按技术要求组装填料。事先预制填料，一圈一圈错开塔头并分别压紧。要防止多层缠绕、一次压紧等现象
	③系统操作不稳。因温度和压力波动大而造成填料泄漏	③平稳操作，精心调试。防止系统温度和压力的波动
	④填料超期服役，使填料磨损、老化、波纹管破损而失效	④严格按照周期和技术要求更换填料
	⑤填料制造质量差。如填料具有松散、毛头、干涸、断头、杂质多等缺陷	⑤使用时要认真检查填料规格、型号、厂家、出厂时间、质地好坏。不符技术要求的填料不能凑合使用

表 3-43 垫片常见故障及其排除

常见故障	产生原因	预防措施及排除方法
预紧力不够	①凹面深度大于凸面高度	①垫片安装前应该检查凸凹面尺寸，若凹面深度大于凸面高度应该修复到规定尺寸，一般凹面深度等于凸面高度
	②垫片太薄	②按照公称压力和公称尺寸选用垫片的厚度
	③无预紧间隙或预紧间隙过小，无法压紧垫片	③安装垫片后，法兰间或压紧螺母的螺纹应该有一定预紧间隙，以备使用时进一步压紧垫片

续表

常见故障	产生原因	预防措施及排除方法
预紧力不够	④螺纹抗进。螺纹锈蚀，混入杂质，或者规格型号不一，使螺纹拧紧时受阻或者松紧不一，认为是垫片压紧，实为未压紧	④经常检查和清扫螺栓、螺母；安装时注意螺栓、螺母规型号一致性；拧紧螺栓、螺母时，应该涂敷少许石墨或松锈剂
	⑤法兰搁浅，没有压紧垫片	⑤安装垫片前，应该认真检查法兰静密封面各部尺寸并事先将两法兰装合一下，然后正式安装。若发现两法兰间隙过大，应该检查是否搁浅
	⑥法兰歪斜	⑥安装应该正确，要防止垫片装偏，法兰局部搁浅；拧紧螺栓时应该对称轮流均匀，法兰间隙一致
紧固件失灵	①制造质量差。紧固件有断裂、滑丝等缺陷	①提高制造质量，加强使用前的检查验收工作
	②紧固件因振动而松弛	②做好设备和管道的防振工作；加强巡回检查和日常保养工作
	③腐蚀	③做好防腐蚀工作
	④用力不当	④拧动螺栓时应该事先检查，涂以一定松锈剂或石墨，注意螺纹的旋向，用力应该均匀，切忌用力过猛过大
	⑤未能按时更换紧固件	⑤按时按技术要求更换紧固件
静密封面缺陷	①制造缺陷。有气孔、夹渣、裂纹、凹坑，表面不平毛糙	①提高产品铸造和加工质量，严格验收制度，做好试压工作
	②腐蚀缺陷	②搞好防腐工作，防止垫片和介质对静密封面的腐蚀
	③压伤	③选用的垫片硬度应该低于静密封面硬度，安装垫片时防止异物压伤静密封面
法兰损坏	①制造缺陷。有裂纹、气孔、厚度过薄等缺陷	①提高制造质量，严把产品的强度试验关
	②紧固力过大	②用力应该均匀一致，切忌用力过猛过大，特别是铸铁和非金属阀门
	③装配不正	③阀门组装及阀门安装在设备或管道时，应该正确，防止装偏强扭等现象
垫片失效	①质量差。存在垫片老化、不平、脱皮、粗糙等缺陷	①严格按技术要求检验垫片质量，不用过期和不合格的垫片
	②选用不当。垫片不适于工况	②按照工况条件选用垫片，充分考虑温度与压力之间的制约关系
	③安装不正。垫片装偏、压伤；垫片过小过大	③严格按规定制作垫片，装好垫片，并试压合格
	④操作不力。温度压力波动大，产生水击现象	④操作应该平稳，防止温度压力的波动，操作阀门和其他设备应该防止水锤的产生，应该有防水锤设施
	⑤垫片老化和损坏	⑤按时更换垫片。垫片初漏应该及时处理，以防垫片冲坏；金属垫片重用时，应该在进行退火和修复后使用；非金属垫片禁止重复使用

表 3-44 密封面常见故障及其排除

常见故障	产生原因	预防措施及排除方法
密封面不密合	①阀杆与关闭件连接处不正、磨损或悬空	①阀杆与关闭件连接处应符合设计要求，不符合要求的应该修整。关闭件关闭时，顶心不悬空并有一定调向作用
	②阀杆弯曲或装配不正，使关闭件歪斜或不逢中	②在新阀门验收中和旧阀门修理中，应该认真检查阀杆弯曲度，并使阀杆、阀杆螺母、关闭件、阀座等件在一条公共轴线上
	③密封面关闭不严或关闭后冷缩出现细缝，进而产生冲蚀现象	③阀门启闭应该有标记并借助仪表和经验检查是否关严，高温阀门关闭后因冷却会出现细缝，应该在关闭后间隔一定时间再关闭一次
	④密封面因加工预留量过小或因磨损而产生掉线现象	④新的密封面应该留有充分的预留量。组装阀门前，应该进行测量和着色检查预留量，预留量过小估计维持不到一个运转周期的密封面，应该修整或更换
	⑤密封面不平或角度不对、不圆，不能形成密合线	⑤密封面加工和研磨的方法应该正确，应该进行着色检查，印影圆且连续方可组装
密封面损坏	①密封面材质选用不当或没有按照工况条件选用阀门，产生腐蚀、冲蚀、磨损等现象	①严格按照工况条件选用阀门或更换密封面。成批产品，应该做密封面耐蚀、耐磨、耐擦伤等性能试验
	②密封面堆焊和热处理没有按规程操作。因硬度低而磨损，因合金元素烧损而腐蚀，因内应力过大而产生裂纹	②堆焊和热处理应该符合规程、规范，应该有严格的质量检验制度
	③表面处理的密封面产生剥落或因研磨量过大而失去原有性能	③密封面表面淬火、渗氮、渗硼、镀铬等工艺严格按其规程和规范技术要求进行。修理时，密封面渗透层切削量不超过 1/3 为适
	④切断阀作节流阀、减压阀使用，密封面被冲蚀	④作切断用的阀门，不允许作节流阀、减压阀使用，其关闭件应该处在全开或全关位置。若需调节介质流量和压力，应该单独设置节流阀和减压阀
	⑤关闭件到了全关闭位置，继续施加过大的关闭力，密封面被压坏、挤变形	⑤关闭力应该适中，阀门关严后，立即停止关闭阀门，纠正"阀门关得越严越好"的错误操作方法
密封面混入异物	①不常开启或不常关闭的密封面上容易沾附异物	①在允许的情况下，经常关闭或开启阀门，留一细缝，反复几次，冲刷掉密封面上的沾附异物
	②设备和管道上的锈垢，焊渣、螺栓等物卡在密封面上	②阀门前应该设置排污、过滤等保护装置，定期打开上述保护装置和阀底堵头，排除异物
	③介质本身具有硬粒物嵌在密封面上	③一般不宜选用闸阀，应该选用球阀、旋塞阀和软质密封面的阀门
密封圈松脱	①密封面辗压不严	①最好在辗压面涂上一层适于工况的胶黏剂。严格遵守试压制度
	②密封面堆焊或焊接连接不良	②严格执行堆焊和焊接的规程、规范；认真检查堆焊和焊接质量，做好试压工作
	③密封圈连接螺纹、螺钉、压圈等紧固件松动或脱落	③密封圈连接螺纹及其紧固件应该与密封圈配合牢固。最好在连接处涂上一层适于工况的胶黏剂，提高连接强度。做好试压工作
	④密封面与阀体连接面不密合或被腐蚀	④密封面靠螺纹和紧固件拧紧的结构，密封面与阀体组装前，应该检查连接面质量，着色检查合格后，方可组装。为了增加连接处牢固度，视具体情况可涂上一层胶黏剂，又可防止连接面电化学腐蚀

续表

常见故障	产生原因	预防措施及排除方法
启闭件脱落	①操作不良,启闭件超过上死点继续开启,启闭件超过下死点继续关闭,造成连接处损坏断裂	①遵守操作规程,操作阀门用力恰当,不允许使用长杆扳手。阀门全开或全关后,应该倒转少许,防止以后误操作
	②关闭件与阀杆连接不牢,松动而脱落	②连接处制造质量符合要求,装配正确、牢固,螺纹连接应该有止退件
	③关闭件与阀杆连接结构形式选用不当,容易腐蚀、磨损而脱落	③关闭件与阀杆连接结构形式应该根据工况条件和实际经验选用,使用前应该对其进行解体检查
管线系统造成密封面泄漏	①水击,造成密封面损坏	①管线系统应该有防止水击装置。操作阀门和泵时应该平稳,防止产生水击现象
	②温度和压力波动大,导致密封面泄漏	②管线系统操作平稳协调,设置防止温度和压力波动的设施以及监视系统
	③振动,设备和管道的振动,造成关闭件松动而泄漏	③设置减振装置,消除振动源。加强巡回检查,发现和纠正阀门关闭不严故障

九、阀门带压堵漏及阀门泄漏的处理方法

根据生产和泄漏的具体情况，可采用更换阀门、更换阀门填料、更换法兰垫片或补焊阀门孔洞的方法消除泄漏。对于投入生产运行中的阀门，则必须采取相应的技术手段消除泄漏，以保证生产的正常运行。

1. 阀门填料泄漏处理方法

采用注剂式带压密封技术消除阀门填料及法兰泄漏是目前比较安全可靠的一种技术手段。这种技术采用特别夹具和液压注射工具（图 3-72），将密封剂注射到夹具与泄漏部位部分外表面所形成的密封空腔内，迅速地弥补各种复杂的泄漏缺陷。在注剂压力远远大于泄漏介质压力的条件下，泄漏被强行止住。密封注剂自身能够维持在一定的工作密封比压，并在短时间内由塑性体转变为弹性体，形成一个坚硬的富有弹性的新的密封结构，达到重新密封的目的。

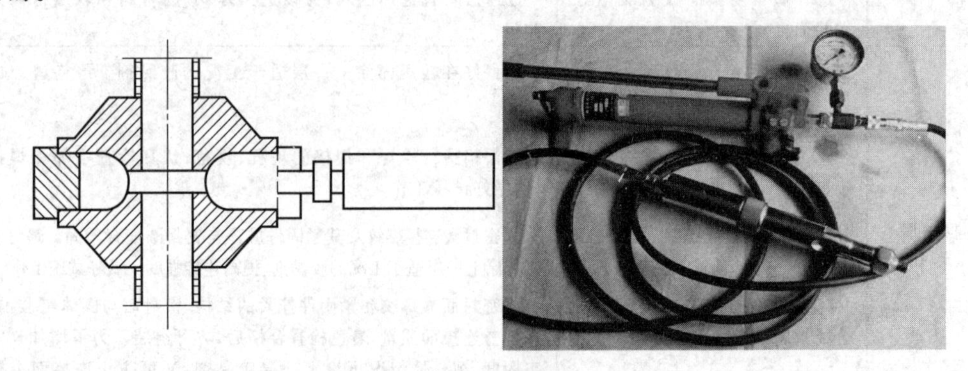

图 3-72　注密封剂工具

目前，国内外生产和使用的密封注剂有 30 多个品种，大致分为两类：一类是热固化密封注剂，其基础材料是高分子合成橡胶固化剂，再添加耐水、耐酸、酸碱、耐化学介质和耐高温的各种辅助注剂等。这类密封注剂只有达到一定的温度才能由塑性体转变为弹性体，常温下则为棒状固体。另一类是非热固化密封注剂，它的基础材料根据密封注剂的性能要求，可以是高分子合成树脂、油品、石墨、塑料以及其他无机材料等，固化机理多为反应型及高温炭化型或单纯填充型，适用于常温、低温及超高温场合的动态密封作业要求。这类密封注剂多制成棒状固体或双组分的腻状材料，将其装在高压注剂枪后，在一定的压力下具有良好的注射工艺性及填充性。

采用注剂式带压密封技术在动态条件下消除阀门填料部位出现的泄漏是一种安全有效的方法，而且密封后不影响阀门的开启和关闭功能。根据阀门填料函的结构形式，有两种方法供选择。

（1）填料函壁较厚的阀门

阀门填料函的壁厚大于 8mm，在动态条件下采用注剂式带压密封技术消除泄漏时，可以选择直接在阀门填料函的壁面上开设注剂孔的方式进行作业，在此种条件下，密封空腔就是阀门填料函自身，注入阀门填料函内的密封注剂所起的作用与填料所起的作用完全相同。

首先在阀门填料函外壁的适当位置用 ϕ10mm×5mm 或 ϕ8mm×7mm 的钻头开孔，这个位置主要是从连接高压注剂枪方便的角度考虑的。钻孔可以选用防暴电钻或风动钻，如果选用充电电钻，使用起来更为方便。孔不能钻透，留 1mm 左右，撤出钻头，用 M12 或 M10 的丝锥套扣。套扣结束后，把注剂专用旋塞阀拧上，把注剂专用旋塞阀的阀瓣拧到开的位置，用 ϕ3mm 的长杆钻头把余下的阀门填料的壁钻透，这时泄漏介质会沿着钻头排削方向喷出。为了防止钻孔时高温、高压、腐蚀性强或有毒的介质喷出伤人或损坏钻孔机具，钻小孔之前可采用一挡板。先在挡板上用钻头钻一个 ϕ5mm 的圆孔，使挡板能穿在长钻头上。挡板可采用胶合板、纤维板或石棉橡胶等制作。加上挡板，钻余下的壁厚则不会有危险。钻透小孔后，取出钻头，把注剂专用旋塞阀拧到关闭的位置，泄漏介质则被切断。这时，连接高压注剂枪进行注射密封注剂的操作。如果阀门填料函的泄漏量较小，压力较低，也可以用 ϕ3mm 的钻头直接钻小孔，泄漏介质被引出后，再安装注剂专用旋塞阀及高压注剂枪进行动态密封作业。

（2）填料函壁较薄的阀门

泄漏阀门填料函的壁厚小于 6mm 时，可以采用辅助夹具进行动态密封作业（图 3-73）。辅助夹具是为了弥补阀门填料函壁厚的不足，相当于一个固定在阀门填料函外的特殊连接头，用以连接高压注剂枪。辅助夹具的关键尺寸是贴合面的形状，如果采用机械加工的方法难以得到理想的局部贴合面，可以在现场手工修整研合。在条件允许的情况下，可以适当修理泄漏阀门填料函的外壁，使之与辅助夹具的贴合面更好地吻合。如果泄漏阀门填料函的外壁形状比较复杂，贴合面难以达到要求时，可以在安装辅助夹具时，在贴合面的底部垫一块约 2mm 厚的石棉橡胶板或橡胶板，拧紧连接螺栓，使辅助夹具固定在泄漏阀门上，垫在下面的橡胶板会很好地堵塞贴合面的缝隙。辅助夹具贴块上的螺纹应与注剂旋塞阀的螺纹相配。夹具固定厚，用钻头钻透填料函壁。当泄漏量较小，压力较低时，可以用 ϕ3mm 的钻头直接钻孔，然后拧上注剂专用旋塞阀，再用长钻头钻孔。整个动态密封作业结束后，不要立刻开关阀门，使密封剂充分固化后，阀门即可投入正常使用。

G形夹具也是用于处理阀门填料函泄漏的专用工具。作业时，根据泄漏阀门填料函的外部尺寸，可选择不同型号的G形夹具。首先要试装，冲眼确定钻孔位置。用ϕ10mm的钻头在冲眼处钻一定位密封孔，深度按G形夹具螺栓头部形状确定。然后安装G形夹具，再用ϕ3mm的长杆钻头将余下的填料函壁钻透，引出泄漏介质。安装注剂专用旋塞阀及高压注剂枪，进行注剂操作。泄漏停止后，G形夹具以不拆除为好（图3-74）。

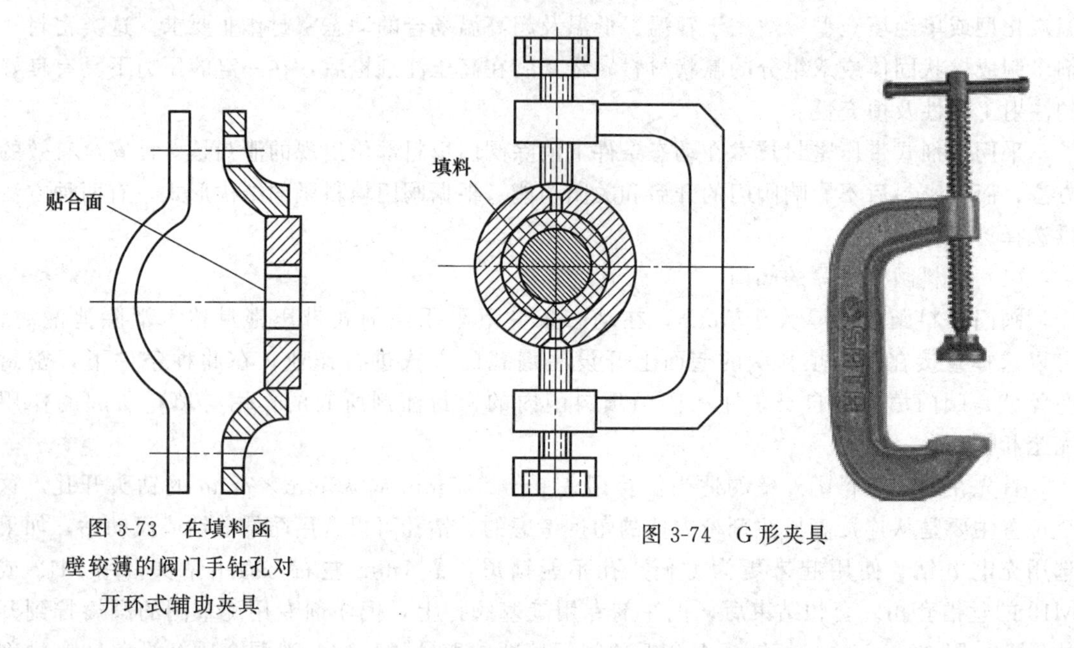

图3-73　在填料函壁较薄的阀门手钻孔对开环式辅助夹具

图3-74　G形夹具

有的阀门在其填料函的外壁上设有一个丝堵，这是十分有益的。对于一些关键管道上的阀门，一旦出现填料函泄漏，可以立刻拆下丝堵，按丝堵的规格设计一个接头，通过接头把高压注剂枪和泄漏阀门连成一体，在很短的时间内即可有效地消除泄漏，如果我国的各阀门生产厂，在阀门的整体设计中，也考虑在阀门填料函外壁上增设一个螺纹丝堵，对于阀门在使用过程中的维护是十分有益的。

目前，国内已经有了专供修补阀门填料函部位泄漏用的密封注剂，它的配方是按阀门阀杆的使用情况设计的。该密封剂不仅可以在动态条件下密封住各种泄漏介质，而且对阀门阀杆具有良好的自润滑效果。

2. 阀门法兰泄漏处理方法

处理法兰泄漏通常采用铜丝捻缝围堵法、钢带围堵法和凸形夹具法。

(1) 铜丝捻缝围堵法

当两法兰的连接间隙小于4mm，整个法兰外圆的间隙量比较均匀，泄漏介质压力低于2.5MPa，泄漏量小，螺栓孔与螺栓的间隙较大，密封剂能够沿此间隙顺利注入时，可以在拆下的螺栓上直接安放螺栓专用注剂接头时，其安放数量可视泄漏法兰的尺寸及泄漏垫的情况而定，一般不少于两个。安装螺栓专用注剂接头时，应当松开一个螺母后立刻装好注剂接头，迅速重新拧紧螺母，然后安装另一个螺栓专用注剂接头。不能同时将两个松开，以免造成垫片上的密封比压明显下降，泄漏量增加，甚至会出现泄漏介质将已损坏的垫片吹走，导致无法弥补的后果，必要时可在泄漏法兰上增设G形夹子，用以维持垫片上密封比压的均衡。按需用数量安装完螺栓专用注剂接头后，用冲子等工具将直径等于或略小于泄漏法兰间隙的铜丝嵌入到法兰间隙中，同时将法兰的外缘冲出唇口，将铜丝固定在法兰间隙内。唇口的间隙及数量视法兰的外径而定，一般间隔为40～80mm，这样铜丝就不会被泄漏的压力介质或动态密封作业时注剂产生的推力挤出。捻缝结束，组成了新的密封腔后，即可连接高压注剂枪，进行动态密封作业。注密封注剂的起点应选在泄漏点的相反方向，无泄漏介质影响处，依次进行，终点应在泄漏点附近。

(2) 钢带围堵法

当两法兰的连接间隙小于8mm，泄漏介质压力小于2.5MPa时，可以采用钢带围堵法进行动态密封作业，这种方法对法兰连接间隙的均匀程度没有严格要求，但对泄漏法兰的连接同轴度有较高的要求，钢带厚度一般可为1.5～3.0mm，宽度为25～30mm，内六角螺栓的规格为M8～M16，制作钢带可以采用铆接或焊接，过渡垫片可以采用与钢带同样的间隙使密封剂能够顺利注入，然后根据法兰尺寸的大小及泄漏情况，确定安装螺栓专用注剂接头的个数，安装钢带量，应使钢带位于两法兰的间隙上，全部包住泄漏间隙，以便形成完整的密封空腔，穿4个内六角螺栓，拧上数扣，将两个过渡垫片加入，继续拧紧内六角螺栓直到钢带与泄漏法兰外边缘全部靠紧为止，这时可连接高压注剂枪进行动态密封作业，如果发现钢带与泄漏法兰外边缘不能靠紧，可以采用尺寸略大于泄漏法兰间隙的石棉填料，在没安装钢带之前，在法兰间隙上盘绕一周后，用锤子将其嵌入间隙内，然后安装钢带，也可以用2mm厚及25mm宽的石棉橡胶板，在泄漏法兰外边缘盘绕一周，或用4～6mm厚的相应铅皮在泄漏法兰外边缘上盘绕一周。注意接头处避开泄漏点，然后安装钢带。当法兰连接间隙均匀程度较差，两法兰的外边缘又存在一定错位时（两法兰装配不同轴），采用铅皮盘绕的方法，能很好地弥补缺陷。加好钢带紧固后，可以继续捻砸铅皮，直到封闭好为止。余下步骤同铜丝捻缝围堵法。

(3) 凸形法兰夹具

当泄漏法兰的连接间隙大于8mm，泄漏介质压力大于2.5MPa，泄漏量较大时，从安全和可靠性考虑，应当设计制作凸形法兰夹具。这种法兰夹具的加工尺寸较精确，安装在泄漏法兰上后，整体封闭性能好，动态密封作业的成功率高，是注剂式带压密封技术中应用较广泛的一种夹具。

动态密封操作前，应在制作好的夹具上装注剂旋塞阀，并使注剂旋塞阀处于开启的位置，如注剂旋塞阀是已使用过的，则应把积存在通道上的密封注剂除掉。当注剂旋塞阀门口到周围障碍物的直线距离小于高压注剂枪的长度时，则应在注剂旋塞阀与夹具之间增装角度接头，目的是排放泄漏介质和改变高压注剂枪的连接方向，操作人员在作业时应站在上风口，若泄漏压力及流量很大，可用压缩空气把泄漏介质吹向一边，或把夹具接上长杆，使操作人员少接触或不接触介质。安装夹具时，应使夹具上的注剂孔处于泄漏法兰连接螺栓的中间，并保证泄漏缺陷附近要有注剂孔，不要使注剂孔正对着泄漏法兰的连接螺栓，以免增大注剂操作的阻力。安装夹具时应避免剧烈撞击，泄漏介质是易燃或易爆物料时，应采用防爆工具作业。夹具螺栓拧紧后，检查夹具与泄漏部位的连接间隙，一般控制在0.5mm以下，否则要采取相应的措施缩小间隙，注剂应先从离泄漏点最远的注剂孔开始，直到泄漏停止。

3. 阀门承压壳体泄漏的处理方法

阀体泄漏的处理方法有两种，即粘接法和焊接法。

(1) 粘接法

粘接法是利用胶黏剂的特殊性能进行带压密封作业的一种方法，它采用某种特制的机构在泄漏缺陷处形成一个暂短的无泄漏介质影响的区间，利用胶黏剂适用性广、流动性好、固化速度快的特点，在泄漏处建立一个由胶黏剂和各种密封材料构成的新的固体密封结构，达到止住泄漏的目的。

阀体泄漏常用的顶压机构是多功能顶压工具，它可以固定在法兰上，也可以固定在管道上，首先把顶压工具安装在有泄漏部位附近，调整顶压工具的顶压螺杆，使顶压螺杆的轴线对准泄漏部位，然后固定顶压工具。将顶压螺杆旋转 90°，躲开喷射泄漏介质，把铝铆钉放入顶压螺杆前端的孔内，然后转回。为防止铝铆钉松动脱落或被泄漏介质冲掉，可以在铝铆钉上先缠几层聚四氟乙烯生胶带，然后放于顶压螺杆前的孔内。或直接在顶压螺杆的前端开设定位丝孔，作业时把铝铆钉放入此孔后，拧紧定位螺钉，将铝铆钉固定在顶压螺杆前端的孔内。拆除时，松开定位螺钉即可。安装完铝铆钉后，调整及旋转顶压螺杆，使铝铆钉紧紧地压在泄漏部位上，迫使泄漏停止。如果泄漏缺陷较大，也可以在铝铆钉的前面再放一块软铝片。旋进顶压螺杆时，铝铆钉接触到泄漏管壁就应松开定位螺钉，防止铝铆钉同顶压螺杆一起旋转。

泄漏停止后，清理泄漏附近的金属表面，除去铁锈及油污。在铝铆钉的四周用配制好的胶黏剂胶泥涂抹加固［图 3-75（a）］。胶黏剂充分固化后，拆除顶压工具，去掉铝铆钉多余的部分［图 3-75（c）］。为使堵漏效果更好，可在处理好的铝铆钉外层用胶黏剂及玻璃布加固。

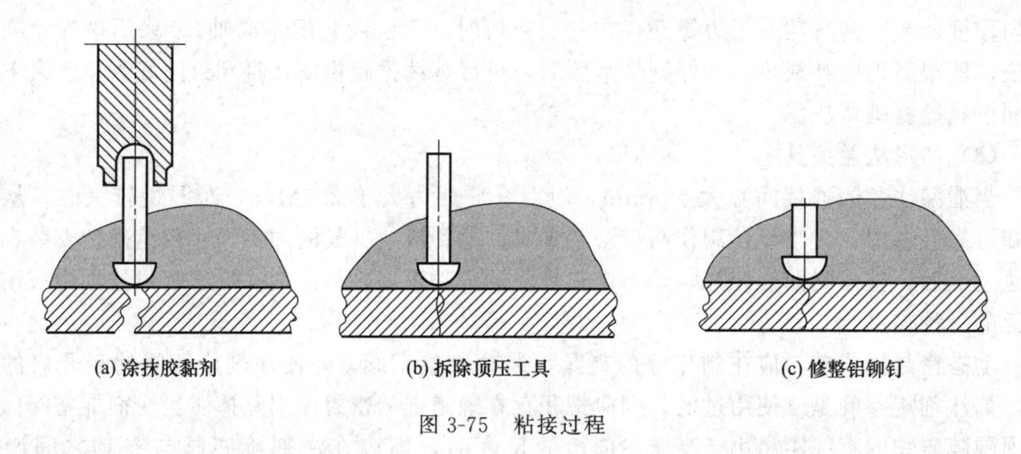

图 3-75　粘接过程

（2）焊接法

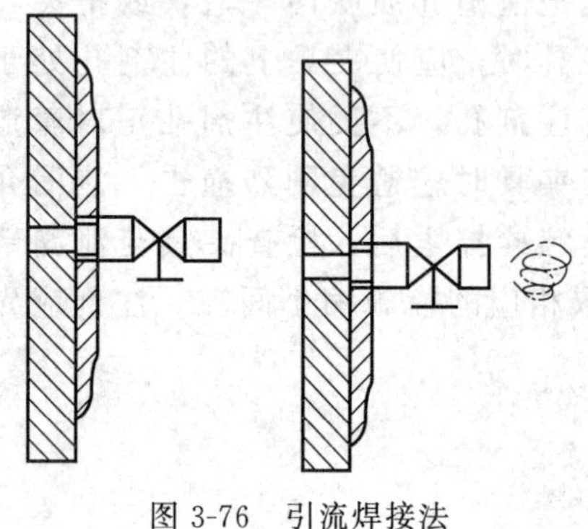

图 3-76　引流焊接法

对阀体的泄漏常用的是引流焊接法。首先，按阀体泄漏部位的外部开头设计制作一个引流器，引流器一般由封闭板或封闭盒及闸阀组成。由于封闭板或封闭盒与泄漏部位的外表面能较好地贴合，因此在处理泄漏部位时，只要将引流器靠紧在泄漏部位上，事先把闸阀全部打开，泄漏介质会沿着引流器的引流通道及闸阀排掉，在封闭板的四周边缘处则没有或有很少的介质外泄。这时，可以将引流器牢固地焊在泄漏部位（图 3-76）上。引流器焊好后，关闭闸阀就能达到重新密封的作用。

第八节 阀门的保管、安装及操作

一、阀门保管

① 阀门入库要进行检验，校对合格证等技术资料与实物是否相符。

② 各种阀门都应整齐地摆放在干燥的仓库里，严禁堆放或露天存放，阀门通道两端必须用盖板堵塞，防止杂物进入阀腔。

③ 暂不用的阀门有石棉盘根应取出，以防止电化学腐蚀损坏阀件。

④ 较长时间存放的阀门产品，应做定期检查，对外露的加工表面清除污垢和铁锈，并更换防锈油。

⑤ 阀门备品件应按规定保管，如对于长期保管弹簧应用纸包扎并立着放存在干燥房间的零件架上或箱中。为了防止锈蚀，弹簧应涂油。

二、阀门的安装

1. 阀门安设地点

阀门的安设要满足生产操作的要求。管路上要根据需要安设各种阀门，各种单元设备上也要根据工艺要求安设各种阀门。

一个管路系统上，首先要安设总阀门。总阀的作用是对整个管路系统进行切断或接通，一般不用于调节流量。正常生产时，总阀总是开启，在停车或检修时关闭。总阀要安设在总管路的入口处。

支管路的入口处，也要安设支管路的总阀。支总阀除了具有切断作用外，还有调节流量的作用。根据支管路流量大小的需要，来调节其总阀以满足流量的要求。各支管流量要求有一定的比例。这个比例也靠各支管路总阀来调节和控制。经常开关或调节流量的阀门要串联安设两个。其中一个备用，备用阀经常开着不予使用，一旦经常使用阀坏了，即可使用备用阀，以免影响生产。待停电、停车检修时，再修好坏阀，仍保持一个备用。

在液体管路上，要在最低处或适当地方安设排空阀，以使在停车或检修时把管路中的液体放空。在气体管路上也要在最低处或适当地方安设排空阀，以便把从气体中冷凝下来的水或冷凝液放出。

液体管路上还要在较高处或适当地方安设排空阀，以便在开车时排放阻塞在管路中的空气。如果管内空气排放不净，阻塞在管内就会造成气阻。因为气体在管内有一定体积，这就会减小管路截面，增加输送阻力，降低流量，影响生产，有时水或其他液体中溶解的气体在运转中逐渐逸放出来，也需要经常或定期打开排气阀，将其排除。

气体管路上也要安设排空阀，例如空气管路上，如有的支管用风量减少或停用，就可打开排空阀放空一部分空气，以保持系统压力稳定。其他气体管路上，有了排空阀，也可以在停车或检修时，把管内有毒气体、可燃气体放空以保证检修的安全。有毒气体的放空须采取措施加以净化。

要求压力稳定的支管路入口，要安设稳压阀。稳压阀是一种根据阀前压力变动而自动调节开度以保持阀后压力稳定的阀门。在输送化学物质的中间产品或最终铲平的管路上，常须安设取样阀，以便抽查或定期取样分析，以检查和控制产品质量。

2. 阀门的安装方向和位置

阀门的安装方向和位置应根据各种阀门的工作原理、使用维护方便正确安装，否则会影响使用与寿命。

许多阀门有方向性，若装倒装反，就会影响效果和寿命，或根据不起作用甚至造成危险。所以安装时，介质流动方向应与阀体箭头一致。阀门安装位置一定要便于操作与省力，即使安装时困难些也要为长期操作着想。最好阀门手轮与胸口齐，一般距操作地坪 1.2m，落地阀的手轮要朝上，以免操作困难，靠墙或设备的阀门，也要留出操作站立地，严禁仰天操作，明杆闸阀不要装在地下，升降式止回阀要保证阀瓣垂直，旋启式止回阀要保证销轴水平，立式止回阀应装在垂直管路上，减压阀必须直立安装在水平管路上，不得倾斜。

3. 安装注意事项

① 安装前必须仔细核对领用阀门的标志、合格证是否符合使用要求，核实后进行清洗、试压和调试。

a. 清洁内腔和密封面，不许有污物附着，未清洁前，切勿启闭阀门。

b. 检查连接螺栓是否均匀旋紧，防止泄漏。

c. 检查填料是否压紧，压紧程度能保证填料箱的密封性，但又不得妨碍阀杆的旋转。

d. 阀门试压和调试应按有关标准进行（认为产品质量可靠、也可不进行试压，清洗后直接安装）。

② 在运输起吊安装过程中，吊索不允许系结在手轮上，起重点应放在腰部；在运输起卸期间应注意轻提轻放，严禁撞碰敲打或重力抛掷，以防涂污外表或损伤零件。

③ 阀门连接的管路，一定要清扫干净，以免杂物擦伤阀门密封面。

④ 螺纹连接的阀门，应将密封填料绳（加铅油或聚四氟乙烯生胶带）包在管子螺纹上，不要弄到阀门里，以免阀内存积影响介质流通。

⑤ 安装法兰阀门时，要注意对称均匀地拧紧螺栓，阀门法兰与管子法兰必须平行，间隙合理，以免产生过大应力导致开裂。

⑥ 焊接管子阀门，应先点焊，再将关闭件全开，然后焊死。

⑦ 不经常启闭的阀门，对阀杆螺纹添加润滑剂，以防咬住；室外阀门要对阀杆加保护套，以防雪、雨及尘土锈污。

三、阀门的操作方法

阀门的操作，要根据操作规程来进行。操作（启闭）阀门时应注意：

① 启闭阀门，用力应平稳，不可冲击；同时要慢慢拧动，不可开闭太快。以免发生水锤现象。特别是压力管路，尤为注意。

② 对于用丝杆启闭的阀门，特别时暗杆式的，在关闭或全开到头时，要退回半扣或四分之一扣，以免扭得太紧，下次开关时，不知是开是关，扭不对扣，易把丝杆扭坏。

③ 当转不动手轮时，可将手轮卸下，用活扳手卡住杆上面方形部位用力扭开。不可不卸手轮，就用铁棍强扭手轮，这样易把手轮扭坏。

④ 拧不动旋塞阀时，可以稍稍松一下压盖螺钉，用锤子轻轻敲动，就会拧得动了。不要在手柄手套以长管硬搬，这样会把阀门拧坏。

⑤ 如操作过于费劲，须分析原因，有的阀门关闭件受热膨胀，造成开启困难。此时可将阀盖螺纹稍拧松，待消除阀杆应力后再开启，填料太紧时，可适当放松填料。

⑥ 明杆阀门，对全开与全闭的阀杆的位置应标明，既可避免全开时撞击死点，又便于检查阀门全闭时有无异常情况。

⑦ 蒸汽阀门，开启前应预先加热，并排除凝结水，开启时，应尽量徐缓，以免出现水击现象。

⑧ 管路初用时，可将阀门微启利用介质的高速流动冲走残余杂物，然后反复开关几次冲击脏物后，再投入正常工作。

⑨ 某些介质在关闭后会使阀杆产生收缩，就应隔适当时间再关一点，否则介质会因阀件收缩后密封面产生的细缝高速流过，使密封面受到冲蚀。

⑩ 操作高压阀门时，由于高压阀门管路压力甚高，在开车时，阀门前后压差很大，因此操作须十分仔细，启开时要慢慢逐渐打开。先稍稍打开一点，使高压流体慢慢充满阀后管路，等前后压力接近时，要按规定流量调大阀门开度。为了操作方便和安全，常和阀门平行设一小管径的旁路，旁路上安设一个压力平衡阀，开车时，先打开旁路上的压力平衡阀，使高压液体渐渐充满阀后管首，等前后压力接近平衡时，再打开主管道上的大型高压阀门。

⑪ 闸阀与截止阀只做全开或全闭用，不允许做调节和节流用，以免冲蚀缩短使用寿命。开关时应用手轮，不得借助杠杆或其他工具，以免损坏阀件，手轮顺时针为关闭，逆时针为开启。带旁通阀的，开启前应先打开旁通阀。带扳手的球阀、扳手与通道平行时为全开，转90°为全闭。

综合训练

一、教学要求

① 掌握截止阀、闸板阀、安全阀的修理方法。

② 掌握阀门试压装置的使用方法。

③ 熟悉阀门常见故障的分析判断和处理。

二、教学内容

① 检查修理截止阀。

② 检查修理闸板阀。

③ 检查修理安全阀。

三、检修要求

① 把阀门拆卸后对各个零部件进行认真清洗和检查，并填写阀门检修记录表（见表3-45～表3-47）。

② 对已损坏或有缺陷的零部件进行修复或更换。

③ 研磨阀座和阀盘。

④ 进行水压强度和密封性能试验。

⑤ 安全阀进行起跳压力试验。

⑥ 按标准进行涂色。

表 3-45 阀门检修记录表

零件名称	检查内容	检查结果	处理意见

表 3-46 安全阀压力试验记录表

年 月 日

型号	规格	公称压力	技术要求	试验介质	试验压力			备注
					强度压力	密封压力	起跳压力	

部门负责人 技术负责人 试验人

表 3-47 阀门压力试验记录表

年 月 日

型号	规格	公称压力	技术要求	试验介质	试验压力		备注
					强度压力	密封压力	

部门负责人 技术负责人 试验人

四、综合实习考核

按照检修要求进行以上三种阀门的修理，检修要求中的项目均需独立完成，每种阀门的考试时间为 240min（包括准备工作）。评分标准见表 3-48。

表 3-48 阀门修理评分标准及记录表

评分项目	评分标准	评分记录	分数
拆卸 10 分	1. 操作方法正确、规范、熟练 2. 拆卸顺序正确 3. 无拆卸故障 4. 零部件摆放整齐		
清洗检查 10 分	1. 零部件清洗干净 2. 检查全面、认真 3. 检修记录表填写认真、清楚		
研磨 20 分	1. 操作方法正确、熟练 2. 会分析判断研磨质量		
装配 10 分	1. 操作方法正确、规范、熟练 2. 装配顺序正确		
试压 40 分	1. 正确操作试压装置 2. 能处理试压过程中的故障 3. 试压符合技术要求		
安全文明生产 10 分	1. 劳保用品穿戴整齐 2. 工卡量具使用正确、交接清楚 3. 无设备或人身事故 4. 检修过程中有条不紊，不慌乱，无碰、摔、砸和乱仍零部件等现象 5. 检修后现场整洁		

复习题

一、填空

1. 凡是用来控制流体在管路内流动的装置通称作________。

2. 阀门的主要作用包括________、________、________。

3. 阀门按作用和用途分为________、________、________和________。

4. 阀门的连接方法有螺纹连接、________、________、________和________。

5. 利用装在阀杆下面的阀盘与阀体突缘部分的配合来控制启闭的阀门称为________。

6. 截止阀的主要零部件有手轮、阀杆、________、________、________阀体、________等。

7. 根据和管路的连接形式截止阀可分为________和________两种，根据截止阀结构形式的不同，它又可分为________、________、________和________四种。

8. 截止阀的泄漏可分为________和________两种情况。

9. 对于截止阀泄漏的密封面一般是采用________的方法进行修理。

10. 常用的磨料有________、________、________和________等。

11. 对于密封面的研磨一般可分为________、________和________三个工序。

12. 润滑剂在研磨过程中有________、________、________和________四个作用。

13. 研磨方式分为________和________两种。

14. 截止阀的水压试验可分为________和________试验。

15. 闸板阀的主要零部件有________、________、________、阀盖、填料函、套筒螺母、手轮等。

16. 根据闸板阀启闭时阀杆运动情况的不同，可分为________和________两种，根据闸板结构形状的不同还可分为________和________两类。

17. 根据平衡内压的方式不同，安全阀可分为________和________三种。

18. 弹簧式安全阀根据阀盘的开启高度不同，可分为________和________两种基本形式。

19. 脉冲式安全阀由________和________两大部分组成。

20. 安全阀组装后必须进行性能试验，性能试验可分为________、________和________三种。

21. 根据介质流向，旋塞阀分为________、________和________三种。

22. 根据球体结构，球阀可分为________和________两大类。

23. 蝶阀的种类有________、________和________等。

24. 根据结构形式的不同，止回阀可分为________、________和________三种。

25. 生产中常用的减压阀有________、________、________和________等形式。

26. 根据结构和工作原理的不同疏水阀分为________、________和________三大类。

二、选择

1. 高压阀的公称压力是指（　　）。

A. 1～2MPa　　B. 2.5～6.4MPa

C. 10～80MPa　　D. 100MPa 以上

2. 常温阀的工作温度为（　　）。

A. $t<-100℃$　　B. $-100℃\leqslant t<-40℃$

C. $-40℃\leqslant t<120℃$　　D. $120℃\leqslant t<450℃$

3. 利用装在阀杆下面的阀盘与阀体的凸缘部分相配合来控制启闭的阀门称为（　　）。

A. 截止阀　　B. 球阀

C. 安全阀　　D. 闸板阀

4. 截止阀的类型代号为（　　）。

A. L　　B. D

C. J　　D. Z

5. 截止阀试验时应将关闭件开启，并将阀门的一端用盲板堵塞，水从另一端引入，排净阀腔内的空气，属于（　　）试验。

A. 密封性能试验　　B. 压力试验

C. 强度试验　　D. 以上都不是

6. 下列不属于密封面研磨三工序的是（　　）。

A. 粗研磨　　B. 细研磨

C. 精研磨　　D. 一般研磨

7. 最好的磨具材料是（　　）。

A. 软钢　　B. 铜

C. 灰铸铁　　D. 硬木

8. 闸板阀属于（　　）。

A. 调节阀类　　B. 止回阀类

C. 截断阀类　　D. 安全阀类

9. 以下不属于安全阀的性能试验的是（　　）。

A. 强度压力试验　　B. 排放压力试验

C. 密封压力试验　　D. 起跳压力试验

10. 下列关于安全阀校验注意事项说法不正确的是（　　）。

A. 不应有任何泄漏　　B. 介质应清洁

C. 排放口处不准站人　　D. 拧紧螺栓可减少一半

11. 利用带孔的栓塞来控制启闭的阀门称（　　）。

A. 旋塞阀　　B. 截止阀

C. 安全阀　　D. 闸板阀

12. 蝶形阀的碟板能绕其轴旋转（　　）。

A. 60°　　B. 180°

C. 90°　　D. 30°

三、判断

1. 依靠介质自身的能量来使阀门动作的阀门是动力驱动阀。（　　）

2. 大通径阀门的公称通径为350～1200mm。（　　）

3. 碳钢材料的阀门外表应涂成黑色。（　　）

4. 为了使截止阀关闭后严密不泄漏，阀盘和阀座的结合面必须经过研磨，或者使用装有带弹性的非金属材料作为密封面。（　　）

5. 角式截止阀进出口的中心线相互垂直，适用于管路垂直转弯处。（　　）

6. 截止阀适于输送带颗粒及黏度较大的介质。（　　）

7. 截止阀在管路上安装时，应使介质从阀盘的底部进入，从阀盘的上部流出。（　　）

8. 当截止阀密封面划痕深度大于0.05mm时，应先采用精车的办法去掉破坏层，再进行研磨。（　　）

9. 粗研磨时选用W40～W7号研磨粉，表面粗糙度可达到$Ra0.8 \sim 0.4\mu m$。（　　）

10. 最好的磨具材料是灰铸铁。（　　）

11. 研磨时，一般是先用较高的压力和较低的转速进行粗研，然后用较低的压力和较高的转速进行精研。（　　）

12. 装填料时，圈与圈之间的接缝应对齐。（　　）

13. 强度试验压力为公称压力的1.2倍。（　　）

14. 安全阀是一种根据介质工作压力的大小，自动启闭的阀门。（　　）

15. 弹簧式安全阀开启压力的大小是通过调节套筒螺栓的上下位置来改变的。（　　）

16. 弹簧微启式安全阀适用于气体或蒸汽介质的场合。（　　）

17. 弹簧式安全阀适用于高温下工作。（　　）

18. 脉冲式安全阀适用于大口径的管路上和高压的场合。（　　）

19. 安全阀在管路中安装时，阀体应垂直向下，不允许倒置。（　　）

20. 安全阀的强度试验压力为公称压力的2.5倍。（　　）

21. 旋塞阀是利用带孔的栓塞来控制启闭的阀门。（　　）

22. 球阀主要适用于低温、高压及黏度较大的介质和开关要求迅速的管路。（　　）

23. 蝶阀适用于高温高压管路。（　　）

24. 节流阀不宜作切断阀使用。（　　）

25. 隔膜阀适用于腐蚀介质或密封性要求较高的管路。（　　）

四、简答

1. 截止阀由哪些主要零部件组成？

2. 截止阀安装在管路上为什么要“低进高出”？

3. 分别画出标准式、流线式、直线式和角式截止阀的示意图。

4. 截止阀的拆卸顺序是什么？拆卸过程中应注意什么？

5. 阀盘和阀座密封面破坏后应如何处理？

6. 选择和装配填料的要点是什么？

7. 拧紧截止阀阀体和阀盖连接螺栓时应注意什么？

8. 简述截止阀强度和密封性试验的方法。

9. 用研磨剂研磨的原理是什么？

10. 密封面由脆性材料制作，粗研磨时应选用何种规格和种类的磨料？用哪种润滑剂调涂？

11. 按颗粒的大小排出下列磨料的顺序，如作细研磨时，选用哪种规格的为最好？

20#、180#、W7、W28、220#（#—号数，表示颗粒大小）

12. 叙述研磨的操作过程及注意事项。

13. 研磨时常见的缺陷有哪些？应如何消除？

14. 闸板阀由哪些主要零部件组成？

15. 闸板阀根据阀杆的运动形式是如何分类的？各有何优缺点？

16. 闸板阀根据闸板结构是如何分类的？各是如何实现密封的？

17. 闸板阀的拆卸顺序是什么？

18. 闸板阀阀座密封面破坏后应如何处理？

19. 拧紧闸板阀阀体和阀盖连接螺栓时应注意什么？

20. 简述闸板阀水压强度和水压密封试验方法。

21. 安全阀的作用是什么？

22. 弹簧式（全启式和微启式两种）和杠杆重锤式安全阀各由哪些主要零部件组成？在使用过程中各有何优缺点？

23. 弹簧式安全阀有哪些调节机构？各是如何调节的？

24. 弹簧全启式和微启式安全阀的拆卸顺序是什么？

25. 安全阀安装后应做哪些试验？

26. 画出安全阀试验系统示意图。

27. 叙述安全阀的校验程序。

28. 画出三通旋塞阀工作示意图。

29. 固定球球阀和浮动球球阀在结构上有何不同？各有什么优缺点？

30. 蝶阀有哪些主要零部件？

31. 节流阀、隔膜阀和截止阀在结构上有何主要区别？节流阀的使用特点是什么？

32. 常用的止回阀有哪几种？各由哪些主要零部件组成？

33. 隔膜式减压阀和活塞式减压阀的工作原理是什么？

34. 叙述钟形浮子式疏水阀、热动力式疏水阀和热静力式疏水阀的工作原理。

35. 自动阀门和手动阀门在结构上有哪些主要区别？

第四章

管路的安装

第一节　管子的加工

管子在安装前，根据安装需要，一般需经过一定的加工，这些加工包括管子的切割、套螺纹和弯曲等。

一、管子的切割

管子的切割是指按照所需的长度，一定的技术要求，把管子切断的加工方法。其切断方法可分为机械切割与热切割两大类。机械切割又分为锯割、刀切和磨切等；热切割用得最多的是氧－乙炔焰切割（又称气割），此外还有电弧切割和等离子切割等方法。在管路的安装修理中，具体采用哪种方法切割，应根据管径的大小、管子的材料及施工现场条件来决定。管子切割后的技术要求包括以下两个方面：

① 切口端面应平整，不得有裂纹、毛刺、熔瘤及铁屑等。

② 管子的切断平面应与管子的中心垂直。

使用手动工具切割管子时，通常把管子夹持在龙门式的管子台虎钳上，龙门台虎钳的结构如图 4-1 所示。

使用钢锯切割管子时，也可把管子夹持在台虎钳上，但应注意不要把管子夹扁或把表面夹坏，对于管子的外表面要求严格的，夹持最好采用图 4-2 所示办法。锯割时应选择细齿锯条，一般不要在一个方向从开始锯到结束，否则锯齿容易被管壁勾住而造成崩齿，尤其是进行薄壁管子的锯割时更应注意这一点，正确的锯割方法是当锯到管子的内壁时，把管子向推锯的方向转过一个角度后再锯，如此逐渐改变方向，直到锯断为止，如图 4-3（a）、（b）所示。

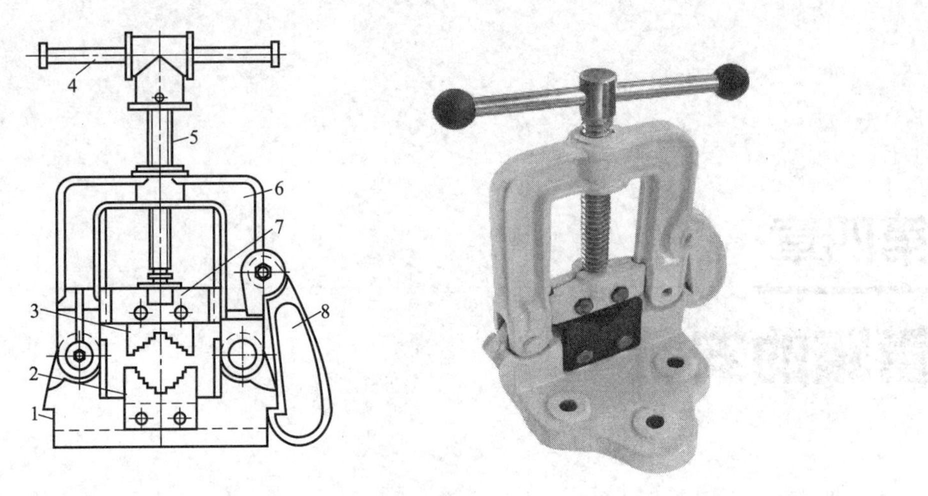

图 4-1 龙门台虎钳

1—底座；2—下虎牙；3—上虎牙；4—手柄；5—丝杠；6—龙门架；7—滑块；8—拉钩

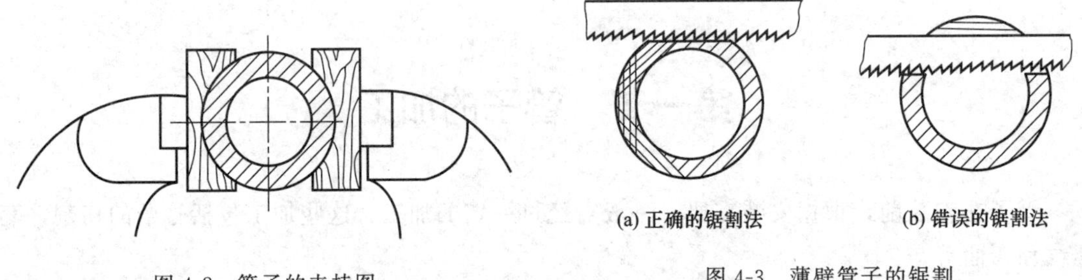

图 4-2 管子的夹持图

图 4-3 薄壁管子的锯割

使用切管器（如图 4-4 所示）切割管子时，把管子放在龙门台虎钳上夹持牢固，根据被切割管子的直径，旋转切管器的手柄，调整好两压轮和切割滚轮之间的距离，将切割轮对准管子上的划线处，拧紧手柄并使切管器整体绕管子的中心线旋转，然后逐渐拧紧，但每次的

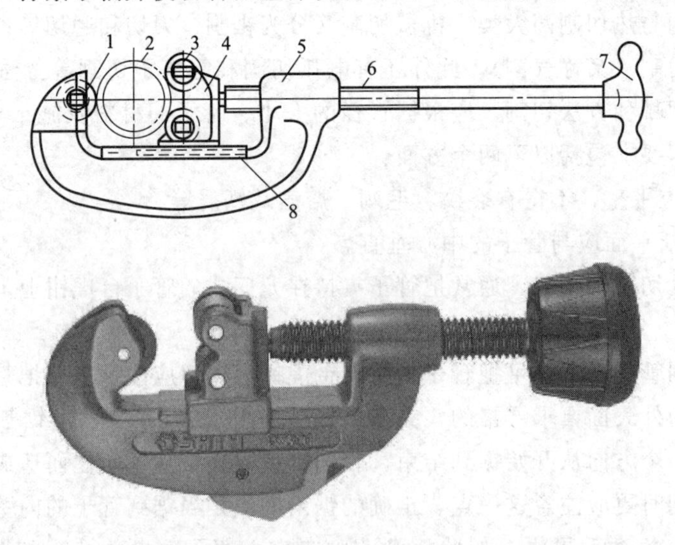

图 4-4 切管器的结构

1—切割滚轮；2—管子；3—压紧滚轮；4—滑动座；5—弯臂；6—压杆；7—手柄；8—滑道

进刀量不宜太大，不断旋转，刀口可加润滑油，并使管子四周环切的深度基本相同，直到管子被切断为止。

用切管器切割管子比锯割速度快，断面整齐，操作简便，切口光滑，并且在切口上自然形成了坡口，对管子的下一步加工提供了方便，但使用切管器切割后的管子内管口易出现缩口现象，使流体阻力增加。因此在要求较高的管路上，应用锉刀或铰刀对管口进行修整。

二、管子的套螺纹

管子的套螺纹就是在管子的端部切削出外螺纹的操作。管子上的螺纹通常是管螺纹，因管螺纹的牙形高度较小，螺纹细而浅，所以管子切削螺纹后，对管壁的影响不大。根据纵向断面形状的不同，管螺纹可分为圆柱管螺纹和圆锥管螺纹两种。

1. 圆柱管螺纹

一般水、煤气管的端部套制的是圆柱管螺纹。圆柱管螺纹的断面形状如图 4-5 所示，尺寸如表 4-1 所示。

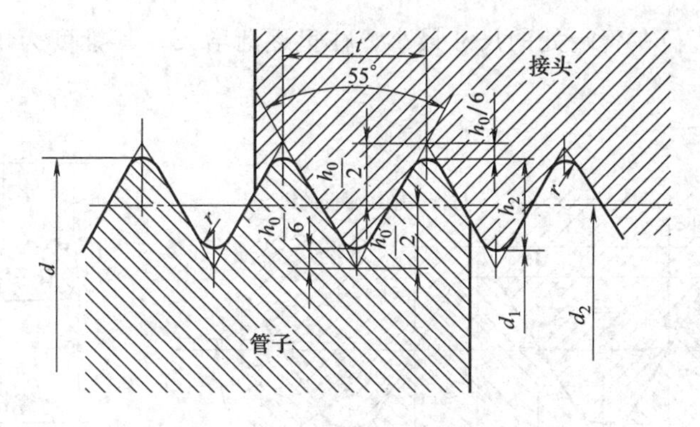

图 4-5 圆柱管螺纹的断面形状

$$h_0=0.96049t \quad h_2=0.64031t \quad r=0.13733t$$

表 4-1 圆柱管螺纹的尺寸

螺纹直径/in	螺纹直径/mm			螺距 t/mm	牙形高度 h_2/mm	圆弧半径 r/mm	牙数	
	外径 d	内径 d_1	中径 d_2				每 in n	每 127mm n_1
(1/8)	9.729	8.567	9.148	0.907	0.581	0.125	28	140
1/4	13.158	11.446	12.302	1.337	0.856	0.184	19	95
3/8	16.663	14.951	15.807	1.337	0.856	0.184	19	95
1/2	20.956	18.632	19.794	1.814	1.162	0.249	14	70
(5/8)	22.912	20.588	21.720	1.814	1.162	0.249	14	70
3/4	26.442	24.119	25.281	1.814	1.162	0.249	14	70
(7/8)	30.202	27.878	29.040	1.814	1.162	0.249	14	70
1	33.250	30.293	31.771	2.309	1.479	0.317	11	55
(9/8)	37.898	34.941	36.420	2.309	1.479	0.317	11	55
5/4	41.912	38.954	40.433	2.309	1.479	0.317	11	55
(1⅛)	44.325	41.367	42.846	2.309	1.479	0.317	11	55

续表

螺纹直径 /in	螺纹直径/mm			螺距 t /mm	牙形高度 h_2 /mm	圆弧半径 r /mm	牙数	
	外径 d	内径 d_1	中径 d_2				每 in n	每 127mm n_1
3/2	47.805	44.847	46.326	2.309	1.479	0.317	11	55
(7/4)	53.748	50.791	52.270	2.309	1.479	0.317	11	55
2	59.616	56.659	58.137	2.309	1.479	0.317	11	55
(9/4)	65.712	62.755	64.234	2.309	1.479	0.317	11	55
5/2	75.187	72.230	73.708	2.309	1.479	0.317	11	55
(1¼)	81.537	78.580	80.058	2.309	1.479	0.317	11	55
3	87.887	84.930	86.409	2.309	1.479	0.317	11	55
7/2	100.334	97.376	98.855	2.309	1.479	0.317	11	55
4	113.034	110.077	111.556	2.309	1.479	0.317	11	55
5	138.435	135.478	136.957	2.309	1.479	0.317	11	55
6	163.836	160.879	162.357	2.309	1.479	0.317	11	55

2. 圆锥管螺纹

圆锥管螺纹的直径在管端处的尺寸最小，往里逐渐增大，其锥度为 1∶16，其断面形状如图 4-6 所示。

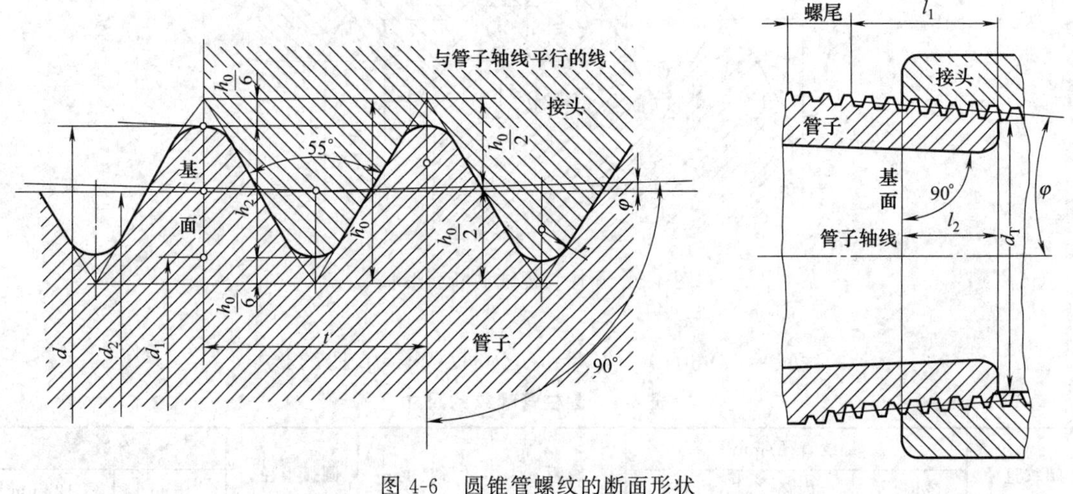

图 4-6 圆锥管螺纹的断面形状

$h_0=0.96024t$ $r=0.1372t$ $h_2=0.64033t$ $\varphi=1°47'24''$ 锥度 $K=(2\tan\varphi)$ 1∶16

圆锥管螺纹中，直径等于相同公称直径的圆柱管螺纹的截面叫做基面。基面以外的螺纹直径大于圆柱管螺纹的直径，而基面以里的螺纹直径小于圆柱管螺纹的直径。如果将带有内螺纹的管件，拧在具有圆锥管螺纹的管子上，拧紧后将成为过盈连接，螺纹连接处的密封将得到可靠的保证，圆锥管螺纹的尺寸见表 4-2。

管螺纹的加工有手工和机加工两种方式。手工加工方式广泛适用于现场的安装和修理工作，手工加工圆柱管螺纹的主要工具是管子铰板（亦称管子板牙架），其外形和结构如图4-7和图 4-8 所示。普通管子铰板有 114 和 117 两种型号，114 型的管子铰板有 1/2～3/4in、1～5/4in 和 3/2～2in 三种板牙，可加工 1/2～2in 的圆柱管螺纹；117 型的管子铰板有 9/4～3in 和 7/2～4in 两种板牙，可加工 9/4～4in 的圆柱管螺纹。除了普通式管子铰板外，管子直径较小的管螺纹还可采用轻便式管子铰板进行套制。

表 4-2　圆锥管螺纹的尺寸

管子尺寸/in	每in牙数 n	螺距 t /mm	螺纹长度/mm		基面上的直径/mm			管端螺纹内径 d_T/mm	螺纹牙的有效高度 h_2/mm	牙尖圆弧半径 r/mm
			工作长度 l_1	自管端至基面 l_2	外径 d	中径 d_2	内径 d_1			
1/8	28	0.907	9	4.5	9.729	9.148	8.567	8.286	0.518	0.125
1/4	19	1.337	11	6	13.158	12.302	11.446	11.071	0.856	0.134
3/8	19	1.337	12	6	16.668	15.807	14.951	14.576	0.856	0.184
1/2	14	1.814	15	7.5	20.956	19.794	18.632	18.163	1.162	0.249
3/4	14	1.814	17	9.5	26.442	25.281	24.119	23.542	1.162	0.249
1	11	2.309	19	11	33.250	31.771	30.293	19.606	1.479	0.317
5/4	11	2.309	22	13	41.912	40.433	38.954	38.142	1.479	0.317
3/2	11	2.309	23	14	47.805	46.326	44.847	43.972	1.419	0.317
2	11	2.309	26	16	59.616	58.137	56.659	55.659	1.419	0.317
5/2	11	2.309	30	18.5	75.187	73.708	72.230	71.074	1.419	0.317
3	11	2.309	32	20.5	87.887	86.409	84.930	83.649	1.419	0.317
4	11	2.309	38	25.5	110.034	111.556	110.077	108.483	1.419	0.317
5	11	2.309	41	28.5	138.435	136.957	135.478	133.697	1.419	0.317
6	11	2.309	45	31.5	163.836	162.357	160.879	158.910	1.419	0.317

普通式管子铰板在使用时，把四块活络的板牙按各自的“座号”嵌在板牙架体 15 上，扳动手柄 1，四块活络板牙便沿板牙架体上的槽，同时向中心合拢或同时向外撑开。在板牙内，还有三块可调节的供定心和导向用的滑动支撑 7，用来保证在套螺纹时板牙架位于管子的正确位置上。滑动支撑的开合是用手柄 13 来控制的。

套螺纹前应精确地调整好板牙的位置，即先将手柄 1 放置在Ⅰ的位置上，然后松开手柄 2，根据所需要的圆柱管螺纹的直径转动面板 8，使面板刻度环 12 上的刻度线对准固定刻度环 9 上的基准线，最后，拧紧手柄 2，使面板 8 与带有夹紧螺栓的偏心滑块固定在一起。平板牙的位置调整适当后，将手柄Ⅰ由Ⅰ的位置旋转到Ⅲ的位置，使四块平板牙从正常工作位置撑开，以便套螺纹时能将板牙套入管子的端部。

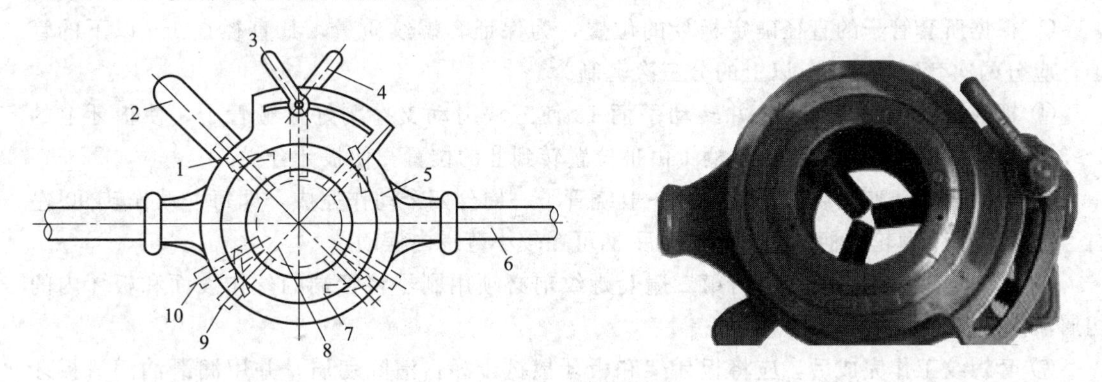

图 4-7　管子铰板的外形

1—板牙滑轨；2—后卡爪滑动手柄；3—标盘固定螺钉手柄；4—板牙松紧装置；5—活动标盘；6—手柄；7—固定盘；8—最大管外径；9—板牙（四块）；10—后卡爪

3. 圆柱管螺纹手工套制的操作步骤

① 把管子夹持在龙门台虎钳上，夹紧力应适当，使套螺纹时管子不随板牙架转动即可。

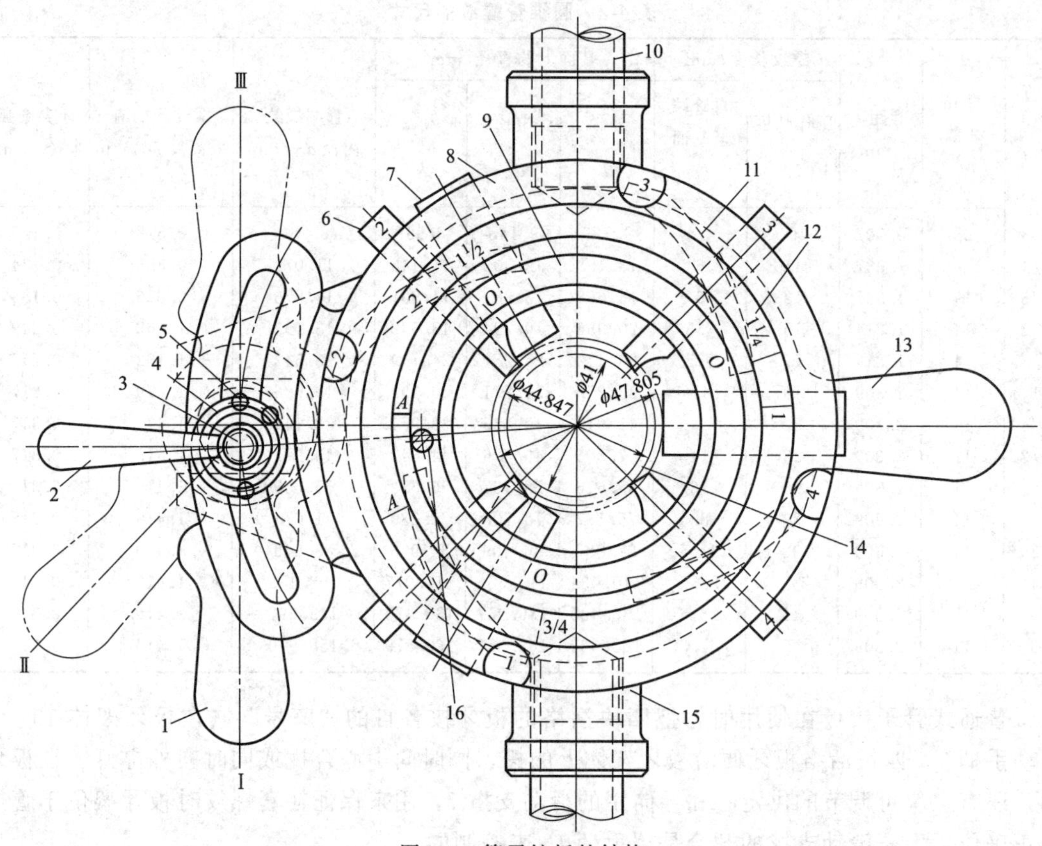

图 4-8 管子铰板的结构

1—合拢或撑开四块平板牙用的手柄；2—夹紧面板用的手柄；3—带有夹紧螺栓的偏心滑块；4—垫圈；5—定位球；6—平板牙；7—定心与导向用的滑动支撑；8—面板；9—固定刻度环（刻有四条基准线）；10—手柄；11—面板反面的四条阿基米德螺旋线形的导轨（供调节四块平板牙用）；12—面板刻度环；13—合拢或撑开三块滑块支撑用的手柄；14—被套螺纹的管子；15—铰板架体；16—紧固螺钉

② 在管子需要套螺纹的部位涂上润滑油。

③ 根据所套管子的直径确定板牙的位置，为保证套螺纹质量，凡直径在 1in 以下的管子，应分两次套制，在 1in 以上的分三次套制。

④ 把板牙架套在管端上，并转动手柄 13 使三块滑动支撑刚好接触管子，使板牙上的 2～3 个切削齿对准管端，再将手柄 1 由Ⅲ位置转到Ⅱ的位置，使板牙合拢。

⑤ 转动板牙架使其绕管子旋转，一般绕管子一周分四个动作完成，即每一动作转 90°左右。如果使用带棘轮手柄的板牙架，则手柄可在较小范围内摆动。

⑥ 第一遍套螺纹后，在进行第二遍套螺纹前必须用刷子将管端的丝扣表面和板牙内的切屑清除干净。

⑦ 套螺纹工作完成后，应将板牙架和板牙擦拭干净，清除切屑，并用润滑油润滑板牙架的所有部位。

三、管子的弯曲

管子的弯曲是指把管子根据需要弯制成一定角度的操作。管子弯曲时，其外侧管壁因受拉伸而变薄，产生拉应力，内侧因受压缩而变厚，产生压应力，在由拉应力变化至压应力的过程中，总有拉压应力均为 0 的一个界面，即中性层，其长度和厚度都不变，故在进行有缝管的弯曲时，应使其接缝位于中性层处。管子弯曲时由于拉伸和压缩作用的结果，在弯管过程中，管子的截面有改变其圆形而成为椭圆形的趋势，如图 4-9 所示。管子椭圆变形后，对内压的抵抗能力将会减弱。因此在弯管时管子的截面不允许有明显的椭圆变形。

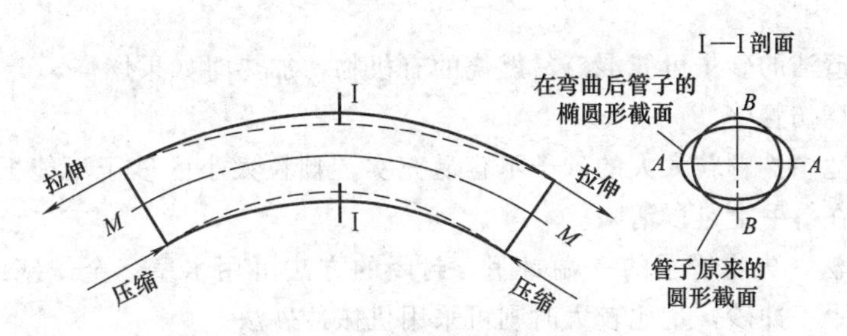

图 4-9 管子弯曲时截面的变化

（一）管子弯曲后的技术要求

① 弯曲角度准确。

② 被弯曲处的外表面要平整、圆滑，没有皱纹和裂缝。

③ 弯曲处的截面没有明显的椭圆变形。

（二）管子的弯曲方法

管子的弯曲有热弯和冷弯两种方法，现分述如下。

1. 管子的热弯

管子的热弯是指把管子加热到一定的温度后，再进行弯曲的加工方法。管子的热弯适用于公称直径较大的管子和壁较厚的高压管子。管子的热弯可分为有皱折热弯和无皱折热弯两种。

（1）管子的无皱折热弯

管子的无皱折热弯适用于公称直径 400mm 以下的管子，其弯曲半径为：中低压管路 $R \geqslant 3.5DN$，高压管路 $R \geqslant 5DN$。其主要操作过程包括划线、冲砂、加热、弯曲、冷却和热处理等。

① 管子的划线。管子的划线是指在管子的待弯曲部分作上标记的操作过程。如图 4-10 所示是 90°弯头的划线实例。管子的弯曲长度可以根据公式算出，即

$$L=0.0175aR$$

式中，L 为管子弯曲部分中性层的长度，mm；a 为管子的弯曲角度，(°)；R 为管子弯曲部分中性层的弯曲半径，mm。

划线的方法如图 4-10 中实线部分所示，沿管子的中心线由管端起，量出接管部分的直线长度 L_1（不应少于 300mm，图中 $L_1=1200$mm）划线，该线即为弯管的起始点 K_1，然后由 K_1 点向右量取由上式算得的弯曲部分的长度 L（$L=0.0175\times90\times1000=1570$mm）再划线，该线即为弯管的终点 K_2。

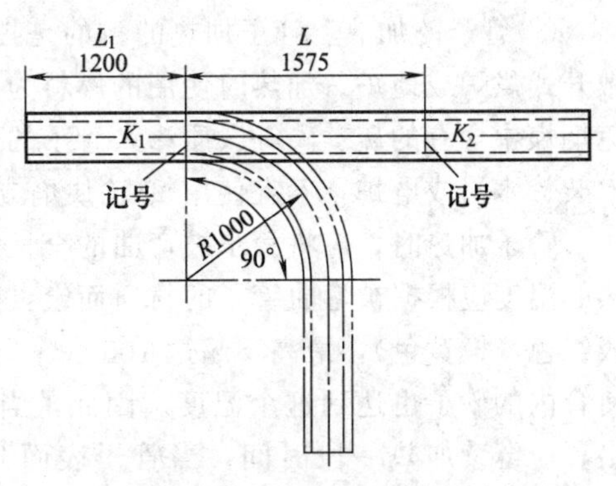

图 4-10 管子弯曲时的划线

② 管子的冲砂。管子的冲砂是指把待弯曲管子内部充满并打实砂子的操作过程。

a. 冲砂的目的。冲砂的目的是防止在弯曲过程中产生过度的椭圆变形和皱折，同时砂子在加热时能储存大量的热量，从而可延长弯曲操作的时间。

b. 对砂子的技术要求：

• 干燥。管子冲砂所用的砂子必须干燥，潮湿的砂子加热时会产生大量的蒸汽，使管子有爆裂的危险。

• 清洁。不清洁的砂子可能混有易燃烧的有机物，加热时如果燃烧，会在管内形成局部空洞，有时还会烧伤管壁。

• 颗粒均匀适中。颗粒太大的砂子不容易充实，颗粒太小的砂子不能抵住压扁的变形，并且还容易烧结在管壁上难以清除。

c. 冲砂的方法。先将管子的一端封闭，封闭的方法可用木塞、金属塞或焊接。对于少量的管子可采用手工冲砂，量比较大时则可采用机械冲砂法。

手工充砂时，一般每充装 300～400mm 管长，都要用手锤或振荡器敲打或振动管壁，以使砂子尽量充得密实些。当用手锤敲击管壁时发出的声音较沉闷，说明管子内充砂密实。如果声音空而尖，则还需继续敲打振动充砂。充砂完毕后，把管子的另一端封闭。机械充砂如图 4-11 所示。

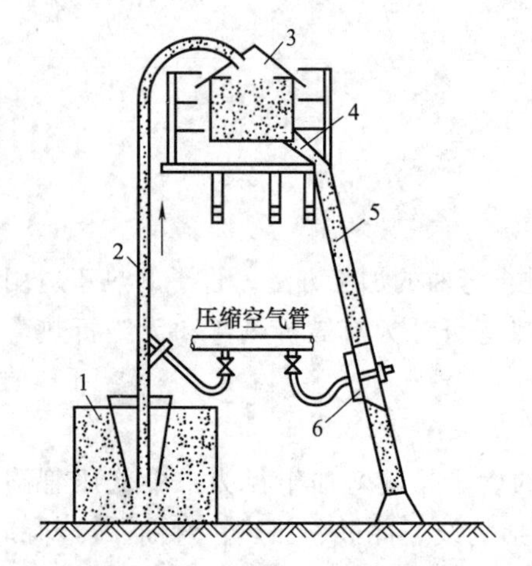

图 4-11 机械充砂法的充砂台

1—砂箱；2—输砂管；3—砂斗；4—漏斗；5—被充砂管；6—振荡器

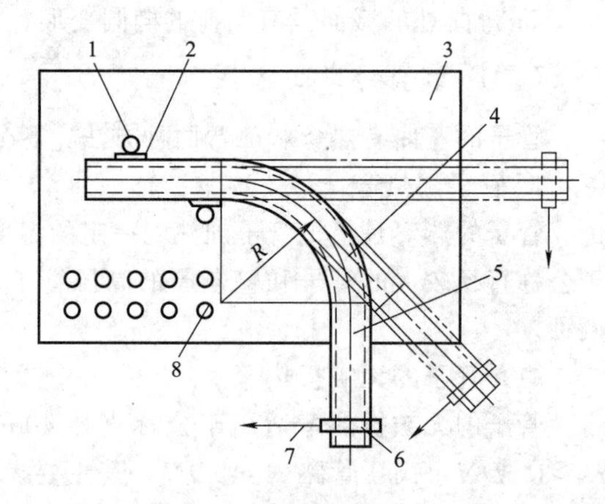

图 4-12 采用样杆的弯管法

1—插销；2—垫片；3—弯管平台；4—待弯曲的管子；5—样杆；6—卡箍；7—拉绳；8—插销孔

③ 管子的加热。管子加热的目的是提高管子的塑性，便于管子的弯曲加工。加热常用敞开式烘炉或地炉。加热时使用的燃料为焦炭、无烟煤或木炭。但不可使用烟煤作燃料，以免烟煤中含有的硫、磷等杂质渗入管子的表面金属中，使管子变脆。铜、铝管的加热应采用木柴、木炭或电炉，不宜使用氧-乙炔焰或焦炭。

管子加热时，应将管子被弯曲的全长均匀地加热，并不断地转动管子使其均匀受热，加热的温度应根据被弯曲管子的材质而定：碳钢管和低合金钢管加热温度为 950～1000℃（呈淡红色或橙黄色），最高不超过 1050℃；不锈钢钢管加热温度为 1100～1200℃。加热时还应使管内的砂子也达到这个温度。因此，当管子加热开始变为淡红色时，不应立即将管子取出，应继续加热一段时间，当管子表面开始有蛇皮状氧化皮脱落时，再将管子取出进行弯曲。

碳钢管的加热温度可根据其颜色查表 4-3 进行估计。

表 4-3 碳钢管的加热温度和加热后的颜色对照

温度/℃	550	650	700	800	900	1000	1100
发光颜色	微红	深红	樱红	浅红	深橙	橙黄	浅黄

④ 管子的弯曲。管子的弯曲是在弯曲平台上进行的，由于弯曲时的施力较大，因此弯曲平台必须具有坚固的基础。常用的弯管平台有混凝土的和铸铁的两种，混凝土平台有牢固的钢插销被浇铸在混凝土中，而铸铁平台上有许多圆孔或方孔，供插入活动钢插销用，钢插销作为弯管时的支撑点。

弯管时，将加热后的管子放在平台上，把不需要弯曲的部分用水冷却，并将管子夹在钢插销之间，如图 4-12 所示。为了不至于把管子夹坏，可在钢插销与管子之间加一个保护垫片（木板或钢板），弯曲时可用人力或卷扬机，拉力的方向应与管端的中心线相垂直。在弯管过程中用力一定要均匀，弯曲的角度可用样杆来检验，样杆可用细钢筋或细管子等材料制作，其弯曲半径应等于管子中性层的弯曲半径，弯曲角度应与弯管的设计角度相同，并在样杆上作出始点与终点的标记。检验时应将样杆放在弯管的中性层处。管子已经弯曲到所需要的半径时，应当用水局部冷却，使该处管壁硬化不会再被弯曲，而没有弯曲或弯曲不够处，可以继续弯曲，但合金管弯曲过程中，不能用水急冷，以免在金属内部出现微小的纤维裂纹。如果管子的弯曲角度过小，可沿弯曲部分的外侧浇水，使其冷却收缩而自行弯曲。

在管子的弯曲过程中，管壁若出现皱折、凹陷或椭圆变形，应立即停止弯曲，待查明原因并消除后才能继续弯曲，产生这些缺陷的原因一般是冲砂不实或加热温度不够。

管子弯曲后，应比样杆多弯 3°～5°，以防止在冷却过程中自行回弯。

弯管时的下限温度：碳钢管为 700℃；低台金钢管为 750℃；不锈钢管为 710～980℃。如果管子在弯曲过程中降至以上温度，应立即停止弯曲，再行加热后才能继续弯曲。

当需要成批弯制管径、弯曲角度和弯曲半径相同的管子时，可用样板进行弯曲，如图 4-13 所示。样板可用厚度较大的扁钢、钢板或铸铁按所需形状制成。弯管时，先用钢插销将样板固定在弯管平台上，然后令管子沿样板进行弯曲，这样既保证了质量，又提高了生产效率。

对有缝管进行弯曲时，其焊缝的位置应按图 4-14 所示的几种位置摆放，以免焊缝在弯曲过程中开裂。

⑤ 管子的冷却和除砂。将管子弯曲后，应使其缓慢冷却，一般是在空气中冷却。待管子完全冷却后，便可将管内的砂子倒出来重新过筛，供其他管子冲砂用。砂子倒空后，应将管子进行锤击，特别是在弯曲的地方应多加锤击，然后用钢丝刷将管内所残留的烧结的砂子除去，最后用压缩空气吹净，对于重要管子的弯制，为了把管壁内清除得更干净，可在机械清理后用 5%的盐酸处理，再用碱水中和，最后用流动水清洗。把弯管内部清理干净后，应检查弯曲的正确性以及有无其他缺陷。

⑥ 管子的热处理。碳钢管弯曲后一般无须进行热处理，但合金钢管则必须进行热处理。热处理的目的是使管子在弯曲过程中被损坏的组织恢复正常，以及消除在弯管过程中产生的内应力。热处理的方法是先正火再回火或完全退火，如果弯曲完毕时的温度不低于 930℃，则金属组织不会损坏，只回火消除内应力即可。对于不锈钢管，热弯后必须进行淬火处理。

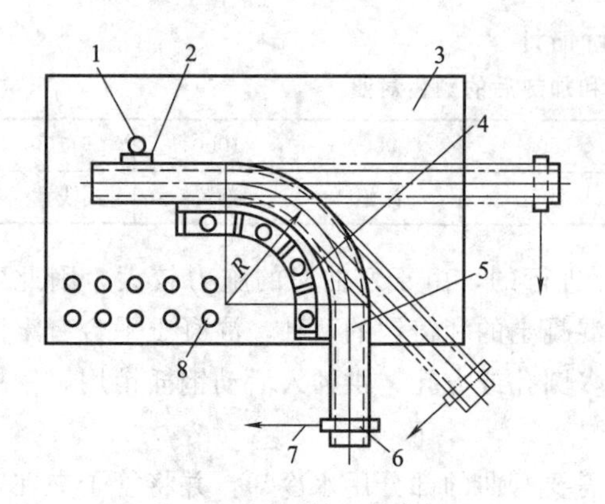

图 4-13 采用样板的弯管法

1—插销；2—垫片；3—弯管平台；4—样板；
5—待弯曲的管子；6—卡箍；7—拉绳；8—插销孔

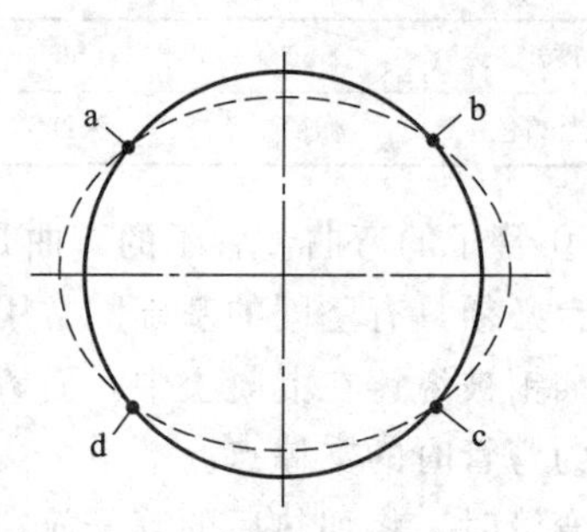

图 4-14 有缝管弯曲时焊缝的摆放位置

a～d—管子的焊缝

(2) 管子的有皱折热弯

管子的有皱折热弯适用于公称直径 100～600mm 的中低压管子的弯制，其弯曲半径$R\geqslant 2.5DN$。有皱折热弯时，操作工序较少，工具简单，不需要对管子进行冲砂，加热时用氧-乙炔焰即可。其主要操作过程分为划线、加热和弯曲，现分述如下。

① 管子的划线。划线前应先根据管子的公称直径和弯曲半径，从表 4-4 中查出皱折弯曲时的各项尺寸和皱折个数，然后在管子上进行划线，确定出皱折的加热界限，如图 4-15 所示。

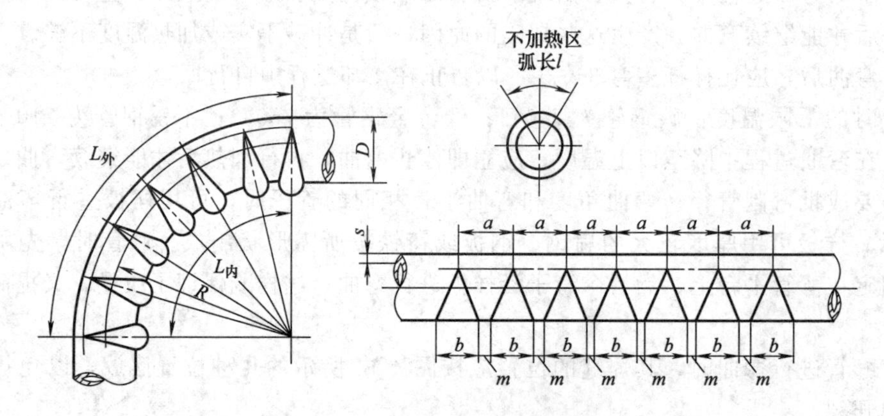

图 4-15 管子有皱折弯曲的划线

② 管子的加热和弯曲。管子划线后，用氧-乙炔焰将皱折处局部加热到 800℃（浅樱红色），然后在弯管平台上进行弯曲，弯制时，管子的外侧用水来冷却，每加热好一个皱折后，就立即弯制另一个皱折，对已经弯制好的皱折也应用水进行冷却，依次下去，直到把所有皱折弯制好为止。

管子上的每一个皱折的弯曲角度，是由弯曲总角度除以皱折的个数而确定的。对管子进行有皱折热弯的方法，不适用于高压管子。

2. 管子的冷弯

管子在常温下进行的弯曲加工称为冷弯。管子冷弯的加工方法适用于公称直径 100mm 以下的管子，其弯曲半径 $R\geqslant 4DN$。一般情况下，冷弯可以在不冲砂的状态下进行，但对于公称直径较大、壁较薄的管子冷弯时，仍需要冲砂。管子的冷弯方法可分为无型芯杆冷弯和有型芯杆冷弯两种方法。

表 4-4 有皱折弯管的尺寸（$R=2.5DN$） mm

管子公称直径	管子规格	弯曲半径	节距长度	外圆弧的长度	内圆弧的长度	皱折个数	加热最大宽度	不加热的最小宽度	不加热区的弧长
100	108×4	250	117	470	310	5	89	28	50
125	133×4	312	120	600	385	6	92	28	65
150	159×4.5	375	143	715	465	6	111	32	80
200	219×6	500	192	960	615	6	150	42	115
250	273×7	625	240	1200	765	6	191	49	140
300	325×8	750	213	1275	925	7	156	56	170
350	377×8	875	239	1670	1080	8	182	56	200
400	426×9	1000	271	1900	1235	8	208	63	220
450	476×9	1125	268	2140	1390	9	204	63	250
500	529×9	1250	265	2380	1545	10	202	63	270
600	631×10	1500	285	2850	1865	11	215	70	330

（1）无型芯杆冷弯法

无型芯杆冷弯装置如图 4-16 所示，弯曲时，将管子放在工作扇轮 4 和滚轮 3 的两半圆槽中间（圆槽的半径应和管子的外圆半径相同，以防弯管过程中管子变为椭圆形），并用夹子 2 将管子固定在工作扇轮 4 上。在弯管过程中，可以转动工作扇轮 4，而滚轮 3 的轴固定不动；也可以使滚轮 3 的轴绕着工作扇轮 4 的轴转动，而工作扇轮不动。前一种弯管方式大多用于机动弯管，弯曲力量较大，因此可以冷弯外径小于 83mm 的管子；后一种弯管方式只适用于手动弯管，因此可用于弯曲外径在 38mm 以下的管子。

（2）有型芯杆冷弯法

有型芯杆的冷弯装置如图 4-17 所示，弯管时，先将管子 1 套在型芯 5 上，并用夹子 2 将管子固定在工作扇轮 6 上，管子的待弯部分被工作扇轮 6 的半圆槽和导槽 3 所持，工作扇轮 6 在转动时带动管子向左方移动，并使管子被迫弯曲。在弯管过程中，型芯 5 的球面端头应始终位于剖面线 A—A 上，以防止管子产生裂纹或椭圆变形。在型芯和管子内壁之间应

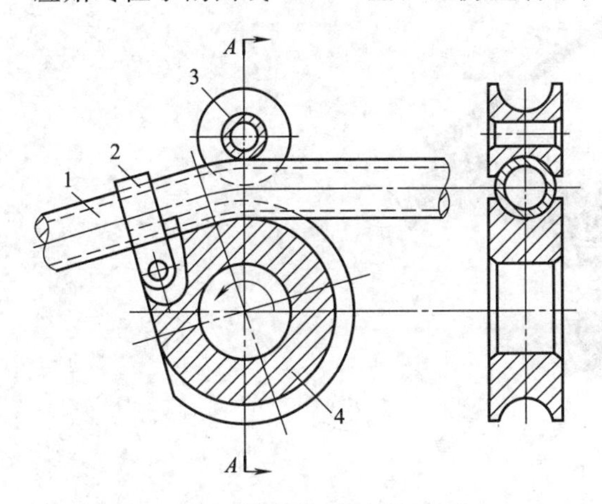

图 4-16 管子的无型芯杆弯曲

1—管子；2—夹子；3—滚轮；4—工作扇轮

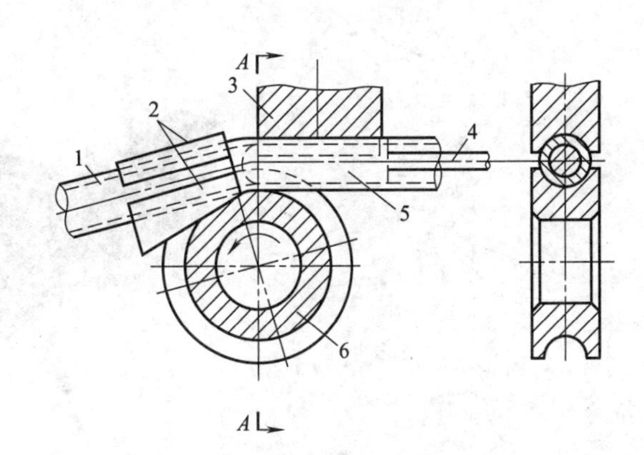

图 4-17 管子的有型芯杆弯曲

1—管子；2—夹子；3—导槽；4—型芯杆；5—型芯；6—工作扇轮

有约 2mm 的径向间隙，以避免型芯与管子卡住。这种弯管方式主要适合在电动弯管机上弯曲外径为 38～108mm 的管子。管子进行冷弯时需要根据不同的管径和不同的弯曲半径来选用相应的工作扇轮、滚轮和导槽。一般电动弯管机都配有一整套工作扇轮、滚轮和导槽，以便在弯管时选用。

3. 弯管机

弯管机是对管子进行弯曲时，所使用的机械，按照驱动方式不同可分为手动弯管机和电动弯管机两种。

(1) 手动弯管机

手动弯管机如图 4-18 所示。手动弯管机适用于弯制外径在 32mm 以下的无缝钢管和公称直径在 1in 以下的水、煤气钢管。使用手动弯管机时，把管子的一端插入工作扇轮和活动滚轮之间，并用夹子 6 夹住管子，然后，围绕工作扇轮 1 的轴转动手柄 4，由夹叉 3 带动活动滚轮 2 一起转动，这时管子即被弯曲，直到弯曲到所需要的角度为止。

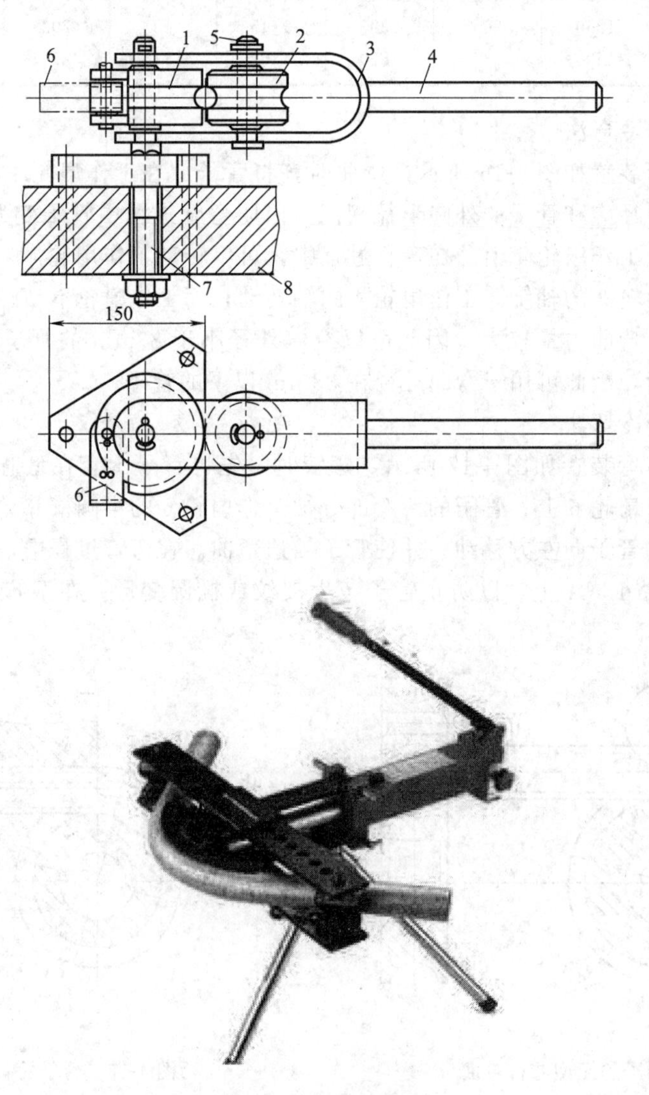

图 4-18 手动弯管机

1—工作扇轮；2—活动滚轮；3—夹叉；4—手柄；5—轴；6—夹子；7—螺栓；8—工作台

手动弯管机一般只有一对工作扇轮和活动滚轮，所以只能对一种管径的管子进行弯曲，管子最大弯曲角度可达 180°。

(2) 电动弯管机

电动弯管机的结构如图 4-19 所示。电动弯管机适用于弯制外径为 32～83mm 的无缝钢管和公称直径为 1～3in 的水、煤气钢管。使用电动弯管机时，把待弯曲的管子套在型芯杆 8 上，旋转丝杠 6，使导槽 20 与管子接触，管子的一端通过管子夹持器 13 被固定在工作扇轮 19 上，然后启动电动机 12，扳动手柄 7，使离合器正接，这时，工作台 4 与工作扇轮 19 和被夹持的管子一起旋转，进行弯管工作。当完成管子的弯曲角度时，工作台 4 上的自动停车挡块 3 碰触端开关，离合器被打开，工作台 4 停止转动，即可将弯制好的管子卸下，最后，

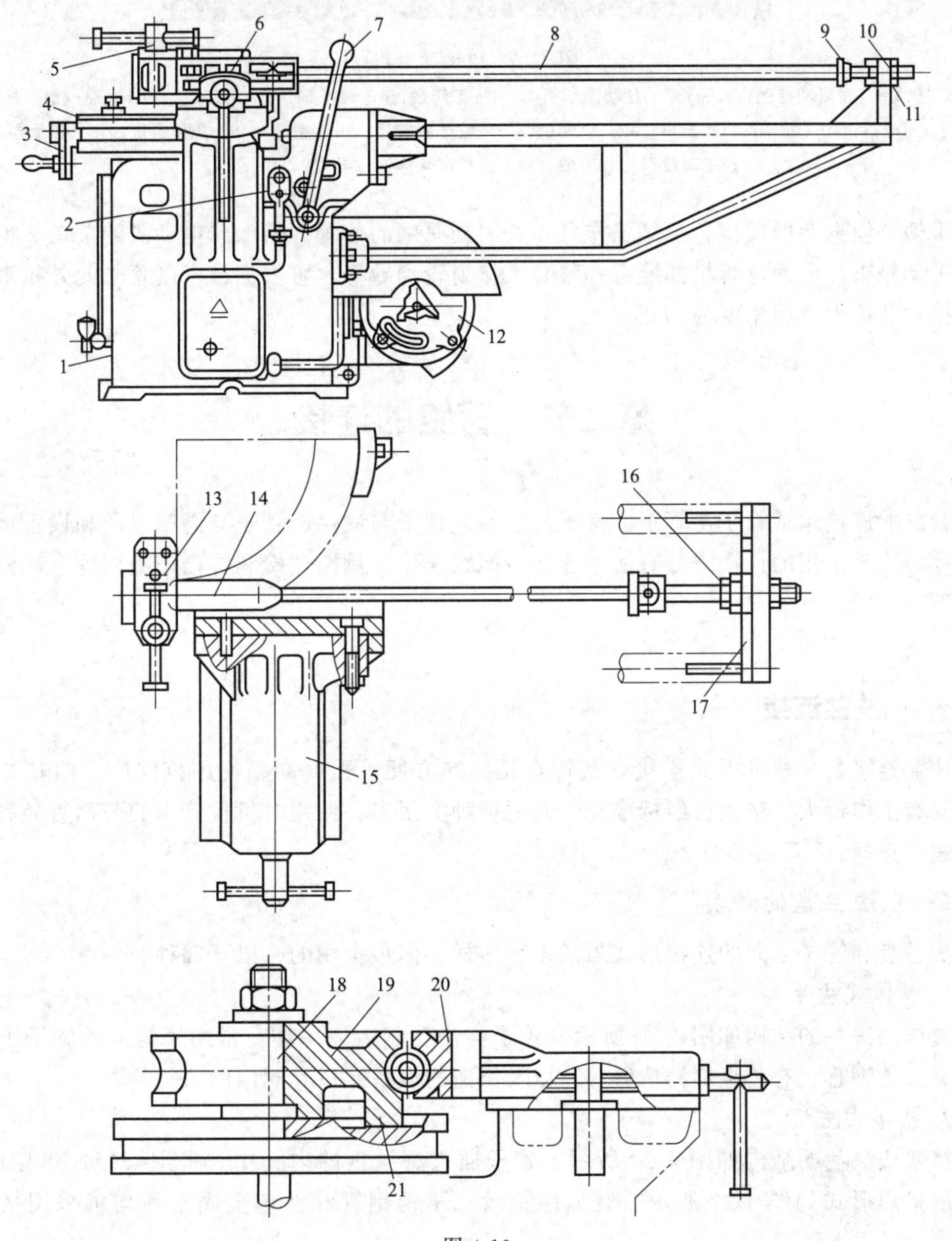

图 4-19

图 4-19 电动弯管机

1—机身；2—启动与停止按钮；3—自动停车挡块；4—工作台；5—偏心轴；6—丝杠；7—手柄；8—型芯杆；9—定位器；10—托架；11—螺母；12—电动机；13—管子夹持器；14—型芯；15—压紧滑块；16—指示器；17—刻度尺；18—轴；19—工作扇轮；20—导槽；21—凸块

转动手柄 7 使离合器反接，于是工作台 4 就回到原来的位置。借助于电动机的按钮 2 也可以进行手动停车。电动弯管机都配有一整套工作扇轮和导槽，可根据被弯制管子的外径来选用或更换，其最大弯曲角度为 180°。

第二节 管路的连接

管路的连接包括管子与管子、管子与管件、管子与法兰、管子与阀门以及和设备接口的连接等。通常采用的连接方法有法兰连接、螺纹连接、承插连接和焊接连接四种。现分别介绍如下。

一、 法兰连接

法兰连接是一种可拆式连接，其特点是拆卸方便、强度高、使用范围广，但其结构复杂，安装工作量大。法兰已经标准化，其规格种类很多，使用时可按管子的公称直径和公称压力进行选择。

（一）法兰盘的种类

法兰盘和管子之间的连接形式虽然多种多样，但最常用的有以下四种。

1. 整体式法兰

整体式法兰的结构如图 4-20 所示，管子与法兰制造成一体，常用于铸造的管子上（如铸铁管、铸钢管、有色金属铸造管等）以及铸造的设备接口和阀门的法兰等。

2. 搭接式法兰

搭接式法兰的结构如图 4-21 所示，管子插入法兰盘的内孔中，采用搭接式焊接而成，常用的搭焊形式如图 4-22 所示。普通碳钢管、不锈钢管和有色金属管等均可采用搭接式法兰。

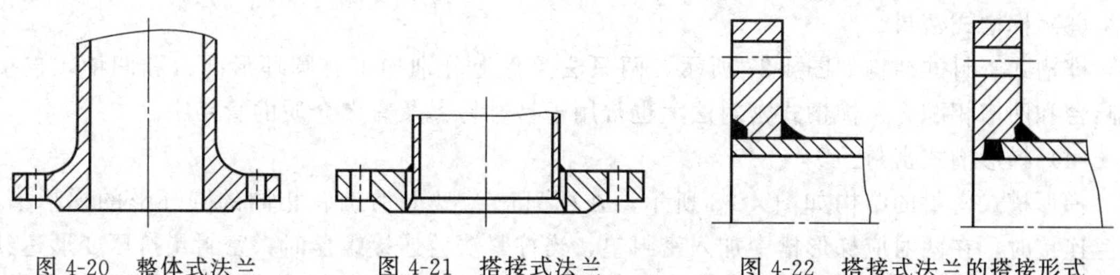

图 4-20　整体式法兰　　图 4-21　搭接式法兰　　图 4-22　搭接式法兰的搭接形式

3. 松套式法兰

松套式法兰又称活套式法兰，其结构如图 4-23 所示，它是先在管子的端部搭焊一个金属环或直接在端口翻边，依靠套在管子外径上的法兰起连接作用。松套式法兰连接适用于硅铁管、耐酸陶瓷管和有色金属管的连接。

4. 螺纹法兰

螺纹法兰的结构如图 4-24 所示，是依靠法兰盘内孔上的内螺纹与管子端部的外螺纹相配合而连接起来的。

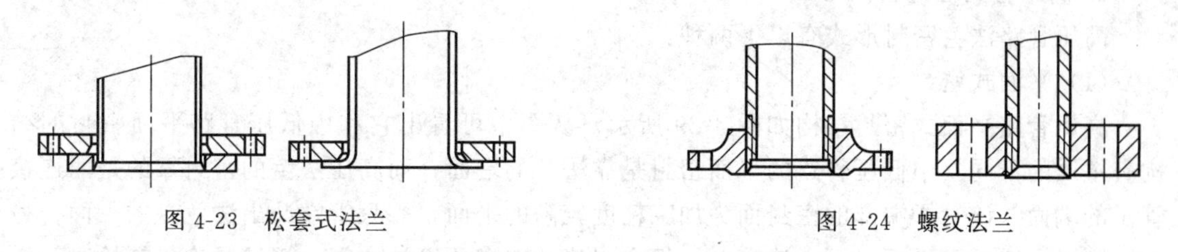

图 4-23　松套式法兰　　图 4-24　螺纹法兰

整体式法兰、搭接式法兰和松套式法兰均用于生产中中低压管路的连接上，而螺纹法兰多用于生产中的高压管路上。

（二）法兰密封面的形式

法兰密封面的形式有两种：中低压管路连接是靠法兰端面密封的；高压管路连接是靠管子端面密封的。

1. 中低压法兰的密封形式

中低压法兰密封面的形式常见的有以下几种：

(1) 平面式密封

平面式密封的结构如图 4-25 所示，它具有一个凸出的粗糙度比较细的密封面，并在密封面上开有圆环形的沟槽。当拧紧法兰连接螺栓时，夹在法兰之间的垫片被挤压进沟槽中，提高了其密封性能。

(2) 凹凸面式密封

凹凸面式密封的结构如图 4-26 所示，两只法兰分别加工有凹的和凸的密封面，连接时，一只法兰的凸面和另一只法兰的凹面相配合，提高了两法兰的对中性。凹凸面式密封的法兰常用于易燃易爆及有毒介质的管路中。

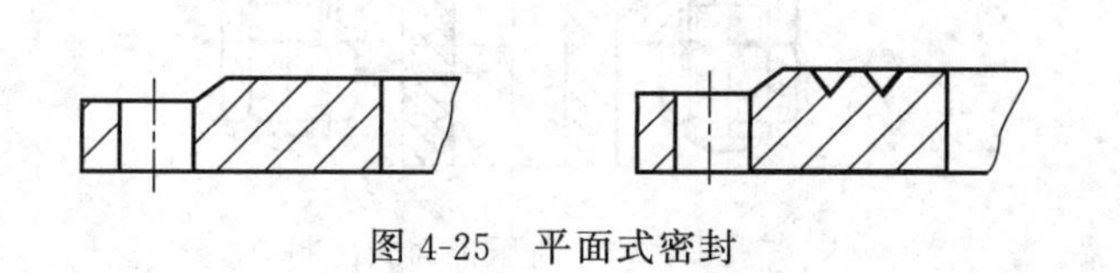

图 4-25　平面式密封

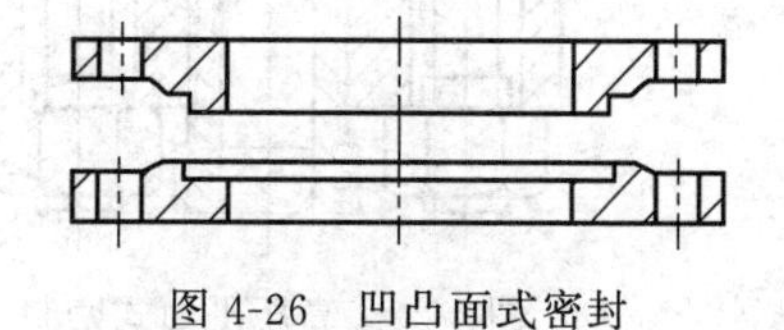

图 4-26　凹凸面式密封

(3) 榫槽式密封

榫槽式密封的结构如图 4-27 所示，两只法兰盘上分别加工有圆环形凸台和凹槽，连接时凸台和凹槽相配合。榫槽式密封法兰也常用于易燃易爆及有毒介质的管路中。

(4) 梯形槽式密封

梯形槽式密封的结构如图 4-28 所示，在两只法兰盘上加工有相同的圆环形的梯形槽，法兰连接时，在两对应梯形槽中加入密封垫，当拧紧法兰连接螺栓时，密封垫挤压变形达到密封效果。梯形槽式密封法兰主要用于高温高压的输油管路上。

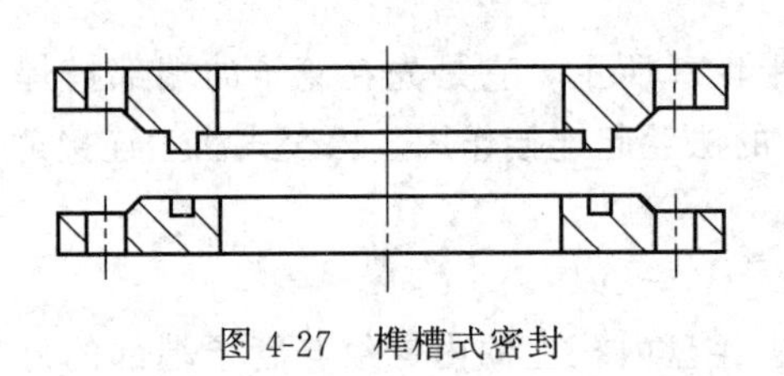

图 4-27 榫槽式密封

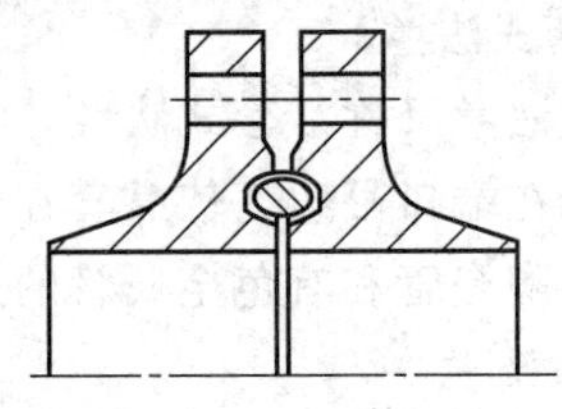

图 4-28 梯形槽式密封

2. 高压管路法兰密封形式

高压管路法兰密封形式有以下两种：

(1) 平面式密封

高压管路平面式密封结构如图 4-29 所示，从图中可看出它和中低压管路平面密封的结构有本质的不同，中低压管路的平面密封是靠法兰的端面，而高压法兰的密封靠的是两连接管子的端面。该管子端部的密封面为加工精度较高的平面，一只管端凸出法兰盘的平面；另一只则凹入法兰盘平面以下。连接时，把金属垫片夹在两管端之间，当拧紧连接螺栓时，靠金属垫片的挤压变形达到密封的目的。

(2) 锥面式密封

高压管路的锥面密封如图 4-30 所示，两管子端部的密封表面是凹锥台面，该锥面进行了磨光。锥面密封面的垫片是金属制作的，其表面制成球面形（称透镜垫），该球面和两管端的锥面的表面粗糙度达到 $Ra1.6\mu m$ 以上。由于两管端是锥面，而垫片是球面，因此安装后管端和垫片的接触为圆环形线接触。故在安装前，应将垫片的球面上涂上显示剂，然后把其压在两管端锥面上各转动一周，查看所得的痕迹是否为完整无间断的环形线，否则，应予以修理。

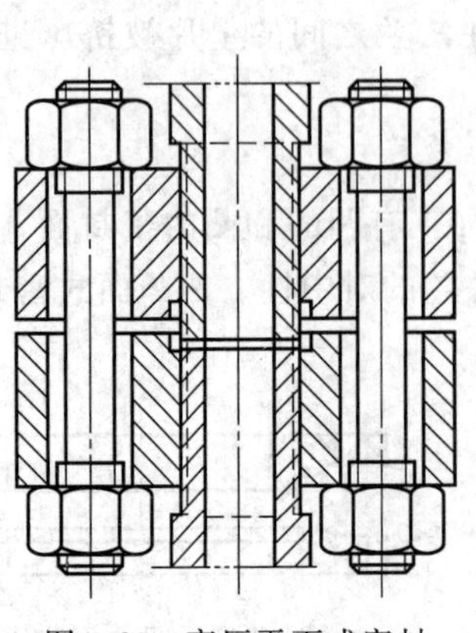

图 4-29 高压平面式密封

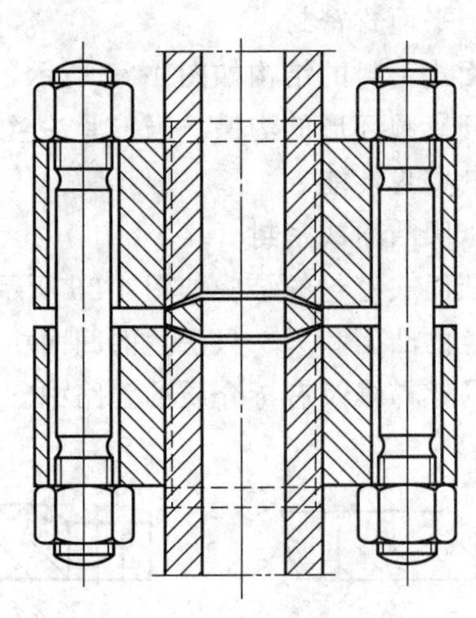

图 4-30 高压锥面式密封

（三）法兰连接的密封垫片

阀体与阀盖之间法兰的密封或者阀门端法兰与管道法兰之间的密封通常称为阀门静密封（阀杆密封为动密封）。为了保证法兰连接的密封性，在两法兰之间必须加密封垫片，密封垫片的材质、种类、适用范围以及制作方法都会影响到密封的可靠性。

垫片根据制作材质可分为非金属垫片、半金属垫片和金属垫片三大类。其中，非金属垫片包括石棉绳、石棉板、橡胶石棉板、橡胶板和塑料板等；半金属垫片包括金属包石棉垫片和缠绕式垫片等；金属垫片包括金属平垫、齿形垫、八角垫和透镜垫等。

1. 传统密封垫片

（1）石棉绳和石棉板垫片

石棉绳和石棉板垫片一般用在温度为500～600℃，接近常压的管路上，使用量较少。

（2）橡胶石棉板垫片

橡胶石棉板垫片广泛用于空气、蒸汽、煤气、氢气、盐水及酸、碱等介质的管路中，常用的有高压、中压、低压和耐油橡胶石棉板等。橡胶石棉板一般适用于350℃以下，耐油橡胶石棉板一般用于200℃以下，而高温耐油橡胶石棉板使用温度可达350～380℃。橡胶石棉板经过浸蜡处理后，也可用于低温，其最低温度可达－190℃。

橡胶石棉板适用的压力范围与法兰密封面形式有关，对于光滑密封面法兰，橡胶石棉板的适用压力不应超过 25×10^5Pa，对于凹凸面和榫槽面型法兰，适用压力可以达到 100×10^5Pa。

橡胶板垫片富有弹性，密封性能好，适用于铸铁阀门的法兰和压力小于 10×10^5Pa 的管路法兰中。

（3）橡胶板垫片

橡胶板有普通橡胶板、耐酸橡胶板、耐油橡胶板和耐热橡胶板四种，规格及适用范围见表4-5。

表4-5 橡胶板的规格和适用范围

名称	规格(厚度)/mm	适用温度/℃	适用介质
普通橡胶板	0.5,1,1.5,2,2.5,	40	压力小于 30×10^5Pa
耐酸橡胶板	3,4,5,6,7,8,10,	－30～＋60	浓度小于20%的酸碱液
耐油橡胶板	12,14,16,18,20,	－30～＋100	机械油、汽油、变压器油
耐热橡胶板	22,24,30,40,50	－30～＋100	压力不高的蒸汽、热空气

（4）塑料板垫片

塑料板垫片主要用于水管及酸碱管路上。常用的塑料板有聚氯乙烯垫片、聚乙烯垫片和聚四氟乙烯垫片等，使用时应根据被输送介质的性质和操作温度进行选用。

（5）金属包石棉垫片

金属包石棉垫片常用的金属外壳有0.35mm左右的铁皮、合金钢、铝、铅或铜等，内芯为石棉板或橡胶石棉板，其厚度为1.5～3mm，宽度可按橡胶石棉板的标准制作，或按法兰密封面的尺寸制作。其截面形状有平面垫片和波形垫片两种。金属包石棉垫片一般都是现场制作，适用温度为300～450℃，压力可达 40×10^5Pa，一般用于450℃以下的油品或蒸汽管路上。

（6）缠绕式垫片

缠绕式垫片的制作简单、价格便宜、检修方便，对法兰密封面的粗糙度要求不高，具有多道密封作用，密封性能好，是一种比较理想的中压垫片。

这种垫片是用“M”形截面的金属带及非金属填料带间隔螺旋缠绕而成的，如图 4-31 所示，它具有多道密封作用，弹性较大且密封接触面小，所需螺栓紧固力小，当压力和温度波动或螺栓稍有松弛时，因垫片回弹，仍能保持良好密封。

与该垫片配合的法兰密封面，在公称压力为 25×10^5Pa 以下时，可以为光滑面，在25×10^5Pa 以上时，应为凹凸面。用于光滑法兰的缠绕式垫片，可在其内外圆加定位环，定位环是用金属制作的，加定位环后，既便于安装定位，又可防止垫片被介质冲坏以及在安装和运输过程中变形或松散。

这种垫片的缺点是由于焊点不牢而易发生松散，特别是大直径的垫片更容易扭曲松散，内芯填料在高温条件下易变脆，甚至断裂而造成泄漏，安装时要求较高，法兰不能有较大的偏口，螺栓的拧紧力必须均匀且不能太大，否则会造成垫片破坏，丧失弹性而影响密封。

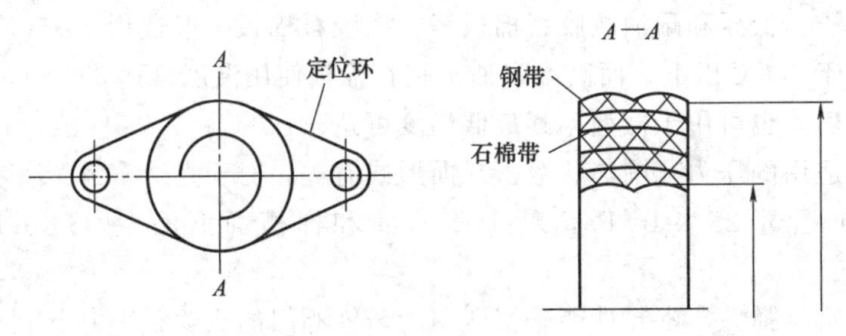

图 4-31 缠绕式垫片

(7) 金属平垫片

金属平垫片的材质一般为软金属，常用的有紫铜、铝和铅等。其特点是形状简单，制作容易，所需螺栓预紧力大，易使法兰变形，且不能承受温度压力的波动。安装前，应经过退火处理，以降低其硬度。

(8) 金属齿形垫片

金属齿形垫片主要用于凹凸面法兰。该垫片的齿形为密纹同心圆（如图 4-32 所示），密封性能好。常用的材质有 Q235、10、0Cr13 和 1Cr18Ni9Ti 等。其硬度需小于法兰密封面硬度，厚度为 3～5mm，一般用于压力较高的部位。其缺点是对法兰的安装要求较高，所需螺栓预紧力大，大直径垫片制作困难，温度和压力波动时，密封性能下降。

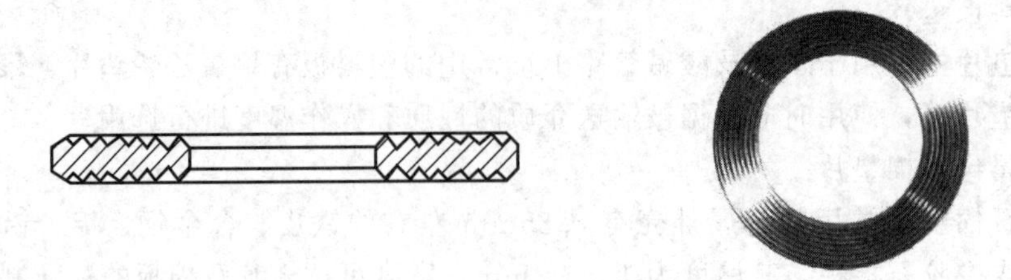

图 4-32 金属齿形垫片

(9) 八角形垫片

八角形垫片用于密封面为梯形槽的法兰，如图 4-33 所示。其适用压力较金属齿形垫片更高。当介质温度在450℃以下时可用10钢制造，在53℃以下时可用1Cr13钢制造。

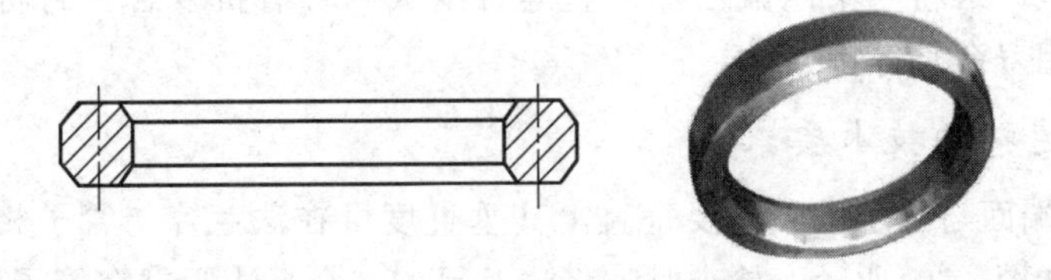

图4-33 八角形垫片

(10) 透镜垫

透镜垫用在高压管路连接中，其结构如图4-34所示。工作表面为球面，制作精度非常高，密封性能好，但制作困难。

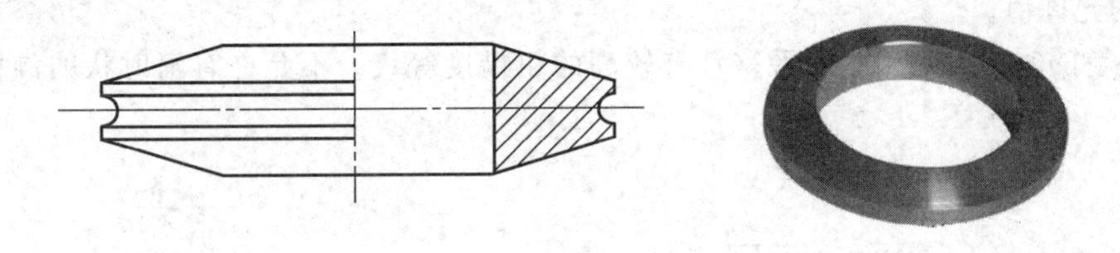

图4-34 透镜垫

2. 新型密封技术和材料

(1) 液体密封

随着高分子有机合成工业的迅猛发展，近年出现了液态密封胶，适用于静密封；这项新技术通常称为液体密封。液体密封的原理，是利用液态密封胶的黏附性、流动性和单分子膜效应（越薄的膜自然回复倾向越大），在适当压力下，使它像垫片一样起作用。所以对使用着的密封胶，也称为液体垫片。

(2) 聚四氟乙烯生料密封

聚四氟乙烯也是高分子有机化合物，它在烧结成制品之前，称为生料；质地柔软，也有单分子膜效应。用生料做成的带称为生料带，可以卷成盘长期保存。使用时能自由成形，任意接头，只要一有压力，便形成一个均匀地起着密封作用的环形膜。作为阀门中阀体与阀盖之间的垫片，可在不取出阀瓣或闸板的情况下，撬开一缝隙，塞进生料带就行了。压紧力小，不粘手，也不粘法兰面，更换十分方便，对于榫槽法兰最适合。聚四氟乙烯生料，还可做成管形和棒状，作密封用。

(3) 金属空心O形圈

弹性好，压紧力小，有自紧作用，可选用多种金属材料，从而在低温、高温和强腐蚀性介质中都能适应。

(4) 柔性石墨缠绕垫片

在人们的印象中，石墨是脆性物质，缺乏弹性和韧性，但经过特殊处理的石墨，却是质地柔软，弹性良好。这样，石墨的耐热性能和化学稳定性，便可以在垫片材料中得以显示；而且这种垫片压紧力小，密封效果异常优越。这种石墨还能做成带，跟金属带配合，组成性能优异的缠绕垫片。石墨板密封垫片和石墨-金属缠绕垫片的出现，是高温抗腐蚀密封的重大突破。这类垫片，国内外已经大量生产和使用。

（5）碳化纤维复合垫片

以碳纤维或碳纤维粉与聚四氟乙烯树脂等可组成一种有机复合密封材料，具有耐磨性好、耐腐蚀和使用寿命长等特点。

（四）法兰连接的技术要求

① 法兰盘的端面与管子中心线要垂直。其垂直度可在法兰片与管子相连接时，用法兰尺来进行检查，如图 4-35 所示。检查时，将法兰尺的一个尺边紧靠在管子的外壁上，同时，用塞尺测量法兰尺与法兰盘端面的间隙，其间隙值即为法兰盘端面与管子中心之间的垂直度偏差，其值一般要求小于 0.5mm。

② 两个相互连接的法兰端面应平行。在安装中不得用强紧螺栓的办法来消除偏斜，也不得用加热管子、加偏斜垫片或多层垫片的方法来消除法兰端面间的空隙偏差、错口或不同心等缺陷。两法兰端面间的平行度可用图 4-36 所示的方法进行测量，其间隙值不应大于表 4-6 所列的允许值。

③ 法兰的密封面加工必须平整且有较高的粗糙度等级。不允许有辐射状的沟槽及砂眼等缺陷。

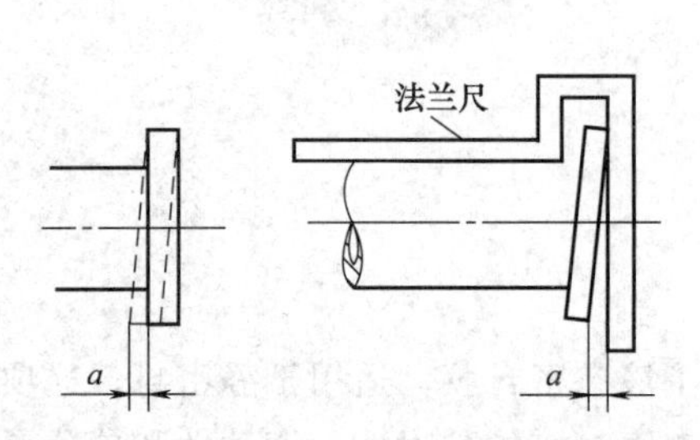

图 4-35 法兰断面与管子中心垂直度的检查

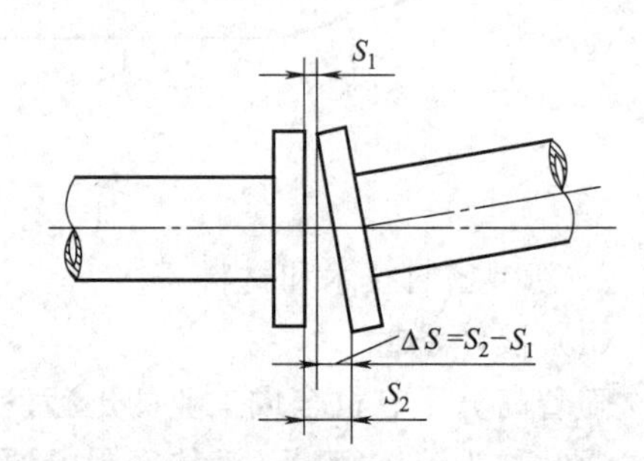

图 4-36 法兰两断面间平行度的检查

表 4-6 法兰端面平行度允许偏差

管子的公称直径	工作压力/MPa		
	<16×10	(16～40)×10	>40×10
允许偏差 $\Delta S=S_2-S_1$			
<100	0.2	0.1	0.05
>100	0.3	0.15	0.05

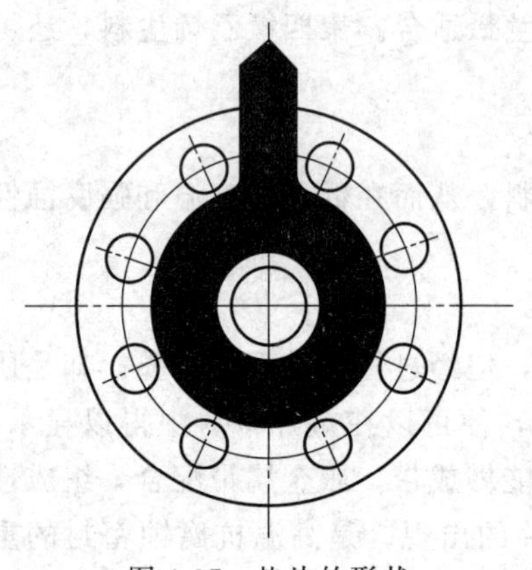

图 4-37 垫片的形状

④ 法兰连接时，在两法兰密封面之间必须放置垫片，垫片应根据被密封的介质性质进行正确的选用。该垫片的外径不应大于法兰盘上螺栓孔里圈的直径，其内径应稍大于管子的内径。为了安装的方便，对于平面形密封的法兰垫片，制作时在垫片的外侧留有把手，直径较小者可有一个，直径大者可有多个，如图 4-37 所示。

⑤ 螺栓中心偏差一般不大于法兰外径的 1.5/1000，且不大于 2mm，以保证螺栓能自由穿入。螺栓的规格应相同，安装方向应一致，紧固时应对称均匀逐次地进行，紧固后的螺栓端面应和法兰之间没有楔缝，需加垫片时，每个螺栓只能加一个，紧固后的螺栓外露长度不大于 2

倍螺距（一般露 3～4 个螺纹），螺栓的数目应和法兰螺栓孔数目相同，不能用已滑丝的螺栓。

⑥ 工作温度高于 100℃的管路，螺栓的螺纹部分及密封垫的两平面均应涂以二硫化钼，以免日久难以拆卸。

二、螺纹连接

管路的螺纹连接适用于下列场合：

① 水、煤气钢管。

② 与带有管螺纹的阀门、设备和管件等进行连接。

③ 管子的公称直径不大于 65mm，介质公称压力不大于 1MPa，温度在 200℃以下的管路。

螺纹连接的管子，两端都加工有螺纹，通过带内螺纹的管件或阀门，将管子连接成管路。图 4-38 为用内牙管将两管子连接起来的情况。管子端部的螺纹通常采用英制圆柱管螺纹或英制圆锥管螺纹。

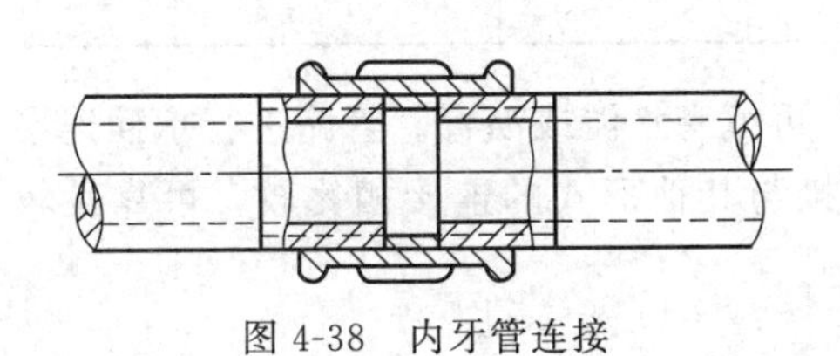

图 4-38　内牙管连接

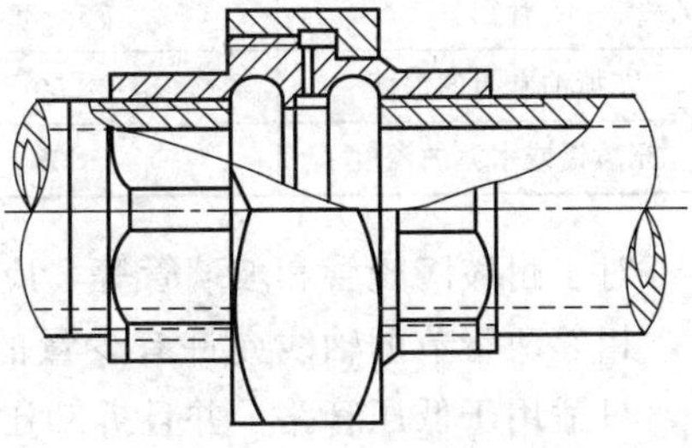

图 4-39　活管节连接

在进行圆柱管螺纹连接时，为了保证螺纹连接的密封性，螺纹连接前，必须在外螺纹上加填料，常用的填料有油麻丝加铅油、石棉绳加铅油和聚四氟乙烯生料带。使用时把填料缠绕在外螺纹上即可进行连接，填料在螺纹上的缠绕方向，应与螺纹的方向一致，绳头应压紧以免与内螺纹连接时被推掉。

圆锥管螺纹在连接时不加填料，只在螺纹上涂铅油即可。

在螺纹连接的管路中，为了便于管路的拆卸，在管路的适当部位应采用活管节连接，如图 4-39 所示。活管节的两个主节分别与两节管子的端头用螺纹连接起来，在两主节间放入软垫片，然后用套合节将两主节连接起来，并将软垫片挤压紧以形成密封。

管螺纹连接时，不仅要求拧紧，还必须考虑管件或配件的方向和位置等，如方向和位置不正确，不允许用松扣（倒拧）的办法进行调整。

管螺纹连接泄漏的主要原因有管螺纹加工质量差，配件或设备上的管螺纹不符合要求，填料选用不当或填料密封不紧，连接时松扣等。

三、承插连接

承插连接适用于铸铁管和非金属管（耐酸陶瓷管、塑料管、玻璃管等）的管路上，对密

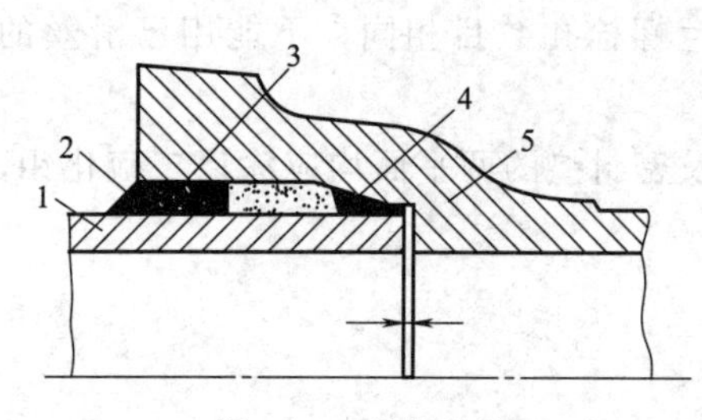

图 4-40 承插连接

1—插口；2—沥青层；3—石棉水泥或铅；4—油麻绳；5—承口

封要求不太高的管路，其连接方法如图 4-40 所示。承插连接的管路在承口和插口的接头处应留有一定的轴向间隙，以便用来补偿管路受热后的伸长。其轴向间隙的大小见表 4-7。

为了增加承插连接的密封性，在承口和插口之间的环形间隙中，应充填密封填料，对于铸铁管，应首先以缠绕的方式填塞三分之二的油麻绳，然后填入三分之一承口长度的石棉水泥（石棉 30%、水泥 70%），在重要的场合下，则应填软铅，并将其打紧，最后在填料外面的接口处涂一层沥青防腐层。充填密封材料的深度见表 4-8。

表 4-7 承插连接的轴向间隙

mm

管径	50～75	100～250	300～600	700～800	800～1000
间隙	3	5	6	7	8

表 4-8 铸铁管承插连接充填密封材料的深度

mm

管径	75～300	350～600	800～1000
充填油麻绳的深度	50	60	70
充填铅或水泥的深度	25	30	35

对于耐酸陶瓷管和玻璃管等，应先填塞油麻绳，再填塞水泥或沥青。管路进行承插连接时，相邻两管节的轴线允许有少量的偏差。承插连接与其他形式的连接相比较，可靠性较小，只适用于低压管路，并且拆卸比较困难。

四、焊接连接

焊接连接在管路中的应用非常广泛，其优点是连接强度高、气密性好、维修工作量少。焊接连接可用于各种压力和温度条件下的管路中，特别是在高温高压管路中焊接连接比较普遍。管路的焊接可分为中低压管路的焊接和高压管路的焊接两种。

（一）中低压管路的焊接

中低压管路的焊接一般分为电弧焊接和氧-乙炔焰焊接两种。电弧焊接较氧-乙炔焰焊接经济性好且强度高，应尽可能采用，氧-乙炔焰焊接一般只适用于公称直径不大于 80mm、壁厚不大于 3.5mm 的管子。

1. 电弧焊接

电弧焊接的操作程序如下：

（1）选择焊条

电弧焊接一般管路时，焊条可选用 E4310 和 E5010 等型号，焊接重要的管路时可选用 E4301 和 E5001 等型号。

（2）打坡口

电弧焊接的管端坡口如图 4-41 所示。

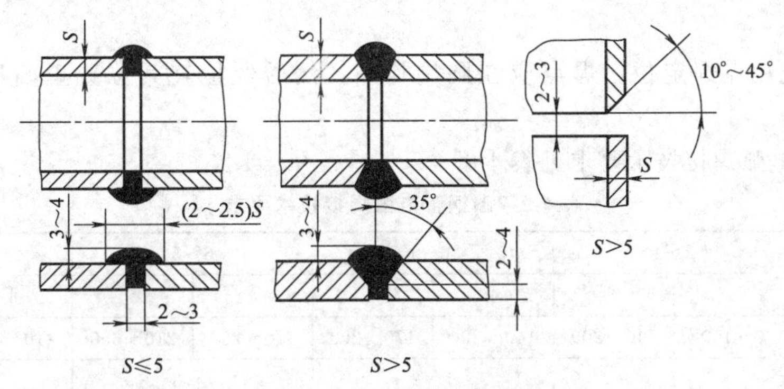

图 4-41　电弧焊接的管端坡口

管壁厚度<3mm 的管子对焊后一般不开坡口；管壁厚度≥3mm 时，管端管道的坡口应开坡口。管道的坡口宜采用机械方法，也可采用等离子弧、氧-乙炔焰等热加工方法。采用热加工方法加工坡口后，应除去氧化皮、熔渣及影响焊接质量的表面层，并将凹凸不平处打磨平整。

(3) 清理和清洗坡口

坡口及其周围 10～20mm 范围内的内外表面应除净铁锈和油污等杂质，直至露出金属光泽。

(4) 组对管子

为了保证两端管子在同一中心线上，管子在焊接前应进行精确的组对。组对时可采用定心夹持器，定心夹持器的结构如图 4-42 所示。

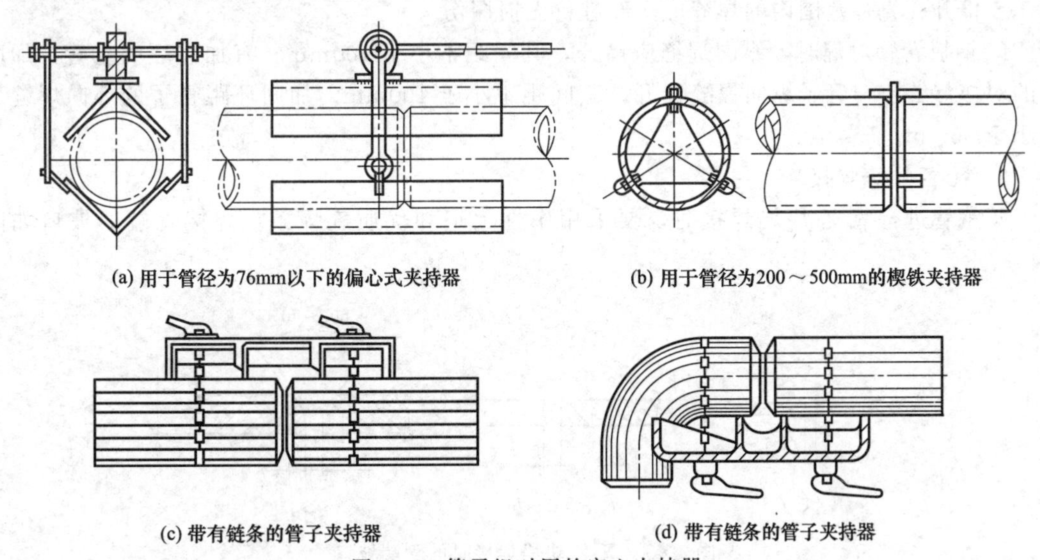
(a) 用于管径为76mm以下的偏心式夹持器　(b) 用于管径为200～500mm的楔铁夹持器

(c) 带有链条的管子夹持器　(d) 带有链条的管子夹持器

图 4-42　管子组对用的定心夹持器

管道组对时，间隙应符合要求。用 400mm 直尺在距焊缝中心 200mm 处管道的对口测量平直度，当管子公称通径<100mm 时，允许偏差为 1mm；当管子公称通径≥100mm 时，允许偏差为 2mm。但全长允许偏差均为 10mm。管道对接焊口组对应做到内壁齐平，内壁错边量不超过壁厚的 10%，且不大于 2mm。当内壁错边量超过上述的规定要求或外壁错边量>3mm 时，应进行修整。管子对口前，坡口管端 15～20mm 范围内的铁锈、油污、毛刺等应清除干净。点焊时，每个焊口点焊 3～5 处。

(5) 焊接

焊接时应先用点焊定位，焊点应在圆周均布，然后经检查其位置正确后，方可正式焊接。

① 碳钢管电弧焊接技术要求见表 4-9。

表 4-9 碳钢管电弧焊接技术要求

壁厚/mm	2～4		4～6		6～8		10～12	
焊条直径/mm	3	4	4	5	4	5	4	5
焊接电流/A	0～100	140～200	140～200	170～200	170～250	210～350	210～350	245～350
焊接层数	1		1～2		2～3		3～4	

② 不锈钢管道焊接。不锈钢管道焊接一般采用氩弧焊封底，手工电弧焊盖面，管内充氩保护，使管内侧焊缝不产生氧化。对于口径较小的不锈钢管，也可直接用氩弧焊封底和盖面。不锈钢管焊接后，应对焊缝表面进行酸洗、钝化处理。

③ 焊缝位置。

a. 支线管段连接时，两环缝间距不小于 100mm。

b. 焊缝距弯管（不包括压制或热推弯管）起弯点不得小于 100mm，且不小于管外径。

c. 卷管的纵向焊缝应置于易检修的位置，且不宜在底部。

d. 环焊缝距支、吊架净距不小于 50mm，需热处理的焊缝距支、吊架不得小于焊缝宽度的五倍，且不小于 100mm。

e. 在管道焊缝上不得开孔。如必须开孔，焊缝应经无损探伤合格。开孔中心周围不小于 1.5 倍开孔直径范围内的焊缝应全部进行无损探伤。

f. 钢板卷管对焊时，纵向焊缝应错开，其间距不小于 100mm。有加固环的卷管，加固环的对接焊缝应与管子纵向焊缝错开，其间距不小于 100mm。加固环距管子的环向焊缝不应小于 50mm。

2. 氧-乙炔焰焊接

碳钢管进行氧-乙炔焰焊接时，要采用中性火焰和优质气焊条。焊接管端的坡口如图 4-43所示。

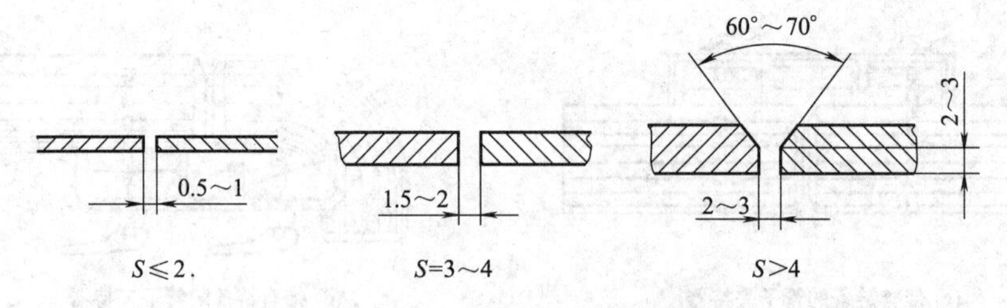

图 4-43 氧-乙炔焰焊接时的管端坡口

焊缝尺寸应达到表 4-10 所列的要求，焊接时，应先熔化焊缝底部使其衔接，以免焊丝金属流入管内，然后进行正式焊接。

表 4-10 氧-乙炔焰焊接时的焊缝尺寸 mm

管壁厚度 S	1～2	3～4	5～6	7～10
加强焊缝宽度 l	6～9	10～13	10～17	10～23
加强焊缝强度 h	1～1.5	1.5～2	2～2.5	2.5～3

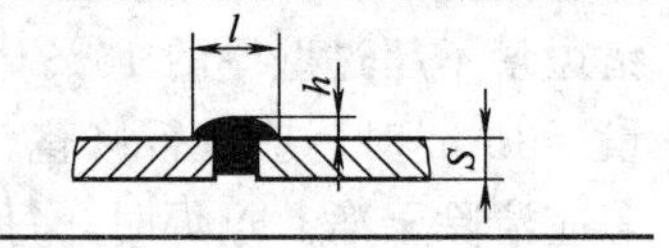

（二）高压管路的焊接连接

为了减轻重量，节约金属及费用，提高管路的气密性能，在高压管路中应尽可能以焊接来代替法兰连接。高压管路的焊接也可分为电弧焊接和氧-乙炔焰焊接两种。氧-乙炔焰焊接一般只适用于公称直径不大于 32mm 的高压管路。

1. 焊接方法

（1）电弧焊接

高压管路的电弧焊接需用直流电焊机反极连接（管子接负极），以减小焊接时的热影响区。管端 V 形坡口的尺寸见表 4-11。

表 4-11　高压管路电弧焊接 V 形坡口的尺寸　　mm

管壁厚度 S	间隙 a	钝边 a_1	
5～8	1.5～2.0	1.0～1.5	
8～12	2.0～3.0	1.5～2.0	

（2）高压管路焊接的操作程序

操作程序与中低压管路的焊接操作程序相似。电弧焊接管壁厚度为 5～12mm 的管子时，加强焊缝宽度每侧应比管口外部边缘宽 2～3mm。

（3）氧-乙炔焰焊接

高压管路的氧-乙炔焰焊接要用中性火焰进行，其管端 V 形坡口的尺寸见表 4-12。

表 4-12　高压管路氧-乙炔焰焊接 V 形坡口的尺寸　　mm

管壁厚度 S	间隙 a	钝边 a_1	
3～4	1.5～2.0	1.0～1.5	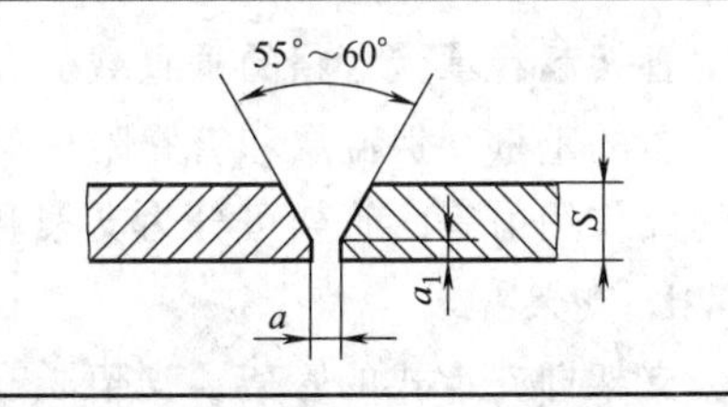
4～6	2.0～3.0	1.5～2.0	
6～10	1.5～2.0	1.0～1.5	

2. 管路焊接时的注意事项

① 冬季焊接时，应采取避风措施，并在5℃以上的环境中进行，焊接后用石棉板覆盖保温，使焊缝缓慢冷却。

② 高压管路的焊缝应避开弯曲部分，并要求焊缝距离弯曲部分 50～100mm，且 1m 长的范围内不允许有两条焊缝。

③ 高压管路的焊缝应进行无损探伤抽查，例如 X 射线拍片检查等，以保证焊缝的质量。

第三节　管路的架设

管路的架设工作主要包括管架的安装、补偿器的安装、阀门的安装、管路的试压、管路的敷设以及管路的保温等内容，现分述如下。

一、管架及其安装

管路的长度和总重量（包括管路自身的重量、管内介质的重量和管外保温层的重量等）比较大，空间架设起来后，必然会产生弯曲，为了不使其弯曲应力超过管路材料的许用应力，通常将管路分成若干段，并按段将其架设在管架上。

（一）管路的跨度

管路的跨度是指相邻两管架之间的距离，如果把管架当作一很多跨度的受均布载荷的连续梁来考虑的话，其最大弯矩将发生在中间的管架上。在工作过程中若有一个管架下沉，管壁应力会增加四倍。因此在计算管路跨度时，只能用一般许用应力的四分之一进行计算。

管路的一般跨度可按表 4-13 确定。

表 4-13 管路的一般跨度

公称直径/mm	无保温层时的跨度/m	有保温层时的跨度/m	公称直径/mm	无保温层时的跨度/m	有保温层时的跨度/m
25～50	4～5	3～3.5	200	7～9	7～8.5
70	5～5.5	2.5～4.0	250	7～9	7～9
100	6～7	3～3.5	300	7～11	7～10
125	6～7.5	3.5～6	350	7～11.5	7～10.5
150	7～8	4.5～7	400	7～11.5	7～10.5

（二）管架

管架起着承受管路的垂直载荷和轴向载荷的作用。垂直载荷包括管路自身的重量，管路内介质的重量，保温层和管路附件的重量等；轴向载荷包括管路内未平衡的介质压力和补偿器的反作用力等。管架可分为支架和吊架两大类。

1. 支架

支架即支承式的管架。支架既有设在室内的也有设在室外的，有混凝土制作的，也有钢结构的。

(1) 室外管路支架

室外管路支架的常见结构如图 4-44 所示。室外管路支架的基础应牢固地埋在地面以下，

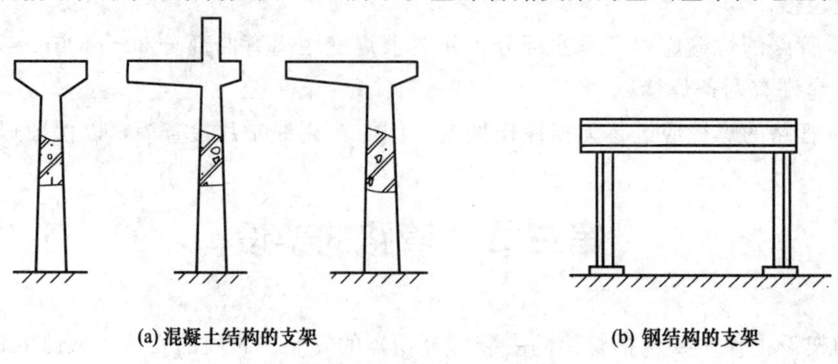

(a) 混凝土结构的支架　　(b) 钢结构的支架

图 4-44 室外的管路支架

埋入深度应大于 500mm。

（2）室内管路支架

室内管路支架多是固定在墙上的，其结构如图 4-45 所示。最简单的室内支架是悬桁，如图 4-45（a）所示，悬桁一般用角钢或槽钢制作，插入墙壁的深度为 300～400mm，摆放水平后用混凝土凝固在墙体上。若墙壁太薄，可以采用三角支架，如图 4-45（b）所示，或用拉杆加固的悬桁支架，如图 4-45（c）所示；如果管路的轴向力较大，可采用加固的悬桁支架，如图 4-45（d）所示；如果轴向力特别大，则可采用上下两侧支撑的悬桁支架，如图 4-45（e）所示。

2. 吊架

吊架是从管子的上方对管子进行支撑的，细小些的管路也可用吊架吊在较粗大管路的下方。吊架包括管卡和拉杆两部分，管卡可采用扁钢弯制而成，拉杆结构有可调节的、不可凋节的和弹簧式的。吊架根据结构形式的不同可分为普通吊架、弹簧吊架和复合吊架三种。普通吊架的安装方法如图 4-46 所示。

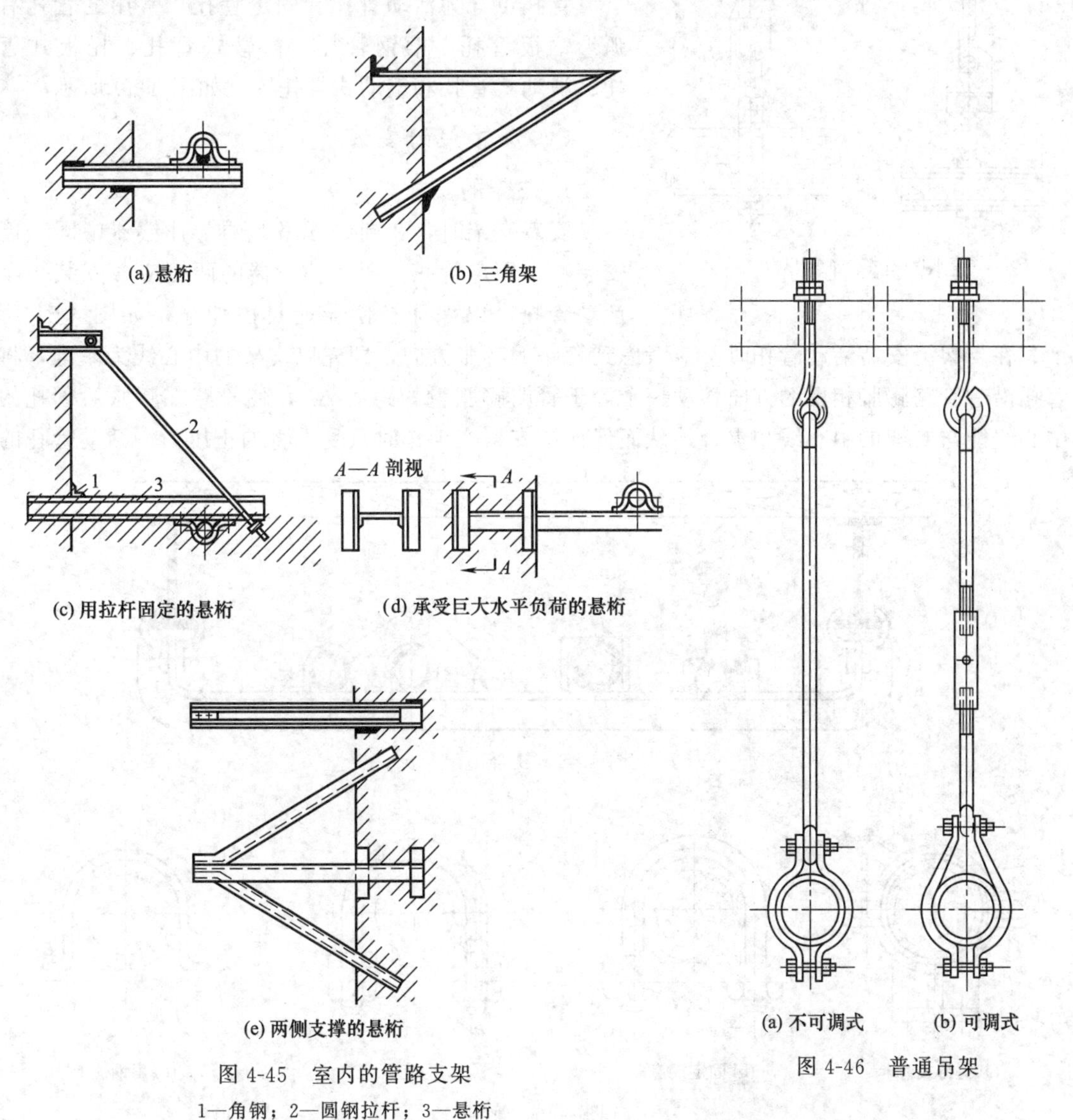

图 4-45　室内的管路支架

1—角钢；2—圆钢拉杆；3—悬桁

图 4-46　普通吊架

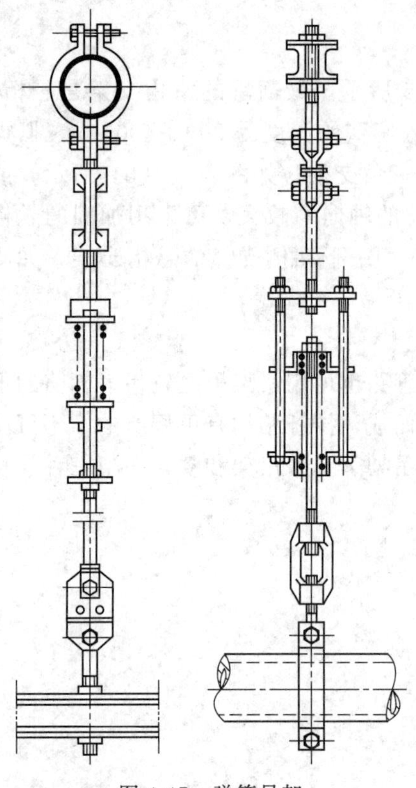

图 4-47 弹簧吊架

对于需要防振的管路，可采用弹簧吊架，弹簧吊架的安装方法如图 4-47 所示。

对于水平布置的成排管路，可采用复合吊架，复合吊架的安装方法如图 4-48 所示，其中每一根管路都用单独的管托或管卡固定在复合吊架上。

（三）管卡和管托

1. 管卡

为了把管子固定在支架上，最简单的方法是采用管卡，最简单的管卡是用扁钢或圆钢弯成 U 形制作的。常用的管卡有夹持式管卡、固定式管卡、导向管卡和扁钢管卡等形式，如图 4-49 所示。

2. 管托

管托可分为活动管托和固定管托，常用的管托有弧形钢板管托、槽钢管托、衬鞍式管托、托板式管托、滑动式管托和滚动式管托等，如图 4-50 所示。

（四）管架的安装

1. 支架的安装

安装支架时，在同一管路的两个补偿器中间只能安装一个固定管托，而在补偿器的两侧应各安装一个活动管托，以保证补偿器能自由伸缩，如图 4-51 所示。在支架上安装活动管托时，应考虑到管路的膨胀方向，即先以支架的中心线为基准，将管托沿着管路膨胀相反的方向移动一个等于管路膨胀量的距离 ΔL，使管路在膨胀后管托的中心线能与支架的中心线相重合，从而保证了支架在工作时只受垂直的正压力。活动管托的

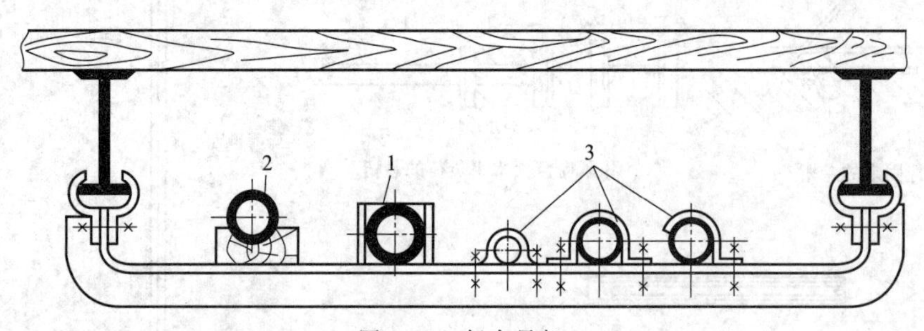

图 4-48 复合吊架

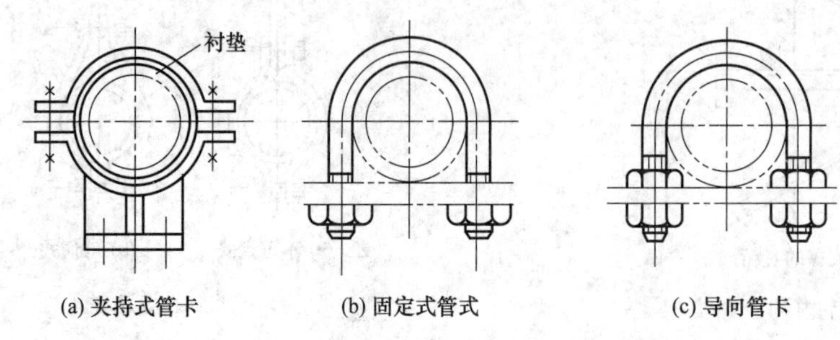

(a) 夹持式管卡　(b) 固定式管式　(c) 导向管卡

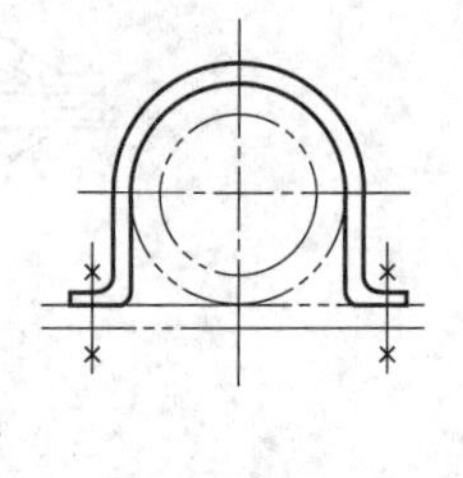

(d) 扁钢管卡

图 4-49 管卡

滚动件应能自由滚动。

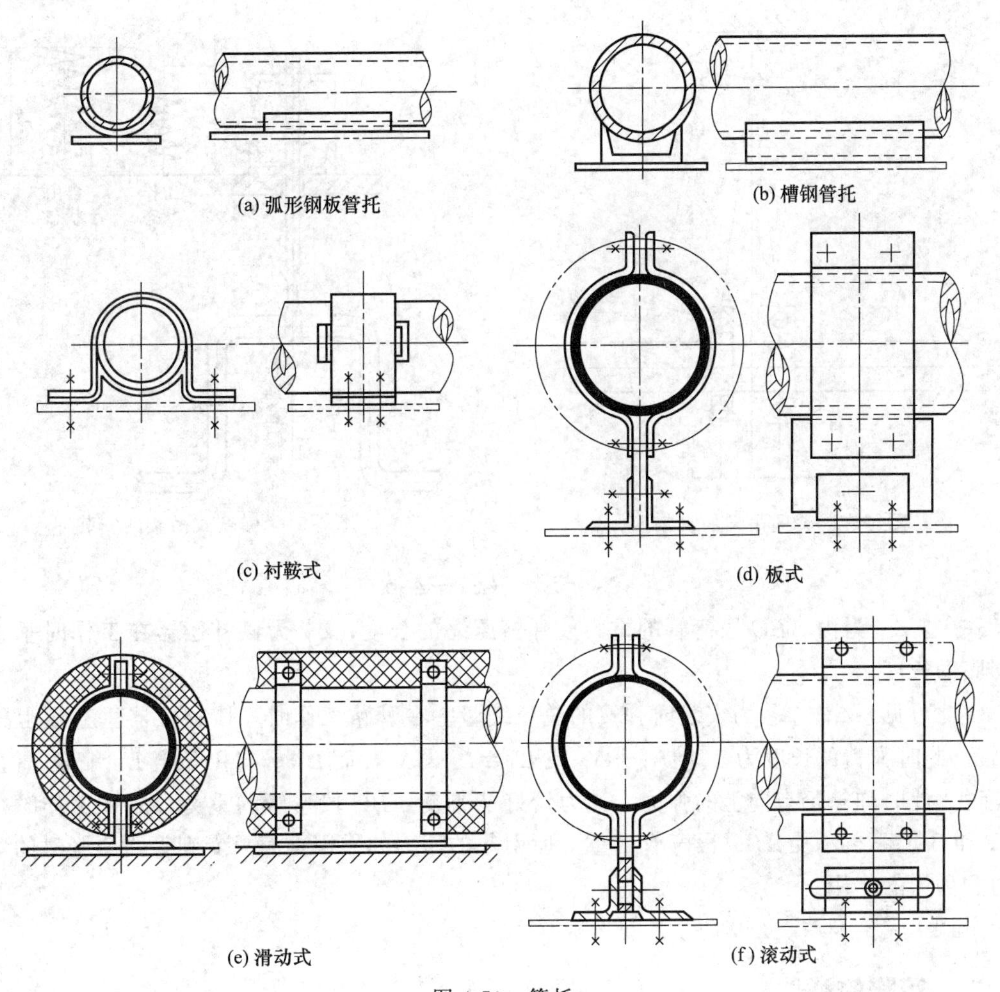

图 4-50　管托

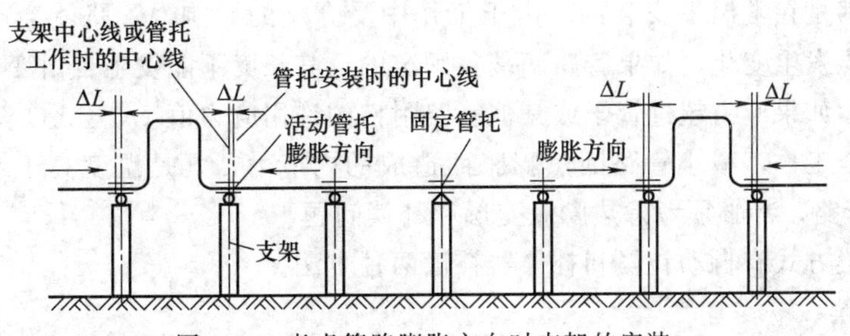

图 4-51　考虑管路膨胀方向时支架的安装

2. 吊架的安装

吊架安装时，应使吊架向与管路膨胀相反的方向倾斜，其倾斜的距离应等于管路膨胀量的一半，即 $\Delta L/2$，如图 4-52 所示。这样就能保证吊架在工作时受力不至过大。普通吊架的吊杆长度 $l \geqslant 60\Delta L$，弹簧吊架的吊杆的长度 $l \geqslant 20\Delta L$。

在安装回折管式补偿器上的弹簧吊架时，如图 4-53 所示，为了减小管子截面 A 和 B 上的压力，即在工作时，使截面 A 和 B 上不再受到 ABC 段弯管重力的作用，应将弹簧从自由

长度 L_0 压缩到 L_2，L_2 可由下式计算：

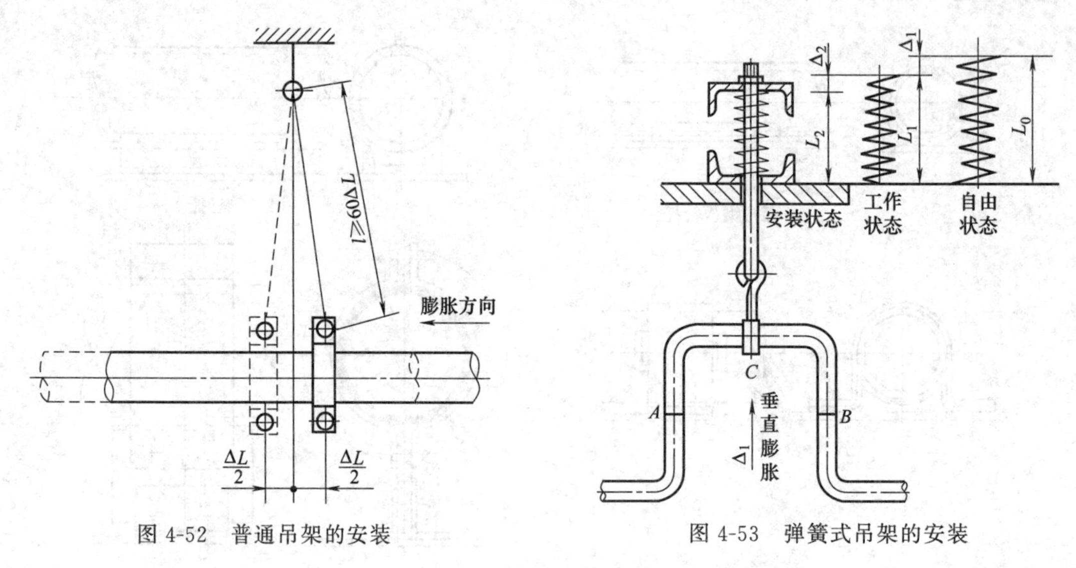

图 4-52 普通吊架的安装　　图 4-53 弹簧式吊架的安装

$$L_2=L_0-(\Delta_1+\Delta_2)$$

式中，Δ_1 为由 ABC 段弯管的重力使弹簧压缩的长度；Δ_2 为该补偿器在工作时垂直向上膨胀的长度。

由此可见，$\Delta_1-\Delta_2$ 为安装时弹簧的总压缩量。在管路工作时，该补偿器垂直向上膨胀了 Δ_2，此时弹簧的长度为 $L_1=L_2+\Delta_2$ 或 $L_1=L_0-\Delta_1$，而 L_1 较自由长度 L_0 缩短 Δ_1，也就是说，此时弹簧仍有向上的弹力，这力恰好能平衡 ABC 段弯管的重力，故在工作时，截面 A 和 B 上不再承受 ABC 段弯管的重力所引起的压力的作用，而只受到管路膨胀时的弯曲应力和剪力的作用。

二、管路的补偿

管路一般都是在常温下安装的，由于工作中受介质的影响，管路就会产生热胀冷缩现象，其长度就要发生变化，如果管路两端是固定的，其长度不能发生自由变化时，则在管路内会产生应力，如果应力超过管子或其他管路附件的许用应力值，就会造成事故。为了保证管路稳定和安全工作，减小管路因热膨胀而造成的内应力，凡是温度高于或低于安装温度（取 32℃）的管路，都必须考虑热膨胀变形和补偿问题。

管路的补偿方式有自动补偿和补偿器补偿两种方法。

1. 自动补偿

管路自动补偿是利用管路本身的弹性变形来吸收其热变形的。当两段管路呈一定角度布置时，如图 4-54 所示，就能对管路的热弯变形起到自动补偿的作用；当管路受热膨胀时，弯管两端的管段都在伸长，此时弯管的角度将减小，反之，其角度将变大。

管路自动补偿的优点是简单、可靠，无须另外添加补偿装置；缺点是管路变形时会产生横向位移。

自动补偿的选择原则如下：

① 布置管路时，应尽量利用管路的自然弯曲来进行冷热变形的自动补偿，只有当自动

(a) 平面自动补偿　(b) 平面自动补偿　(c) 平面自动补偿　(d) 平面自动补偿　(e) 平面自动补偿　(f) 立体自动补偿

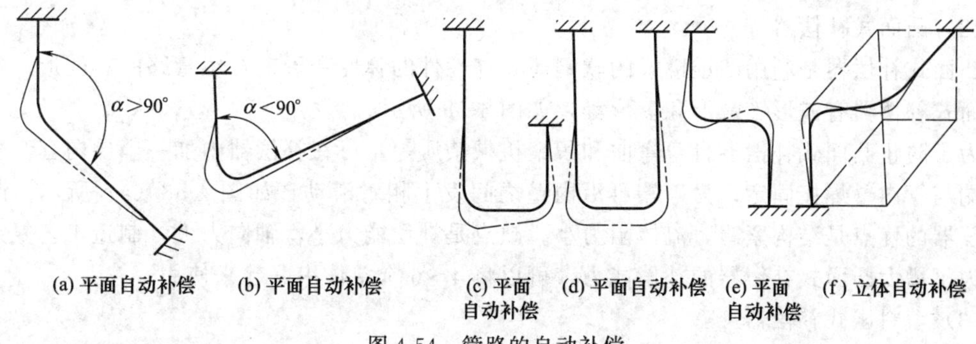

图 4-54　管路的自动补偿

补偿不能满足要求时，才考虑采用补偿器装置。

② 当管路的弯曲角度小于 150°时能作自动补偿，大于 150°时不能作自动补偿。

③ 自动补偿管路的单边长度不应超过 15～20m。

2. 补偿器补偿

当管路的冷热变形不允许采用自动补偿时，就必须采用补偿器来进行补偿。常用的补偿器有回折管式补偿器、凸面式补偿器、填料函式补偿器和球形补偿器四种。现分述如下。

(1) 回折管式补偿器

回折管式补偿器是由管子弯曲成一定的几何形状而成。常用的有弓形和袋形两种，如图 4-55 和图 4-56 所示。袋形补偿器又有光滑的、皱折的和波形的三种。

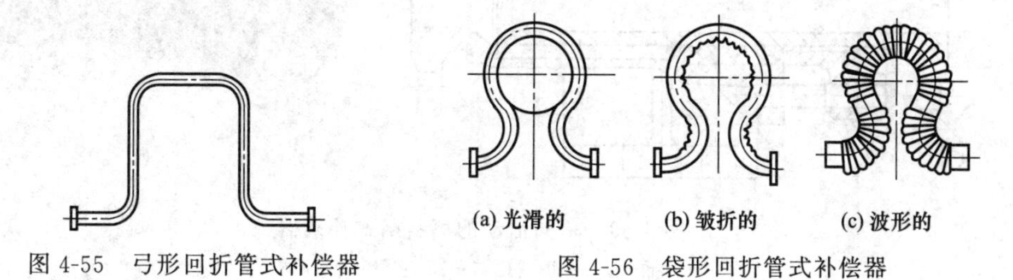

图 4-55　弓形回折管式补偿器

(a) 光滑的　(b) 皱折的　(c) 波形的

图 4-56　袋形回折管式补偿器

回折管式补偿器通常是用无缝钢管弯曲而成的，其原理是利用刚性较小的回折管的弹性变形来补偿管路变形的。

回折管式补偿器与管路的连接，可以用法兰连接，但不如用焊接可靠。

回折管式补偿器的优点是补偿能力大（通常可达 400mm），作用于固定点上的轴向力很小，易于就地制造，对两端管路布置的直线度要求不严格，使用简便。缺点是体积庞大不便于安装在狭窄的地方，流体阻力大，热变形时，两端的法兰也随管路承受弯曲变形，如图 4-57 所示，使得法兰容易泄漏，材料易产生疲劳破坏。

图 4-57　因补偿器的变形而引起的法兰的变形情况

(a) 单波形　(b) 双波形　(c) 鼓形　(d) 盘形

图 4-58　凸面式补偿器

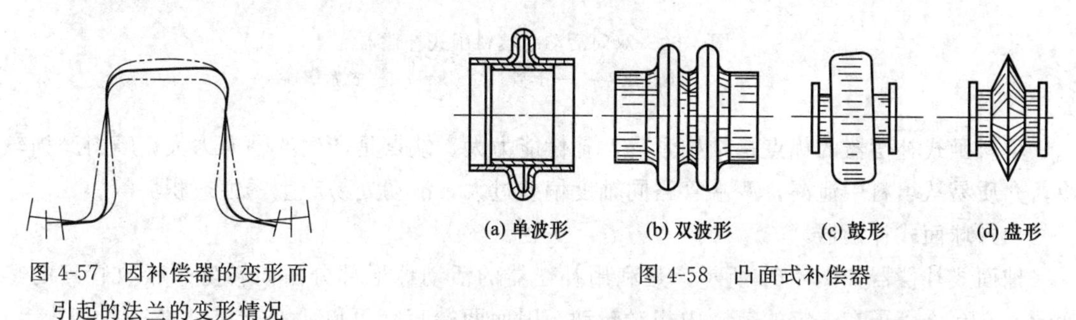

(2) 凸面式补偿器

凸面式补偿器是利用凸透镜式的软钢薄壳挠性件的弹性变形来补偿管路的热变形。常见的凸面式补偿器有波形、鼓形和盘形等，如图 4-58 所示。

为了防止凸面式补偿器自身弯曲和积聚机械杂质等，可在补偿器内加一个导向套，套管的一端与管内壁焊接固定；另一端可沿内壁之间发生相对滑动，如图 4-58 (a) 所示。凸面式补偿器的优点是结构紧凑，流体阻力小。缺点是补偿能力小，轴向力大，制造工艺复杂。

为了增大凸面式补偿器的补偿能力，可以将 4～6 个单体串联起来使用。

(3) 填料函式补偿器

填料函式补偿器的主要零部件有插管、带底座的套管和填料压盖三部分。补偿器两端的法兰与管路连接起来，插管和套管之间组成填料函，在填料函中加入油浸石墨石棉绳作为密封填料，然后将填料压盖压紧。插管位于填料压盖的内侧，与套管之间可以自由伸缩滑动，以补偿管路的热变形。

根据结构的不同，填料函式补偿器可分为单向活动（如图 4-59 所示）和双向活动（如图 4-60 所示）填料函式补偿器两种。填料函式补偿器的零件由灰铸铁浇铸而成。

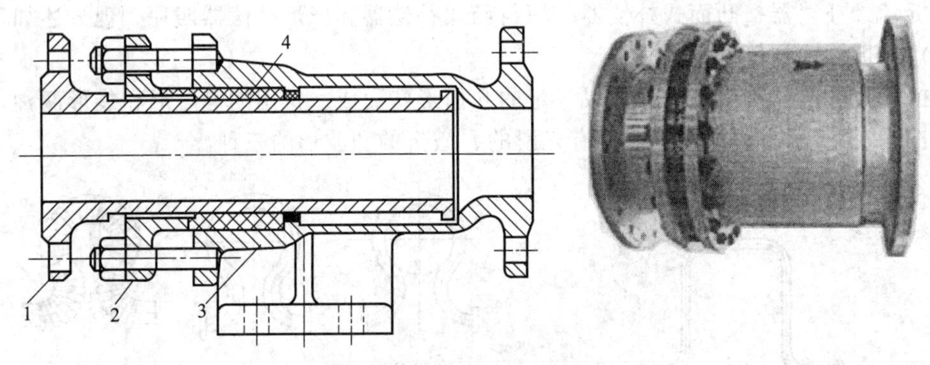

图 4-59 单向活动的填料函式补偿器

1—插管；2—填料压盖；3—套管；4—填料

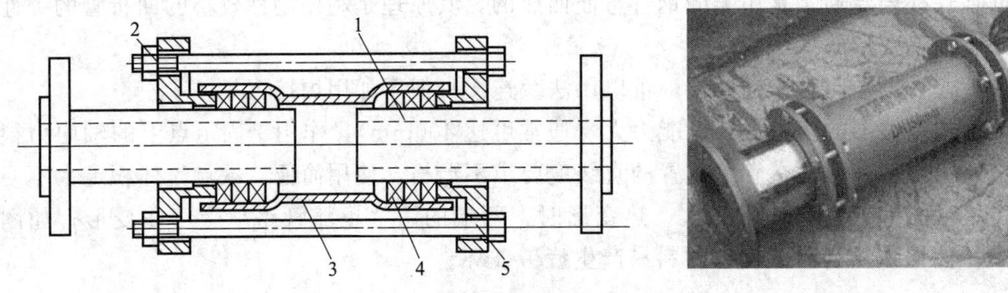

图 4-60 双向活动的填料函式补偿器

1—插管；2—填料压盖；3—套管；4—填料；5—拉紧螺栓

填料函式补偿器的优点是结构紧凑，补偿能力大。缺点是产生的轴向力大，填料磨损较快，介质易从填料中泄漏，两端管路同轴度偏差过大，滑动处易产生锈蚀或积垢等。

(4) 球面式补偿器

球面式补偿器如图 4-61 所示，是利用补偿器的活动球形部分角向转弯来吸收管路的热变形。它允许管子在一定的范围内相对转动，因而两端直管可以不必严格地在一条直线上，不存在由管内介质引起的推力问题。这种补偿器占用空间小，适用于有三角位移的管路。

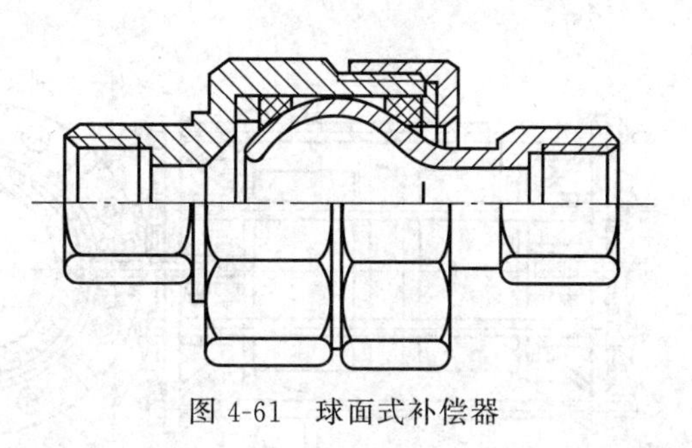

图 4-61　球面式补偿器

三、补偿器的安装

1. 回折管式补偿器的安装

回折管式补偿器安装时，应先将补偿器在冷态下拉长，其拉长量应为总设计补偿量的一半，如图 4-62 所示。这样可避免补偿器在工作时产生过度的变形，并能充分利用其补偿能力。冷拉前，可先在补偿器的两端各焊接一段直管，如图 4-63 所示，其目的是使冷拉时对接焊缝 2 可远离弯管受拉复杂区域，因为冷拉时的对接焊缝是在空中焊接的，焊接较为困难，而直管与补偿器之间的接缝是在最有利的条件下焊接的。

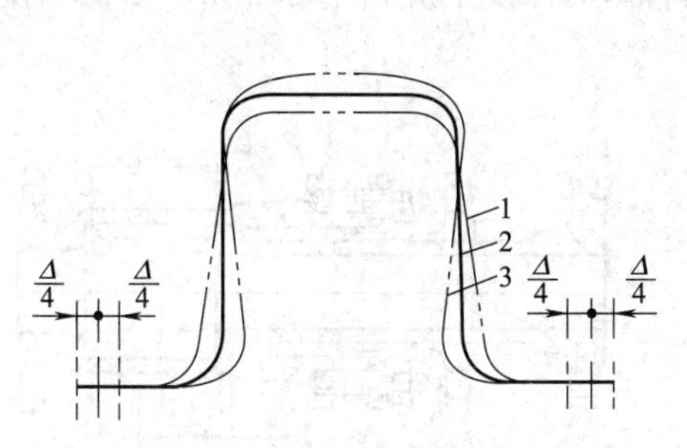

图 4-62　回折管式补偿器的三种状态

1—安装状态；2—自由状态；3—工作状态

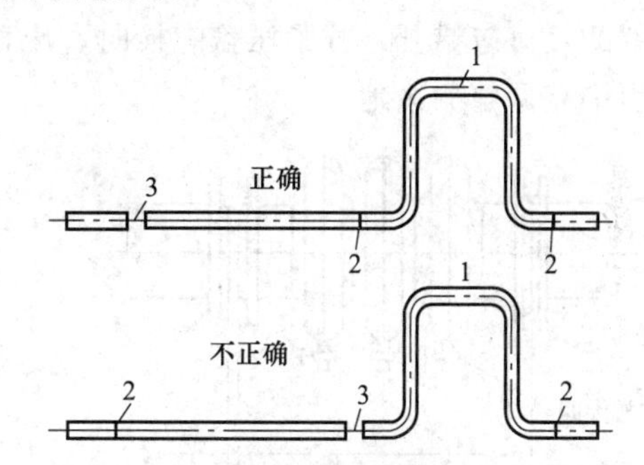

图 4-63　回折管式补偿器焊管的接口位置

1—补偿器；2—对接焊缝；3—预留间隙

冷拉前，补偿器两端的直管与两端管路的末端之间应预留一定的间隙，其间隙值应等于设计补偿量的 1/4，如图 4-64 所示。然后把特制的拉管器（如图 4-65 所示）安装在两个待接坡口上，准备拉开补偿器。拉管器是由钢板制成的两副对开式的卡箍 2 和八只双头螺栓 4 所组成。卡箍套在管子 1 上，并用螺栓固定好，为了增加卡箍和管子的连接强度，在管子外壁焊有环形凸肩 5，其卡箍就紧靠在凸肩上。

在拉开补偿器之前，应把两端管路上的活动管托 2 及补偿器上的活动管托 6 暂时固定起来，然后用扳手拧紧拉管器上的螺母，使两端管子逐渐靠近，直到管子接口对齐，并把它焊好，最后拆去拉管器，把活动管托松开。

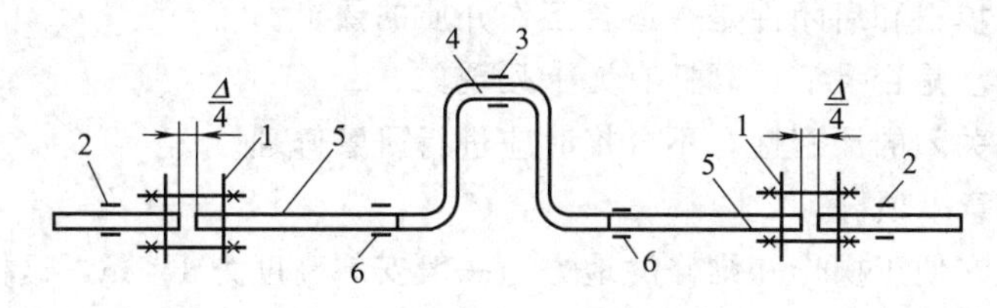

图 4-64　回折管式补偿器的安装

1—拉管器；2,6—活动管托；3—活动管托或弹簧吊架；4—补偿器；5—附加直管

2. 凸面式补偿器的安装

凸面式补偿器安装时，先将一端连接于管路上，如图 4-66 所示，另一端与待连管路之

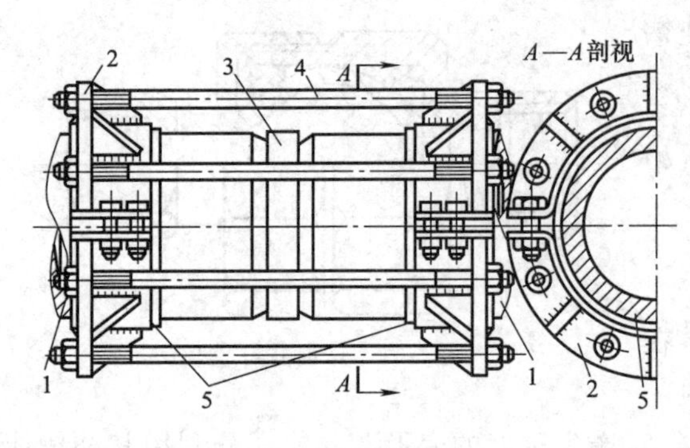

图 4-65 拉管器

1—管子；2—对开式卡箍；3—垫环；4—双头螺栓；5—环形堆焊凸肩

间保持一定的间隙，其值等于补偿器设计补偿量的一半，然后用长螺栓将补偿器拉长，将间隙消除，最后将其连接在管路上。水平安装时，每个凸面式补偿器下端应安装一个放水阀，以便及时排除积水。

3. 填料函式补偿器的安装

填料函式补偿器安装时，要求套管和插管必须同轴，插管插入套管后，插入端应与套管内端面之间保持一定的轴向间隙，其值应等于该管路的热膨胀量（设计补偿量），如图 4-67 所示。插管应采用活动管托，以保证能自由伸缩。装填料时，相邻两圈的接口应错开，拧紧压盖螺栓时，压盖插入填料函的深度不应超过 30mm，以便在使用过程中有调整的余地。

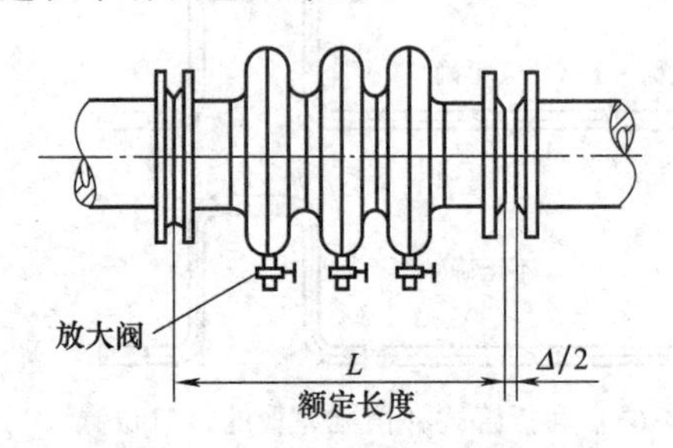

图 4-66 凸面式补偿器的安装

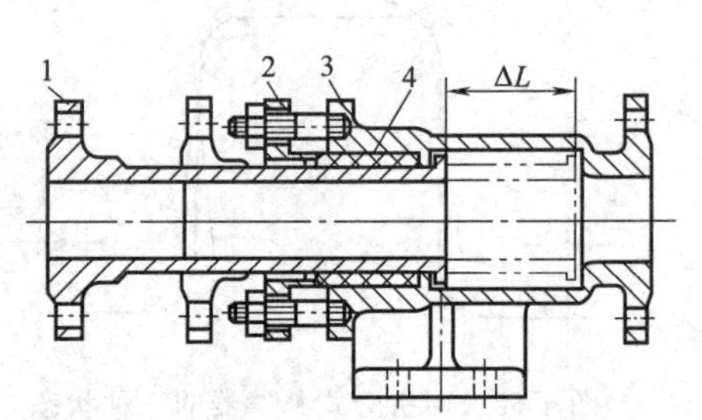

图 4-67 填料函式补偿器的安装

1—插管；2—填料压盖；3—套管；4—填料

四、阀门的安装

阀门的安装是指按照一定的技术要求将阀门装到管路上，安装前应做好必要的检查工作，以便提高安装质量和工作效率。

1. 阀门安装前的检查

① 检查阀门的型号，是否与所需要的相符。

② 检查垫片、填料和启闭件是否适合工作介质的要求。

③ 检查手轮转动是否灵活，阀杆有无卡死现象。

④ 检查启闭件关闭的严密性，不合格时应进行研磨修理。

2. 安装时的注意事项

① 阀门应安装在便于操作和维修的地方。一般安装高度为 1.2m，这样开关操作时比较省力；当安装高度超过 1.8m 时，应集中布置，以便设置操作平台。

② 在水平管路上安装阀门时，手轮应位于阀体的上方。如果阀门的安装位置较高，为了操作方便，可将阀杆装成水平方向，同时再装一个带有传动链条的手轮，以便在地面上进行操作或装上远距离操作装置。

③ 具有方向性的阀门，应特别注意阀门进出口的位置。如安装截止阀、节流阀、安全

阀、止回阀、减压阀和疏水阀等，一般在这类阀门的阀体上均有介质流向的标志；如果没有，应根据阀门的工作原理进行分析判断，切勿装反。

④ 安装杠杆式安全阀和升降式止回阀时，应使阀盘中心线和水平面垂直。

⑤ 安装旋启式止回阀时，应使摇板的旋转枢轴呈水平位置。

⑥ 安装法兰式阀门时，应使两法兰端面平行并和中心线同轴，拧紧法兰连接螺栓时，应呈对称十字交叉式进行。高温工作下的阀门连接螺栓连接前应在螺纹部分涂二硫化钼，以便在今后修理时便于拆卸。

⑦ 安装螺纹连接的阀门时，螺纹应完整无损，在圆柱管螺纹上缠绕填料后再进行连接，并注意不要将填料挤入阀体或管内。

五、管路敷设时的注意事项

管路的敷设方法可以分为架空敷设和地下敷设两大类，现将管路在敷设过程中应注意的事项分述如下。

1. 架空敷设

架空敷设便于安装、维护、操作和修理，但是其安装成本高，热损失较大。架空敷设可分为室内和室外两种。室外架空敷设时，应尽量支撑在其他建筑物上，以便降低管架的成本；室内架空敷设时，应尽量沿墙壁、柱子、房梁、平台等进行敷设。

管路架空敷设时，应注意的事项如下。

① 墙壁敷设的管路不应影响室内的采光、通风及门窗的开启，并应避免架设在电气设备的上空和附近。

② 管架间距应符合管路跨度的要求，对于细小管路可采用吊架悬挂在大管路的下面。

③ 管路通过人行道时，管子底部与地面之间的距离应不小于2.2m；通过马路时，管子底部与地面之间的距离应不小于4.5m；通过火车道时，其距离不应小于6m；管路与电线之间的距离不应小于1m。

④ 管路经过运转设备的上空时，管底标高不应小于4m；管路不经过运转设备的上空时，管底标高可稍放低些，但一般不应小于3.2m。

⑤ 上下两层平行布置的管带，其标高差一般采用1m、1.2m、1.4m或1.6m，交叉排列的管带标高差为上述数值的一半。

⑥ 架设管路时，重量较大的管路应靠近管路支架，管路应按重量的大小，对称地布置在管架的横梁上。

⑦ 冰冻管路应尽量避免和不保温的热管路布置在一起，不耐热材质的管路应避开热管路布置，分层排列时，辅助管路一般在上层，输送腐蚀性介质的管路应布置在下层，并在法兰和阀门等易泄漏处加防护罩，且不应使其位于过道或设备的上方。

⑧ 管路呈水平方向并排布置时，相邻两管线之间不能靠得太近，对于有法兰的不保温管路，其突出部分的间隙不应小于50mm；对于无法兰的不保温管路和有保温管路之间突出部分的间隙不应小于80mm；管路最突出部位与墙壁或柱子边缘之间的距离不应小于100mm；管路最突出部位距管架横梁端部管架支柱边的距离不应小于100mm。

⑨ 不保温的管路可不设管托，直接放在管架上即可；介质温度≤－10℃的保冷管路一般设置100mm高的滑动管托；介质温度＞－10℃的保冷管路，滑动管托应与管路一起保

温，其管底距管架梁面的高度，由保温层及管托高度决定。

⑩ 管路的布置不应妨碍设备及阀门的操作和维修，阀门应设置在便于维修之处，位于2m以上的且需要经常操作的阀门，应设置平台或远距离操纵装置。

⑪ 脆性材料与低强度材料的管路，应避免碰撞，管路上的阀门应有专门的支撑固定装置，以免启闭时损伤管路。

⑫ 物料管路一般都铺成1/100的斜度，停工时，可使物料自然放净，蒸汽管路应设置凝液施放阀门，并铺成1/1000的斜度。

2. 地下敷设

管路地下敷设时，安装成本较低，热损失较小。管路的地下敷设可分为三种方式，即在通人的地沟内敷设、在不通人的地沟内敷设和无地沟的埋地敷设。在敷设管径较大且数量很多，或者较为重要的管路时，为了维护和修理的方便，可以敷设在通人的地沟内，如图4-68所示。通人地沟管路敷设时应注意以下几点：

① 当地下水位较高时，应在地沟内作混凝土防水层。

② 为了排放积水，地沟底层应有2/1000的斜度，若下水道高于地沟层，应在地沟内敷设排水装置。

③ 在地沟内每隔200～300m应设置人井，人井内设置扶梯，以便维修人员出入，人井的数量至少要有两个。

④ 地沟内应有人工或自然通风设施，应保证沟内温度不超过40℃。

⑤ 地沟内使用的固定照明灯，电压不得高于36V，手提照明灯的电压不得高于12V。

⑥ 地沟高度不得小于2m，宽度不应小于0.7m，管路与沟壁和管路与管路之间的距离应保证维护和修理的方便。

管路数量较少的地下敷设，可采用不通人的地沟敷设，如图4-69所示。在地沟中，一般大管径管路不应超过两根，小管径管路不应超过三根。采用不通人地沟敷设时，应注意以下几点：

① 应考虑防水排水问题。

② 地沟的底层应高于地下水位500mm以上，这样可不做防水层。

③ 地沟的高度和宽度应保证敷设管路时安装与焊接的方便。

④ 为了维修的方便，在补偿器和阀门等处应设置人井，人井的深度应不小于1.8m，其宽度应保证墙壁与管子之间的距离不小于0.5m，人井中应有排水设施。

上述通人及不通人地沟的沟顶，至少应在地面下500mm深度埋设，以便减轻沟顶的直接承重。

为了节省管路架设费用，无地沟的埋地敷设是最好的方法，如图4-70所示。采用无地沟的埋设时，应注意以下几点：

① 有保温层的管路，应外包以混凝土及沥青层，以便提高其抗压及防水的能力。若无防水层，埋设时，管子最低点应高出地下水位500mm，管子的最高点距地面应大于500mm。

② 管路底座的支撑物应放在冻土线以下，以防管路下陷。

③ 热力管路与其他建筑物或管路之间的最小距离为：

热力管路与电缆沟边	2.0m
热力管路与建筑物建筑线	5.0m

热力管路与管径≤200mm 的上水管　　1.5m

热力管路与管径＞200mm 的上水管　　3.0m

④ 热力管路与其他建筑物相交时，其上下方向的垂直距离不应小于下列数值：

管路顶部与铁轨底部　　1.0m

管路顶部与路基底部　　1.0m

在生产中，一般上下水管等适宜选用地下敷设，而容易损坏的，经常需要维修的气体管路，以及输送腐蚀性液体的管路，常采用架空敷设。

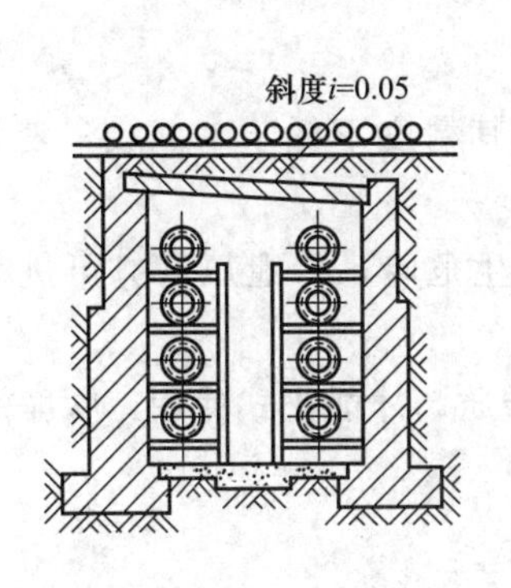

图 4-68　通人的地沟

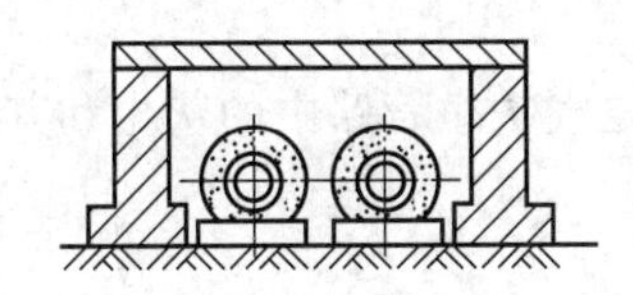

图 4-69　不通人的地沟

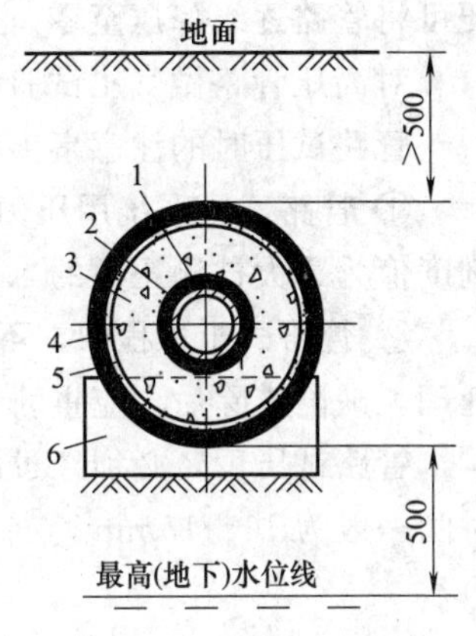

图 4-70　无地沟的敷设

1—管子；2,5—沥青层；3—混凝土层；4—水泥层；6—支座

第四节　管路的试压及常见故障处理

一、管路的试压

管路安装完毕后，在没有进行保温工作之前应进行试压，以便检查管路各连接处的密封性。对于过长的管路，可以逐段分别试压。中低压管路和高压管路承受压力不同，其试压方法也不同，分述如下。

1. 中低压管路的试压

中低压管路的工作压力为 0.25～6.4MPa，其试验压力通常为工作压力的 1.5 倍。

试压时，在管路的低处加水，从管路高处盲板上的小阀门排放空气，直到管路完全充满水时，停止加水并关闭放空阀，连接试压泵并向管路内充压。在充压的过程中，应巡回检查各处情况，当压力表指向试验压力时，保压 20min，检查有无泄漏处，然后将压力缓慢降至工作压力，并用手锤轻轻敲击焊缝处，检查有无假焊和泄漏现象。如果压力保持不变，管路各处都没有漏水和“出汗”现象，无目测变形，则水压试验合格，然后使管路缓慢逐级降至零，排放出管路中的水，试压结束。

对于蒸汽管路做水压试验的压力，通常为工作压力的 1.25 倍。中低压管路做气压试验时，其试验压力为工作压力的 1.05 倍。

2. 高压管路的试压

高压管路的工作压力为 10～100MPa，其试验压力为工作压力的 1.5 倍。

试压时，将管路升压至试验压力，保压 20min，检查有无泄漏的地方，然后将压力降至工作压力，并用小手锤敲击管路，检查有无泄漏现象，无泄漏时，再将压力升至试验压力，保压 5min 后若压力保持不变，再次将压力降至工作压力，全面检查管路有无泄漏。如果有泄漏，应作出标记，便于泄压后处理。如果各处均没有泄漏的现象，即认定水压试验合格，便可将管路逐级降压至零。

对高压管路做气压试验时，其试验压力应等于工作压力。

管路试压时的注意事项：

① 管路试压系统用压力表不得少于两个，并经校验合格，其精度不低于 1.5 级，表面刻度值为最大被测压力的 1.5～2 倍。

② 管路试压过程中，不得带压进行任何修理工作，以免发生危险，待泄压后方可进行处理，缺陷排除后，应重新试验。

管路试压后，必须经过压缩空气吹净管路中的灰尘和其他杂质，才能正式使用，吹净的时间一般为 10～15min。

二、管路常见故障及处理方法

管路常见故障的类型、产生原因和消除方法，如表 4-14 所示。

表 4-14 管路常见故障的类型、产生原因和消除方法

故障类型	产生原因	消除方法
管路振动	(1)运动及其振动的传导 ①旋转零件的不平衡 ②联轴器不同心 ③零件的配合间隙过大 ④机座和基础之间连接不牢 (2)输送介质引起的振动 ①介质流向的突变 ②介质激振频率和管路固有频率相接近 ③介质的周期性波动	(1) ①对旋转件进行静、动平衡 ②进行联轴器找正 ③调整配合间隙 ④加固机座和基础的连接 (2) ①采用大弯曲半径弯头 ②加固或增设支架，改变管路的固有频率 ③控制波动幅度，减小波动范围
管路泄漏	(1)法兰连接处泄漏 ①密封垫破坏 ②介质压力过高 ③法兰螺栓松动 ④法兰密封面破坏 (2)螺纹连接处泄漏 ①螺纹连接没有拧紧 ②螺纹部分破坏 ③螺纹连接处密封失效 (3)管子缺陷 ①铸铁管子上有气孔或夹渣 ②焊缝处有气孔或夹渣	(1) ①更换密封垫 ②使用耐高压的垫片 ③拧紧法兰螺栓 ④修理或更换法兰 (2) ①拧紧螺纹连接螺栓 ②修理管端螺纹 ③更换连接处的密封件 (3) ①打上卡箍 ②清理焊缝，进行补焊

续表

故障类型	产 生 原 因	消 除 方 法
管路裂纹	①管路连接不同心,弯曲或扭转过大 ②冻裂 ③振动剧烈 ④机械损伤	①安装时进行找正 ②增设保温层 ③消除振动 ④避免碰撞

第五节　管路的保温与涂色

一、管路的保温

1. 保温的目的

① 对于高温介质的管路，可以减少其散热。

② 对于低温介质的管路，可以减少其吸热。

③ 维持室内正常温度，改善工人的劳动条件。

2. 对保温材料的要求

① 隔热性好。

② 结构疏松。

③ 单位体积重量轻。

④ 有一定的强度和刚度。

⑤ 吸水性差。

⑥ 来源广、价格低。

3. 常用保温材料的种类

常用的保温材料有石棉、硅藻土、碳酸镁、蛭石、矿渣棉、酚醛玻璃纤维、聚苯乙烯泡沫塑料、聚氯乙烯泡沫塑料、软木砖、木屑和稻草等。

4. 对保温装置的要求

① 保温层应有良好的隔热性能，应有防水、防风的作用。

② 保温层应有足够的强度。

③ 保温层应有足够的厚度，其厚度以低温管路层表面不凝结水珠，高温管路保温层表面不产生烫伤为准。

④ 施工容易，维修方便。

⑤ 成本低、外表整齐美观。

5. 保温装置的结构类型

① 胶泥结构保温装置如图 4-71 所示，这种保温装置的施工方式和步骤如下：

a. 在管子的外表面涂防锈漆。

b. 将保温材料掺水，调成胶泥状备用。

c. 胶泥分层均匀地涂抹在管路上，第一层厚度为 5mm，以后每层厚度为 10mm。每涂一层时，需等前一层完全干燥后才能进行。

d. 铁丝网捆扎一周。

e. 涂覆保护层。保护层分包扎类保护层和石棉水泥类保护层两种。前者涂胶泥层后，再用玻璃丝布、塑料带或油毛毡包扎而成；后者用石棉与水泥调和成泥状，涂覆而成。

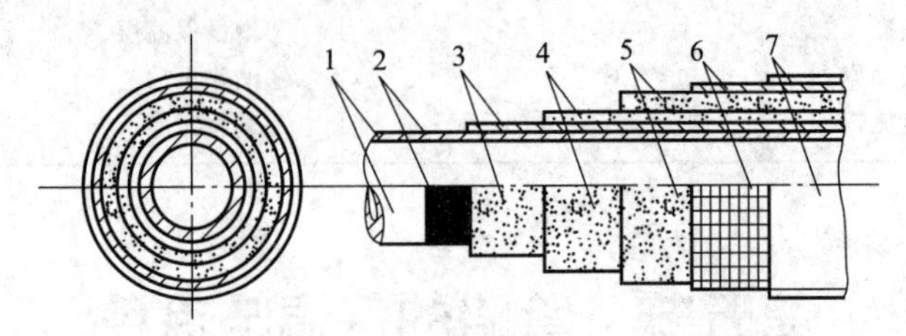

图 4-71 胶泥结构的保温装置

1—管子；2—红丹防锈层；3—第一层胶泥；4—第二层胶泥；5—第三层胶泥；6—铁丝网；7—保护层

② 制品结构保温装置如图 4-72 所示，这种保温装置的施工方法和步骤如下：

a. 在管子的外表面涂防锈漆。

b. 在管路上覆以 5mm 厚的胶泥结构保温材料。

c. 将半环形的保温制品依次扣合在管路上，并用铁丝捆扎。

d. 覆以保护层。

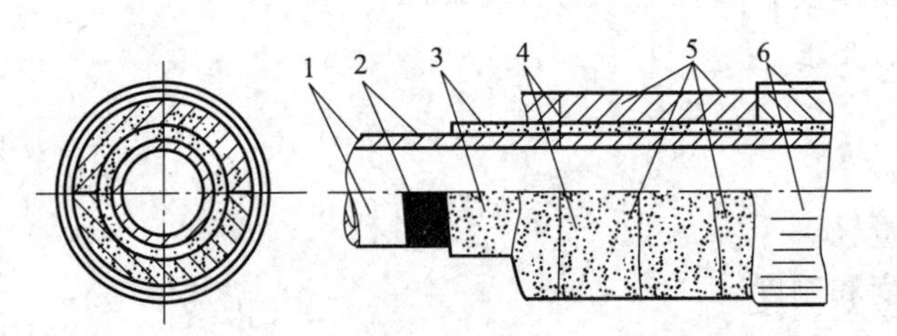

图 4-72 制品结构的保温装置

1—管子；2—红丹防锈层；3—胶泥层；4—保温制品；5—铁丝或扁铁环；6—保护层

③ 填料结构保温装置如图 4-73 所示，这种保温装置的施工方法和步骤如下：

a. 在管子的外表面涂防锈漆。

b. 将胶泥制的保温固定环，以间隔 300mm 的距离装在管路上，并用铁丝捆扎。

c. 在固定环的外圆周上系好铁丝网，把填料结构的保温材料填入管子表面与铁丝网之间的环形空间。

d. 覆以保护层。

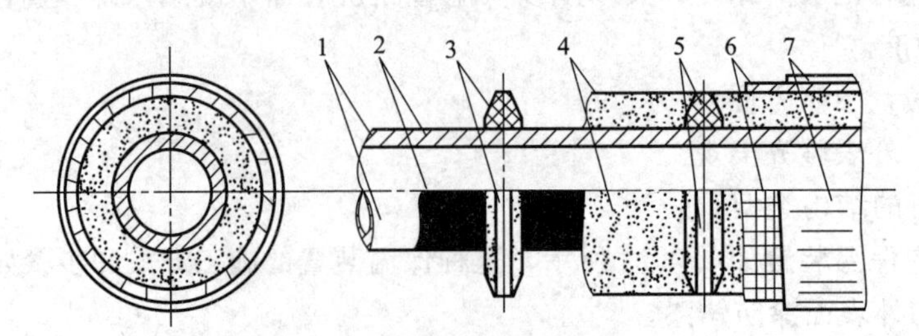

图 4-73 填料结构的保温装置

1—管子；2—红丹防锈层；3—固定环；4—填料结构的保温材料；5—铁丝；6—铁丝网；7—保护层

④ 石棉绳结构保温装置如图 4-74 所示，这种保温装置的施工方法和步骤如下：

a. 在管子的外表面涂防锈漆。

b. 把石棉绳分层缠绕在管路上，相邻两层的绕缝应相互错开。

c. 用胶泥结构保温材料涂塞缝隙，并用铁丝捆扎。

d. 覆以保护层。

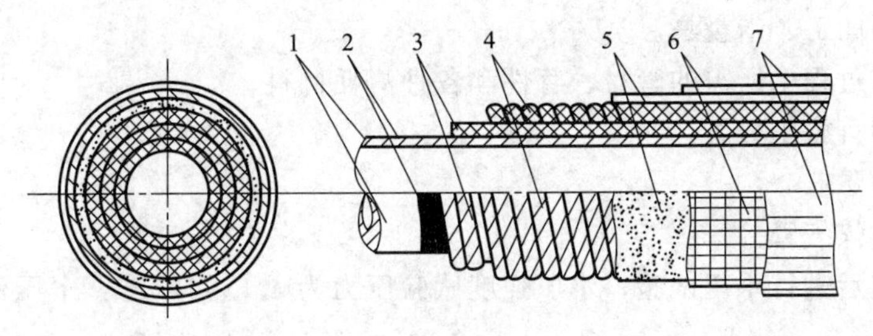

图 4-74　石棉绳结构的保温装置

1—管子；2—红丹防锈层；3—第一层石棉绳；4—第二层石棉绳；
5—胶泥层；6—铁丝网；7—保护层

在生产中，需要经常拆卸的管路上的管件，可以不进行保温，但高温管路上的管件和阀门应予以保温。修理过程中，需要拆开的保温层，在修理完后，应及时予以修复。

二、管路的涂色

生产中，为了区别不同介质的管路，往往在保温层或管子的表面涂以不同的颜色。涂色方法有两种，一种是单一的颜色；另一种则是在底色上加以色环（色环每隔 2m 一个，宽度为 50～100mm），涂色的材料多为调和漆。常用管路的涂色见表 4-15。

表 4-15　常用管路的涂色

管路内介质及注字	涂色	注字颜色	管路内介质及注字	涂色	注字颜色	管路内介质及注字	涂色	注字颜色
过热蒸汽	暗红	白	氨气	黄	黑	生活水	绿	白
真空	白	纯蓝	氮气	黄	黑	过滤水	绿	白
压缩蒸汽	深蓝	白	硫酸	红	白	冷凝水	暗红	绿
燃料气	紫	白	纯碱	粉红	白	软化水	绿	白
氧气	天蓝	黑	油类	银白	黑			
氢气	深绿	红	井水	绿	白			

根据各地区和各工厂的习惯，对管路的色别也可自行调整或补充。

综合训练 ◀◀◀

一、教学要求

① 掌握管子切割和套螺纹的基本方法。

② 熟悉管路的安装过程。

③ 掌握管路的试压方法，能对管路常见故障进行分析判断和处理。

④ 了解管路的敷设、保温及涂色等。

二、教学内容

根据管路图进行管路的安装。

1. 管路安装前的准备

① 熟悉管路图及施工要求。

② 准备必要的工、卡量具。

③ 领取安装过程中所需的管材、管件和各种消耗材料。

④ 研究并制订施工方案。

2. 管路安装要求

① 采用水、煤气管。

② 管路安装后进行水压试验，水压强度试验压力为 4.5×10^5Pa，水压密封试验压力为 3×10^5Pa。

③ 用石棉制品进行保温。

3. 管路的安装

三、综合实习考核

表 4-16 为管路安装考核评分表。

表 4-16 管路安装考核评分表

序号	考核项目	分数	考核内容与评分标准	得分
1	管子的切割	10	①管子夹持方法正确,管外表面无损伤 2分 ②操作方法正确、熟练 3分 ③切口断面和管子中心垂直 3分 ④切断尺寸准确 2分	
2	管子的套螺纹	15	①管子夹持方法正确,管子外表面无损伤 3分 ②管径无明显椭圆变形 3分 ③操作方法正确、熟练 5分 ④螺纹无偏斜和烂牙现象 4分	
3	管子的弯曲	15	①弯曲角度准确 4分 ②弯曲表面平滑,无裂纹 3分 ③弯曲的横截面无明显的椭圆变形 3分 ④操作方法正确、熟练 5分	
4	管子的法兰连接	10	①操作方法正确、熟练 4分 ②两法兰端面平行、同轴度高 3分 ③垫片制作、安装正确 3分	
5	管架的制作与安装	10	①操作方法正确、熟练 3分 ②管卡的制作、安装正确 3分 ③安装顺序正确 2分 ④安装固定牢固 2分	
6	阀门的安装	10	①操作方法正确、熟练 7分 ②阀门的安装方向、位置正确 3分	
7	管路的试压	20	①操作方法正确、熟练 6分 ②能分析处理试压过程中的故障 6分 ③试压符合技术要求 8分	

续表

序号	考核项目	分数	考核内容与评分标准	得分
8	管路的保温	5	操作顺序、方法正确　5分	
9	安全文明生产	5	①无设备或人身事故　2分 ②工器具使用方法正确，摆放整齐，交接清楚　1分 ③操作过程中有条不紊，无慌乱现象　1分 ④安装操作完毕后现场整洁　1分	

复习题

一、填空

1. 管子的切割方法可分为__________和__________两大类。

2. 根据纵向断面形状的不同，管螺纹可分为__________和__________两种。

3. 管螺纹的加工有__________和__________两种方式。

4. 管子的弯曲方法有__________和__________两种方法。

5. 管子的热弯可分为__________和__________两种。

6. 管子的冷弯可分为__________和__________两种。

7. 管路的连接通常采用的连接方法有__________、__________、__________和__________四种。

8. 法兰盘的种类有__________、__________、__________和__________四种。

9. 中低压法兰的密封形式有__________、__________、__________和__________四种。

10. 高压管路法兰密封形式有__________和__________两种。

11. 垫片根据制作材质可分为__________、__________和__________三大类。

12. 管子端部的螺纹通常采用__________和__________螺纹。

13. 承插连接适用于__________和__________管路上。

14. 中低压管路的焊接一般分为__________和__________。

15. 管路的架设工作主要包括__________、__________、__________、__________、管路的敷设以及管路的保温等内容。

16. 管架可分为__________和__________两大类。

17. 常用的管卡有__________、__________、__________和__________等形式。

18. 常用的管托有__________、__________、__________、__________、滑动式管托和滚动式管托等。

19. 管路的补偿方式有__________和__________两种方法。

20. 补偿器补偿中常用的补偿器有__________、__________、__________和__________四种。

21. 管路的敷设方法可以分为__________和__________两大类。

二、选择

1. 拆卸方便，连接强度高，适用范围广属于（　　）连接的特点。

A. 法兰连接　　B. 螺纹连接　　C. 承插连接　　D. 焊接连接

2. 下列不属于法兰盘和管子之间的连接方式的是（　　）。

A. 整体式法兰　B. 搭接式法兰　C. 普通法兰　D. 螺纹法兰

3. 下列属于高压管路法兰密封形式的是（　）。

A. 锥面式密封　B. 凹凸面式密封　C. 榫槽式密封　D. 梯形槽式密封

4. 管子螺纹连接时，公称直径不大于（　）。

A. 65mm　B. 70mm　C. 30mm　D. 50mm

5. 管子在常温下进行的弯曲加工称为（　）。

A. 热弯　B. 冷弯　C. 常温弯　D. 手弯

6. 在由拉应力变化至应力的过程中，总有拉压应力均为 0 的一个界面称为（　）。

A. 外侧　B. 内侧　C. 中性层　D. 表层

7. 为了保证管路在热状态下稳定和安全工作，减少管路因热膨胀而造成的热应力，凡是工作时的温度大于（　）的管路都必须考虑膨胀变形和补偿问题。

A. 30℃　B. 32℃　C. 40℃　D. 36℃

8. 管路自动补偿是利用管路本身的（　）来吸收其热变形的。

A. 塑性变形　B. 弹性变形　C. 拉伸变形　D. 弯曲变形

9.（　）的优点是结构紧凑，体积小，流体阻力小。

A. 回折管式补偿器　B. 填料函式补偿器　C. 球面补偿器　D. 凸面补偿器

10. 管路试压中，其试验压力是工作压力的（　）。

A. 1.5 倍　B. 2 倍　C. 1 倍　D. 3 倍

三、判断

1. 管子的冷弯适用于公称直径较大的管子和壁较厚的高压管子。（　）

2. 管子的无皱折热弯适用于公称直径 400mm 以下的管子。（　）

3. 管子加热时使用的燃料为烟煤。（　）

4. 管子弯曲后，应比样杆多弯 3°～5°，以防止在冷却过程中自行回弯。（　）

5. 对管子进行有皱折热弯的方法特别适用于高压管子。（　）

6. 手动弯管机适用于弯制外径在 32mm 以下的无缝钢管和公称直径在 1in 以下的水、煤气钢管。（　）

7. 螺纹法兰多用于生产中的低压管路上。（　）

8. 高压管路连接的密封是靠管子端面密封的。（　）

9. 梯形槽式密封的法兰主要用于高温高压的输油管路上。（　）

10. 高压管路平面式密封靠的是两法兰的端面。（　）

11. 塑料板垫片主要用于水管及酸碱管路上。（　）

12. 室外管路支架的基础应牢固地埋在地面以下，埋入深度应大于 300mm。（　）

13. 阀门应安装在便于操作和维修的地方，一般安装高度为 1.5m。（　）

14. 管路经过运转设备的上空时，管底标高不应小于 2m。（　）

15. 在地沟内每隔 200～300m 应设置人井，人井内设置扶梯，以便维修人员出入。（　）

16. 在生产中，容易损坏的，经常需要维修的气体管路，以及输送腐蚀性液体的管路，常采用地下敷设。（　）

17. 中低压管路做气压试验时，其试验压力为工作压力的 1.5 倍。（　）

四、简答

1. 活络平板牙有几副？各适用的范围是什么？
2. 简述手动套制管螺纹的操作过程及注意事项。
3. 管子弯曲后的技术要求是什么？
4. 叙述进行管子无皱折热弯的操作步骤。
5. 对管子进行加热时的要求是什么？
6. 管子的弯曲方法有哪些？
7. 法兰盘和管路的连接形式有哪些？
8. 法兰密封面的形式有哪些？
9. 中低压法兰和高压法兰的密封面有何主要区别？
10. 法兰连接中常用的密封垫有哪些？
11. 法兰连接的技术要求是什么？
12. 如何进行管子的螺纹连接？
13. 管路在焊接连接前，为什么要开坡口？
14. 管路的支架和吊架各有哪些种？适用于什么场合？
15. 管托和管夹的作用是什么？
16. 管路安装后为什么要进行补偿？其补偿的方法有哪些？
17. 常用的补偿器有哪些？
18. 简述补偿器的安装方法。
19. 阀门在安装前应作哪些检查？
20. 阀门安装时的注意事项是什么？
21. 简述中低压管路的试压方法。
22. 管路常见的故障有哪些？各应作如何处理？
23. 管路保温的目的是什么？
24. 管路保温时对保温材料的要求是什么？
25. 常用的保温材料有哪些？
26. 保温装置的结构类型有哪些？
27. 管路的颜色说明了什么，它是如何规定的？

第五章

塑料管道的发展与应用

塑料是近30年来增长速率最快的工业材料。塑料管道是指用塑料材质制成的管子的通称。塑料管道与传统金属管道相比，具有自重轻、耐腐蚀、耐压强度高、卫生安全、水流阻力小、节约能源、节省金属、改善生活环境、使用寿命长及安装方便等特点，并且在原料合成生产、管材管件制造技术、设计理论和施工技术等方面得到了发展和完善，积累了丰富的实践经验。据中国塑料加工工业协会塑料管道专业委员会统计，在国家相关政策扶持以及市场需求的拉动下，目前我国塑料管道行业仍保持持续、稳定的发展，去年产量达1436万吨。塑料管道在多个领域相对传统金属管、混凝土管都具备较多优势，因此获得了较多地区的推荐使用。塑料管道是我国重点推广应用的化学建材，塑料管道的发展在经历了研究开发和推广应用的阶段之后，已进入产业化高速发展阶段。

第一节　塑料管道的种类及应用领域

一、塑料管道的种类

1. 硬质聚氯乙烯管（UPVC）

硬质聚氯乙烯管具有较高的抗冲击性能和耐化学性能，是国内外使用最为广泛的塑料管道。根据使用要求的不同，在加工过程中可添加不同的添加剂，使其具有满足不同要求的物理和化学性能；根据结构形式的不同可分为螺旋消声管、芯层发泡管、径向加筋管、螺旋缠绕管和波纹管。UPVC管主要用于城市供水、城市排水、建筑给水和建筑排水管道。

① UPVC螺旋消声管。螺旋消声管的管道内壁上有几条起导流作用的螺旋肋，以达到降低噪声的目的。主要用于建筑排水。

② UPVC芯层发泡管。芯层发泡管是采用三层共挤出工艺生产的管道，内外两层与普通UPVC相同，中间是相对密度为0.7～0.9的一种低发泡层管材。每单位长度的管材可减

少约17%的UPVC用量，同时也改善了管材的绝热和隔音性能。主要用于排水管及护套管。

③ UPVC径向加筋管。径向加筋管是采用特殊模具和成型工艺生产的UPVC塑料管，其特点是减小了管壁厚度，同时还提高了管子承受外压载荷的能力。管外壁上带有径向加强筋，起到了提高管材环向刚度和耐外压强度的作用。此种管材在相同的外载荷作用下，比普通UPVC管可节30%左右的材料，主要用于城市排水。

④ UPVC螺旋缠绕管。螺旋缠绕管是带有“T”形肋的UPVC塑料板材卷制而成的，板材之间由快速嵌接的自锁机构锁定，在自锁机构中加入黏结剂黏合。这种制管技术的最大特点是可以在现场根据工程需要卷制不同直径的管道，管径范围为150～2600mm。适用于城市排水、农业灌溉、输水工程和通信工程等。

⑤ UPVC波纹管。波纹管管壁纵截面由两层结构组成，外层为波纹状，内层光滑。这种管材比普通UPVC管节省约40%的原料，并且承受外载荷的能力较强。主要用于室外埋地排水管道、通信电缆套管和农用排水管。

2. 氯化聚氯乙烯管（CPVC）

氯化聚氯乙烯管是由过氯乙烯树脂加工而成的一种塑料管。具有较好的耐热、耐老化和耐化学腐蚀性能。国外多用作热水管、废液管和污水管，国内多用于电力电缆护套管。

3. 聚乙烯管（PE）

聚乙烯管按其密度不同分为高密度聚乙烯管（HDPE）、中密度聚乙烯管（MDPE）和低密度聚乙烯管（LDPE）。高密度聚乙烯管具有较高的强度和刚度；中密度聚乙烯管除了具有高密度聚乙烯管的耐压强度外，还具有良好的柔性和抗蠕变性能；低密度聚乙烯管的柔性、伸长率和耐冲击性能较好，尤其是化学稳定性和高频绝缘性能良好。国外HDPE和MDPE管被广泛用作城市燃气管道、城市供水管道。目前，国内的HDPE管和MDPE管主要用作城市燃气管道，少量用作城市供水管道，LDPE管大量用作农用排灌管道。

4. 交联聚乙烯管（PEX）

交联聚乙烯管是通过化学方法或物理方法将聚乙烯分子的平面链状结构改变为三维网状结构，使其具有优良的物理化学性能。交联聚乙烯管制造通常有化学交联和物理交联两种方法，其中化学交联又分一步法和两步法两种。一步法是聚乙烯原料中加入催化剂（硅烷、过氧化物）、抗氧剂，在挤出机挤出过程中进行交联，生产出交联聚乙烯管；两步法是先制造出交联聚乙烯A、B料，然后挤出交联聚乙烯管。物理交联方法，通常是用电子射线或钴60-γ射线交联方法，聚乙烯原料通过传统方法生产成管材，然后通过电子加速器发出电子射线或钴60-γ射线照射聚乙烯管，激发聚乙烯分子链发生改变，产生交联反应，生产出交联聚乙烯管。PEX管主要用于建筑室内冷热水供应和地面辐射采暖。

5. 三型聚丙烯管（PPR）

三型聚丙烯是第三代改性聚丙烯，即采用气相共聚法使PE在PP分子链中随机地均匀聚合，使其具有较好的抗冲击性能和抗蠕变性能。PPR管主要应用于建筑室内冷热水供应和地面辐射采暖。

6. 聚丁烯管（PB）

聚丁烯管具有独特的抗蠕变性能，能长期承受高负荷而不变形，化学稳定性好，可在－20～95℃之间安全使用。主要应用于自来水、热水和采暖供热管，但由于PB树脂供应量小而价高等原因，国内难以大量生产与应用。

7. 工程塑料管（ABS）

工程塑料管是丙烯腈、丁二烯、苯乙烯的三元共聚物，具有较高的耐冲击强度和表面硬度，在-40～100℃范围内能保持韧性和刚度，并且不受电腐蚀和土壤腐蚀。所以在国外常用作卫生洁具下水管、输气管、高腐蚀工业管道，国内一般用于室内冷热水管和水处理的加药管道、有腐蚀作用的工业管道。

8. 玻璃钢夹砂管（RPM）

玻璃钢夹砂管是采用短玻璃纤维离心或长玻璃纤维缠绕，中间夹砂，管壁略厚，环向刚度较大，可用作承受内、外压的埋地管道。玻璃钢夹砂管具有强度高、重量轻和耐腐蚀等特点，可用于化工等工业管道，尤其适用于做大口径城市给水排水管道。

9. 铝塑复合管（PAP）

铝塑复合管是通过挤出成型工艺生产制造的新型复合管材，它由聚乙烯层（或交联聚乙烯）-胶黏剂层-铝层-胶黏剂层-聚乙烯层五层结构构成。铝塑复合管根据中间铝层焊接方式的不同分为搭接焊铝塑复合管和对接焊铝塑复合管。铝塑复合管可广泛应用于冷热水供应和地面辐射采暖。

10. 钢塑复合管（SP）

钢塑复合管生产工艺有流化床涂装法、静电喷涂法、真空抽吸法和塑料管内衬法等。产品具有钢管的机械强度和塑料管的耐腐蚀优点。主要应用于石油、化工、通信、城市给水排水等领域。

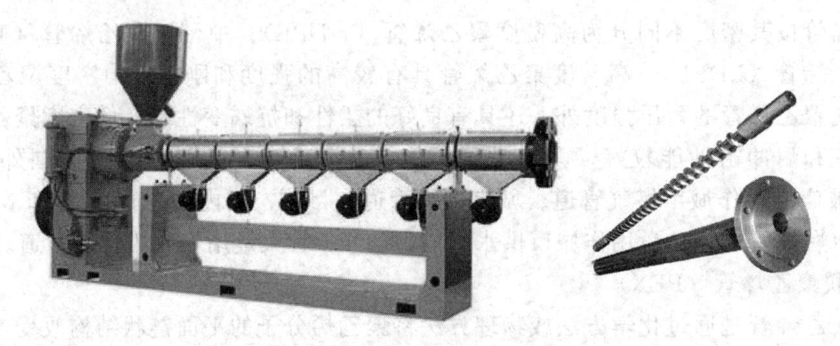

图 5-1 单螺杆塑料挤出机

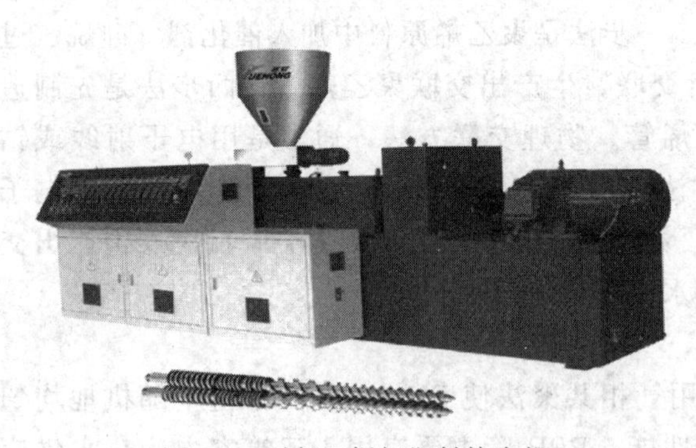

图 5-2 平行双螺杆塑料挤出机

随着塑料管材应用领域的不断扩大，塑料管材的品种也在不断增加，除了早期开发的供、排 PVC 管材、化工管材、农田排灌管材、燃气用聚乙烯管材外，近几年后增加了 PVC 芯层发泡管材、PVC、PE、双壁波纹管材、铝塑复合管材、交联 PE 管材、塑钢复合管材、聚乙烯硅心管材等。

塑料管道生产的设备主要有：系列单螺杆塑料挤出机、系列平行双螺杆塑料挤出机、系列锥型双螺杆塑料挤出机、塑料中空吹塑成型机、各种成套生产机组设备。如图 5-1～图 5-4所示。

二、塑料管道的应用领域

塑料管道已被国内外越来越多地应用在各行各业。各种塑料管道的主要应用领域见表 5-1。

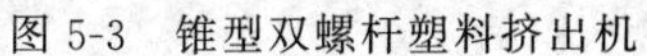
图 5-3　锥型双螺杆塑料挤出机

图 5-4　塑料中空吹塑成型机

表 5-1　塑料管道的应用领域

种类		市政给水	市政排水	建筑给水	建筑排水	室外燃气	热水采暖	雨水管	穿线管	排污管
PVC	UPVC	√	√	√	√	—	—	√	—	—
	CPVC	√	—	√	—	—	√	—	—	√
	径向加筋管	—	√	—	—	—	—	—	—	—
	螺旋缠绕管	—	√	—	—	—	—	—	—	—
	芯层发泡管	—	—	—	√	—	—	√	—	—
	螺旋消声管	—	—	—	√	—	—	√	—	—
	双壁波纹管	√	√	—	—	—	—	—	—	—
	单壁波纹管	—	—	—	—	—	—	—	√	—
PE	HDPE	√	—	√	—	√	—	—	—	—
	MDPE	—	—	√	—	√	—	—	—	—
	LDPE	—	—	—	—	—	—	—	√	—
	双壁波纹管	√	√	—	—	—	—	—	—	—
	螺旋缠绕管	—	√	—	—	—	—	—	—	—
PEX		—	—	√	—	—	√	—	√	√
PPR		—	—	√	—	—	√	—	—	√
PB		—	—	√	—	—	√	—	—	√
ABS		—	—	√	—	—	√	—	—	—
RPM		√	√	—	—	—	—	—	—	—
PAP		—	—	√	—	√	√	—	√	√
SP		√	√	—	—	√	—	—	—	—

三、采暖系统中塑料管材的应用

塑料管因其重量轻、耐腐蚀、水流损失小、安装方便等特点受到了管道工程界的青睐，塑料管材正不断替代金属或其他传统材料的管材，发展十分迅速。目前在我国应用于采暖系统中的管材有聚乙烯（PE）管、聚丙烯（PP）管、铝塑复合管，另外还有少量的丙烯腈/丁二烯/苯乙烯共聚物（ABS）管等。

1. 交联聚乙烯管（PEX）

目前PEX管材在地板采暖系统中的应用率是最高的，合格PEX管材具有力学性能好、耐高温和低温性能好等优点，水温82.5℃，水压为1.0MPa，使用寿命可达50年以上，耐低温；弯曲应力相对集中，弯曲半径$R\geqslant200$mm（此数值越大弯曲度越差）；价格相对其他品种便宜，安装方便且制作成本较低。但是，PEX管材没有热塑性能，不能用热熔焊接的方法连接和修复，若采用连接件进行修补，则增加了整个地暖系统的不安全性。连接方式为锁扣夹紧式，施工工艺要求较高，管材出现漏洞难以修补；管材相对较硬，其耐压耐温等特性主要取决于“交联度”，交联度达到要求的PEX管性能非常优越，但价格也非常高昂。

2. 铝塑复合管（PAP）

具有一般塑料管的特点，具有不生锈、不结垢、不污染水质、耐热、环保、节能等优点，可用作冷水管、热水管等，在地面辐射采暖管方面有一定的竞争力。由于PAP管材是以盘管形式出现的，具有裁切简单、连接方便、随意弯曲等诸多优点，特别适用于暗敷且管段相对较长的室内供给水系统。缺点是铜接头价格贵，还缩小过水断面，施工过程中在管道调直、剪切及连接等方面，容易出现质量问题。

3. 交联铝塑复合管（XPAP）

耐压能力强，耐高温，不透氧，易弯曲，不反弹；但是它不能二次熔焊，故一般采用机械卡式连接，此种接头在热胀冷缩时易产生拉拔作用，容易引起渗漏。铝塑复合管由五层材料构成，其结构为铝板与聚乙烯复合而成，两种材质热膨胀系数相差很大，若长期冷热交替变化，易造成两种材质相互脱落，管道强度和导热性下降，甚至导致管道开裂。另外其热膨胀系数与混凝土的热膨胀系数差别亦较大，温度的变化也会造成混凝土层的开裂。XPAP的价格较PEX、PPR等管材高。

4. 无规共聚聚丙烯管（PPR）

PPR管为聚丙烯（PP）管改性后的共聚聚丙烯管材，由于PPR管是热熔性管材，且管材、管件都使用同一种材料，因此在连接时可采用热熔、电熔焊接方式，此种方式速度快，操作简单，安全可靠。PPR管材材质轻、强度好、耐腐蚀、具有不生锈、不结垢、耐热、防冻、保温、废料可以回收利用等优点。但PPR用于系统的工作压力小于0.66MPa、长期使用于工作温度<70℃的场合，短期最高使用温度仅为95℃。而高层采暖工作压力最低要求0.8MPa以上，0～70℃水暖在实际运行中难以保证。弹性模量大、材质太硬，*DN*25管无盘管，因此造成地下接头过多，需用管件也多，施工麻烦，易漏水；热胀性大，易出现地面龟裂、垫层表面龟裂现象；内径小，影响采暖效果；蠕变性能差。

5. 聚丁烯管（PB）

PB管为聚丁烯高分子材料，该材料重量轻，低温下具有抗脆性、抗冲击性，有良好的柔韧性，耐腐蚀，其用于压力管道时的耐高温特性尤为突出，可在95℃下长期使用，最高使用温度在110℃，在70℃、1MPa条件下可连续使用50年。脆化温度低（−30℃），在−20℃以内结冰不会冻裂。管材表面粗糙度为0.007，不结垢，无须作保温，保护水质，抗紫外线，防异物（微生物）生长；连接方式良好，使用效果很好。目前在欧美发达国家，

PB 管已广泛采用。PB 热水管路系统在系统技术应用方面尤其突出，从管路的布置到水嘴的定位；从热能分配器到护套管；从专有的热熔机具、工具到获得专利的挤压夹紧技术，覆盖了整个管路系统的每一个细节，较好地解决了冷热水龙头安装的定位及传统热水管路系统布置中存在的热能（热水）输出逐级衰减等问题，从而使管路系统做到了安全、可靠、节能、高效。

6. 耐冲击共聚聚丙烯管（PPB）

耐低温性能好、弯曲模量高、连接性能优越和原料成本低。但耐热性能相对其他产品而言较差。

7. 耐热增强聚乙烯管（PE-RT）

PE-RT 是一种新型采暖专用管材，其物理技术特性是：在工作温度为 70℃，压力为 0.8MPa 的条件下，PE-RT 管可安全使用 50 年以上。PE-RT 原料获得了国际专门认证机构 Bodycote-Broutman 公司的地暖材料认证，允许用于 180℉（82.2℃）的高温领域。PE-RT 管可采用热熔连接方式连接，遭到意外损坏也可以用管件热熔连接修复，连接处没有接头，可大大提高连接质量、减少质量事故。PE-RT 具有良好的柔韧性，最小弯曲半径为 5 倍管材直径，在地暖工程施工过程中可以通过盘卷和弯曲的方法，降低施工成本。其特有的“应力松弛性能”，管道弯曲时，在弯曲部分的应力可以很快得到松弛，不会出现“回弹”现象，PE-RT 的脆裂温度低，具有优异的耐低温性能，管道弯曲时无须预热，即使在冬季低温情况下施工也很方便；内壁光滑，对水的摩擦阻力小，能减少结垢，避免堵塞；PE-RT 管可回收再利用，不污染环境。

随着中国的经济在持续高速增长，西气东输、南水北调及城市住宅等建设的需求为塑料管开辟了空前的大市场。随着 PE 管材的发展，预计其使用量将会超过其他管材管件，这将会使我国采暖用管材的发展进入一个崭新的阶段。

第二节　塑料管材的加工及其管道连接

一、塑料管材的切割

根据使用要求，量取长度后用钢锯、小圆锯片等切割工具截取所需要的管材，切割后应得保持两端垂直平整，并用锉刀除去毛边，并进行倒角，但不宜过大。切断管材时，必须使用切割器垂直切断，切口应平滑、无毛刺。塑料管材的切割工具包括塑料管锯、棘齿剪刀、快进式塑料管切管器、管铡刀、大管径塑料管切管机和封堵器等，使用方法与金属切割工具相似。结构如图 5-5 所示。

二、塑料管件

塑料管件几乎涵盖了所有金属管件的类型，如直接、弯头、三通、四通及单向阀等管件，常用的塑料管件如图 5-6 所示。

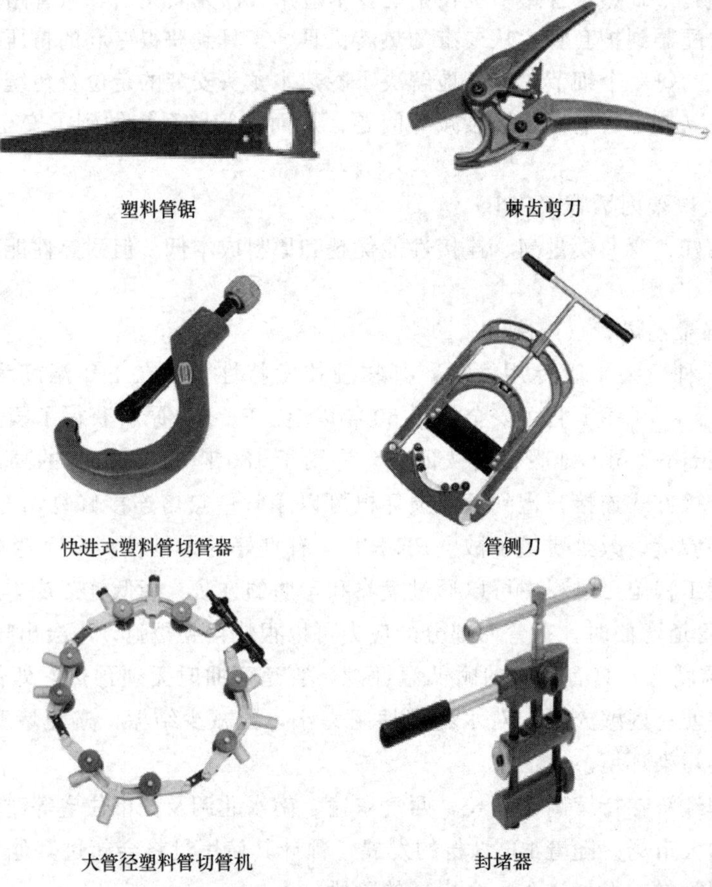

图 5-5 塑料管材切割工具

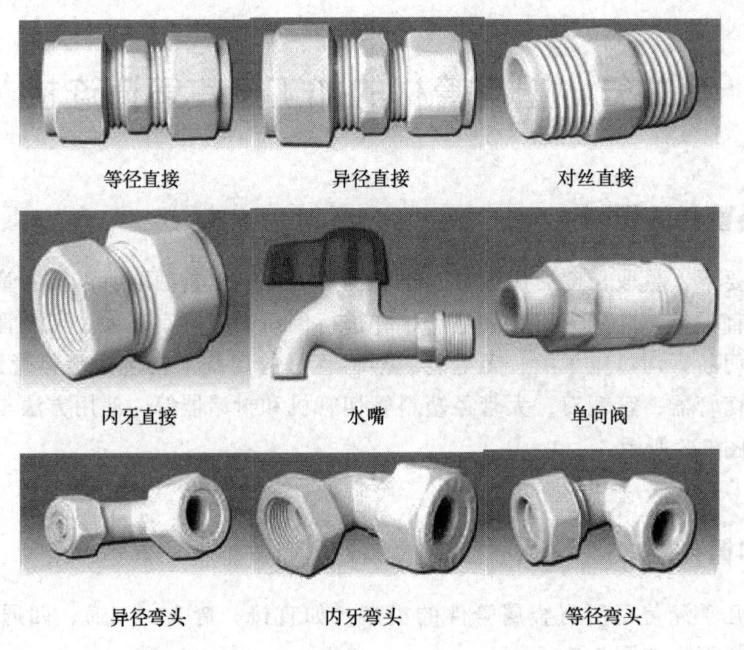

图 5-6

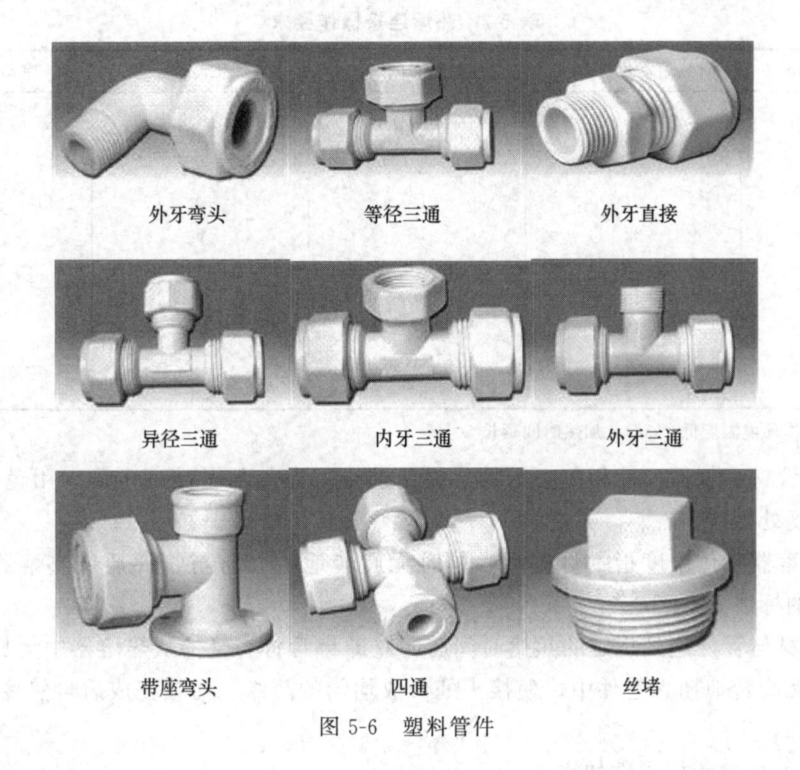

图 5-6　塑料管件

三、塑料管道的连接

（一）热熔连接

热熔连接包括热熔承插连接、热熔对接连接和热熔鞍形连接三种。热熔连接过程中要使用热熔器装置，其主要由熔接器和加热模头两部分组成。热熔器如图 5-7 所示。

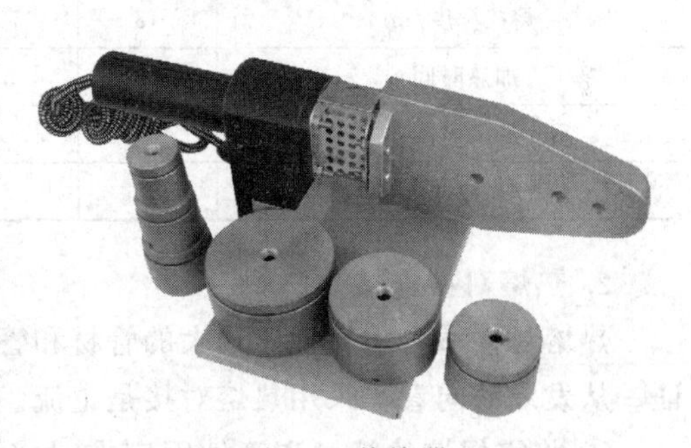

图 5-7　热熔器

使用热熔器连接管路时，首先根据所需管材规格安装对应的加热模头，接通电源，然后用切管器垂直切断管材，将管材和管件无旋转地推进熔接器模头内，达到加热时间后立即把管材与管件从模头上取下，直线均匀插入到所需深度，使接头处形成凸缘。

进行热熔连接时，依据管子公称尺寸的不同，相应所需的热熔深度、加热时间、加工时间和冷却时间也不同。热熔连接操作要求如表 5-2 所示。

1. 热熔承插连接

热熔承插连接适合于直径较小的管材管件（一般在 DN63mm 以下），因为直径较小的管材和管件壁厚较小，截面积较小，采用对接不易保证质量。热熔承插连接的安装步骤如下：

① 根据实地安装需要的长度进行切割，切割时必须使用专用的割管器垂直切割管材，切口应平整。清理管材与管件的焊接部位，避免沙子或灰尘等损害接头的质量。

表 5-2 热熔连接操作要求

公称外径/mm	热熔深度/mm	加热时间/s	加工时间/s	冷却时间/min
20	14	5	4	3
25	16	7	4	3
32	20	8	4	4
40	21	12	6	4
50	22	18	6	5
63	24	24	6	6
75	26	30	10	8
90	32	40	10	8
110	38	50	15	10
160	55	60	25	20

注：如果操作环境温度低于5℃，加热时间延长50%。

② 用与管材和管件尺寸相配套的加热模头装配好热熔器并接通电源，用色笔在管材热熔端所需长度处划线。

③ 待热熔器工作温度指示灯亮后，同时无旋转地将管材与管件插入热熔器的模头内，并达到所画的标线处。

④ 当管材与管件达到规定的热熔时间后，立即将管材与管件从热熔器中无旋转地拔出，然后将管材无旋转地插入管件中，使接头处形成均匀的凸缘，对接完成后自然冷却至标准时间即可。

PE管材的热熔承插参数如表5-3所示。

表 5-3 PE管材热熔承插参数

外径/mm	16	20	25	32	40	50	63
加热温度/℃	210±10						
熔接深度/mm	13	15	17	19	21	24	28
加热时间/s	5	5	7	8	12	18	24
插接时间/s	4	4	4	6	6	6	8
冷却时间/min	2	2	2	4	4	6	8

2. 热熔对接连接

热熔对接适合于直径比较大的管材和管件，比承插连接用料省，操作简便，质量较易保证。从发展动向看，采用热熔对接是主流。热熔对接连接安装步骤如下：

① 将需焊接的管材和管件固定在对接机上，按管材尺寸使用夹具，端面用铣刀铣削，使对接端面光滑、平整、清洁并且垂直。

② 调整管材和管件的高度，使需要焊接的端面相互吻合，保证错位量不大于壁厚的10%，并接通加热板。

③ 加热板自动升温至所需温度后，将需要焊接的管材和管件合拢，达到加热时间后，把管材和管件从加热板上分开，再将两加热端面合拢对接，使两端面对接处形成均匀的凸缘，对接完成后自然冷却至标准时间即可。

PE管材的热熔对接参数如表5-4所示。

3. 热熔鞍形连接

热熔鞍形连接安装步骤如下：

表 5-4　PE 管材热熔对接参数

公称外径/mm	温度：210℃±10℃		允许最大切换时间/s	保压状态下冷却时间/min	对接压力/MPa
	预热时的卷边高度/mm	吸热时间/s			
63	0.5	40～70	5	6～10	0.11
75					0.14
90	1.0	70～120	6	10～16	0.21
110					0.31
125					0.40
140	1.0	120～170	8	17～24	0.50
160					0.66
180					0.83
200					1.02
225	1.5	170～210	10	25～32	1.29
250					1.59
280					2.00
315					2.52
355	2.0	210～260	12	33～40	2.78
400					2.83

① 采用机械装置固定干管连接部位的管段，使其保持直线度和圆度。

② 使用洁净棉布擦净干管和鞍形管件的连接部位，并用刮刀刮除干管连接部位的表皮。

③ 使用鞍形加热工具加热干管和鞍形管件连接部位。

④ 加热完毕后使加热工具迅速脱离待连接件，检查加热面熔化的均匀性和是否有损伤后，再均匀用力将鞍形管件压到干管连接部位上，使连接面周围形成均匀凸缘。

（二）电熔连接

电熔连接包括电熔承插连接和电熔鞍形连接两种。

电熔连接有两大类：一类是先把电热线缠绕在模具的金属芯棒上或者缠绕在预制的聚乙烯薄套上，放入注塑模具内注塑成埋入电热线的电熔管件，其中有电热线半埋入（金属线半露）、全埋入（金属线不外露）和预先涂覆聚乙烯层（金属线不外露）等不同种类；另一类是先注塑聚乙烯管件再进行机械加工布线。

电熔连接的突出优点是质量可靠（减少人为因素）和施工效率高。电熔管件的制造技术要求较高，成本较高，早期主要应用在直径较小的燃气管道系统，近年来随着技术的进步，电熔连接的应用日益广泛。

（三）法兰连接

对于公称直径大于 63mm 的聚乙烯管与金属管或金属附件（阀门、流量计、压力表等）的连接可采用法兰连接，公称直径不大于 63mm 的聚乙烯管一般不推荐采用法兰连接。

塑料管道端法兰盘（背压活套法兰）的连接应使两法兰盘上螺孔对中，法兰面相互平行，螺孔与螺栓直径相配套，螺栓长短一致，螺母在同一侧。法兰盘应采用经过防腐处理的钢质法兰盘。

（四）胶黏连接

采用胶黏连接的给水塑料管有UPVC管、ABS管。管材、管件和胶黏剂应由同一生产厂家配套供应。在涂刷胶黏剂之前，先用砂纸将粘接表面打毛，并用干布擦净，做到粘接表面不沾有尘埃、水迹、油污。当表面沾有油污时，用棉纱蘸丙酮等清洁剂擦净。涂刷胶黏剂时，注意用量，不能过多或过少，否则影响粘接强度，承插口涂刷胶黏剂后，即找准方向将管子轻轻插入承口，插入深度应符合要求，并保证承插接口的直度和接口位置正确。保证胶粘接口质量的关键是接口表面按规定打毛、胶水涂刷均匀、用量按要求、插入口深度满足要求。

（五）卡套（箍）式专用管件连接

采用卡套（箍）式专用管件连接的给水塑料管有PEX管。切割管子时要保证切口平直、整齐、无毛刺，连接时两管端口应平整、无缝隙，沟槽应均匀，卡紧螺栓后管道应平直，卡箍安装方向应一致。管道系统安装完成后应注意成品保护，决不能脚踩车压，要对后续工种交接清楚，办理移交手续，尤其是室内埋入墙内或楼板面层内的管道，一定要做好记号，以免后续工种或二次装修时破坏管道，防止任何损伤。管道试压应严格按规范要求，只有这样才能保证系统正常可靠地运行。

第三节　PPR与PVC管材的应用

近年来，PPR与PVC管材的应用越来越广泛，下面就PPR与PVC管材的应用做简单的介绍。

一、PPR简介

PPR全名为Projection Pursuit Regression，正式名为无规共聚聚丙烯管，是目前家装工程中采用最多的一种供水管道。

PPR管又叫三型聚丙烯管，由无规共聚聚丙烯经挤出成为管材，注塑成为管件，具有较好的抗冲击和耐蠕变性能。

PPR管的接口采用热熔技术连接，管子之间完全熔合到了一起，一旦打压测试通过，绝不会再漏水，可靠度极高，但PPR管耐高温和耐压性稍差一些，长期工作时温度不能超过70℃。每段管长度有限，且不能弯曲施工，如果管道铺设距离长或者拐角处多，在施工中就要用到大量的接头。管材便宜但配件价格相对较高。从综合性能上来讲，PPR管是目前性价比较高的管材，所以成为家装水管改造的首选材料。PPR管价格适中、性能稳定、耐热保温、耐腐蚀、内壁光滑不结垢、管道系统安全可靠，绝不渗透，使用年限可达50年。号称永不结垢、永不生锈、永不渗漏、绿色高级给水材料。但施工技术要求高，需采用专用工具及专业人士进行施工，方能确保系统安全。

PPR一般作为冷热水管，可以作为输送食用液体的管道，同时因为其耐腐蚀，也可以用来输送化学流体，规格为16～160mm，家装中用到的主要是20mm和25mm两种（4分管和6分管）。

PPR管材规格用管系列S、公称外径d_n×公称壁厚e_n表示。

例：PPR管系列S5、PPR公称直径d_n25mm、PPR公称壁厚e_n2.5mm，表示为S5、d_n25mm×e_n2.5mm。

PPR管系列S：用以表示PPR管材规格的无量纲数值系列，有如下关系$S=(d_n-e_n)/2e_n$。

式中，d_n为PPR公称外径，mm；e_n为PPR公称壁厚，mm。

一般常用的PPR管材规格有5、4、3.2、2.5、2五个系列。

PPR管材规格PPR管材按标准尺寸率SDR值分为11、9、7.4、6、5五个系列。PPR管材规格PPR标准尺寸率SDR：为PPR管材公称外径d_n与公称壁厚e_n的比值。PPR管材规格SDR与PPR管系列的关系如下：$SDR=2S+1$。

PPR管件规格的表示方法：PPR管件公称外径d_n指与PPR管件相连的PPR管材的公称外径。PPR管件的壁厚应不小于相同PPR管系列S的PPR管材的壁厚。

大部分企业PPR管件都只有最高标准S2一个系列，冷热水全部试用。

PPR管材规格S5系列：1.25MPa。

PPR管材规格S4系列：1.6MPa。

PPR管材规格S3.2系列：2.0MPa。

PPR管材规格S2系列：2.5MPa。

二、PVC简介

PVC全名为Polyvinylchloride，主要成分是聚氯乙烯，同时加入其他成分来增强其耐热性、韧性及延展性等。它的最上层是漆，中间的主要成分是聚氯乙烯，最下层是背涂黏合剂。它是当今世界上广泛应用的一种合成材料，全球使用量在各种合成材料中高居第二，并正以4%的增长速度在全世界范围内得到生产和应用。

PVC分为软PVC和硬PVC两种，其中硬PVC大约占市场的2/3，软PVC占1/3。PVC的本质是一种真空吸塑膜，用于各类面板的表层包装，所以又被称为装饰膜或附胶膜，应用于建材、包装、医药等诸多行业。其中建材行业占的比重最大，大约60%，其次是包装行业，还有其他若干小范围应用的行业。

PVC的给水管直径有16mm、20mm、25mm、32mm、40mm、50mm、60mm、75mm、90mm和110mm。常用的是20mm和25mm；排水管直径有50mm、75mm、110mm、160mm和200mm，常用的是50mm和110mm。

PVC一般用于排水，PPR多用于给水和供暖方面。

PVC排水管材规格见表5-5。

表5-5 PVC排水管材规格 mm

公称外径	极限偏差	壁厚e(基本尺寸)	极限偏差
40	+0.30	2.0	0.4
50	+0.30	2.0	0.4
75	+0.30	2.3	0.4
110	+0.40	3.2	0.4
160	+0.50	4.0	0.6
200	+0.60	5.9	0.9

三、PPR与PVC的应用及特点

（一）PPR与PVC的用途及选用

1. PPR与PVC的用途

PPR与PVC主要应用在下列领域：

① 化工、食品、电子行业输送各类腐蚀性流体。

② 民用建筑的冷热水给水设施，如：住宅、医院、宾馆、办公楼、学校等。

③ 纯净水及矿泉水等饮用水生产系统管网。

④ 空调设备用管。

⑤ 住宅取暖用管。

⑥ 太阳能设施的管网。

⑦ 农业园林用管网。

2. PPR与PVC的选用

一般场合且长期使用温度＜70℃时，可选安全系数$C=1.25$；重要场合，且长期使用温度≥70℃时，可选$C=1.5$；用于冷水（≤40℃）系统，选用$PN1.0\sim1.6$MPa的管材和管件；用于热水系统选用$PN\geqslant2.0$MPa的管材和管件。综合各种因素，管件的壁厚应不小于同规格管材的壁厚。

（二）PPR与PVC的应用特点

随着城市建设的发展和人民生活水平的提高，对饮用水水质提出了更高的要求，为保证供水管网水质，国家相关部门联合发文要求严禁使用镀锌钢管作为给水管道，淘汰灰口铸铁管道。

1. PPR的应用特点

PPR的应用特点主要有以下几点：

① 较好的耐热性。PPR管的最高工作温度可达95℃，可满足建筑给排水规范中热水系统的使用要求。

② 使用寿命长。PPR管在工作温度70℃、工作压力1.0MPa的条件下，使用寿命可达50年以上，常温下使用寿命可达100年以上。

③ 无毒，卫生。PPR的原料分子只有碳和氢两种元素，没有有害有毒的元素存在，不仅可以用于冷热水管道，还可用于饮用水管道系统。

④ 保温节能。PPR管热导率为0.21W/(m·K)，仅为钢管的1/200。

⑤ 安装方便，连接可靠。PPR具有良好的焊接性能，管材和管件可采用热熔或电熔连接，安装方便，连接可靠，其连接部位的强度大于管材本身的强度。

⑥ 物料可回收再利用。PPR废料经过清洁及破碎后可回收利用于管材和管件生产。若回收料用量不超过总量的10%，则不会影响产品的质量。

2. PVC的应用特点

PVC的应用特点主要有以下几点：

① 耐腐蚀，耐老化，使用寿命长。

② 抗冲击性强，机械强度高。

③ 内壁光滑，流体阻力小，不结垢，不阻塞，较铸铁管的流量能提高 30%～40%。

④ 重量轻，易运输，易安装保养。

⑤ 价格较低，经济性好。

⑥ 具有很好的水密性。

四、PPR 与 PVC 的区别

PVC（聚氯乙烯）与 PPR（聚丙烯）是两种不同的材料。PVC 常用作自来水管、电线管、雨水管、下水管。然而，近年来发现作为 PVC 热稳定剂的铅盐析出会直接造成饮用水的重金属污染。凡是使用铅盐稳定剂的 PVC 管材埋入地下，管子周围的土壤会出现重金属超标现象；用于空中的电线电缆中铅盐随雨水的冲刷也会被带入土壤。由此可见，含铅的 PVC 管材应用将会危害人们的身体健康。PVC 管作为自来水管已被淘汰。PPR 管材在长期连续工作水压、水温高达 95℃的情况下，使用寿命可以长达 50 年，它以卓越的卫生、环保性能和耐热、耐压、耐腐、柔韧、抗振等性能而被世界各国所重视，PPR 管材在冷热水输送工程中采用热熔接技术，其综合技术性能和经济指标优于镀锌管、UPVC 管、PEX 管、聚乙烯管及铝塑复合管，是欧美发达国家给水管道的主导产品之一。

第四节　塑料管道的安装及注意事项

一、塑料管道的安装

1. 沟槽的开挖及回填

与球墨铸铁管及钢管相比，塑料管道重量轻，装管方便，用工较少，对施工机具要求不高，但沟槽开挖的深度和宽度必须符合要求，否则路面层压实时，很容易造成管道的破裂，也会影响道路工程质量。另外，沟底应保证不小于 100mm 的砂垫层厚度，使管道能安全运行。由于塑料管道自身管材的限制，管沟开挖应尽量选择在人行道或绿化带下进行，避免埋设在快车道下。

2. 管道的安装

塑料管材较金属管材密度小，安装成本较低，其连接方式采用胶圈接口，大大提高了安装效率，管径愈大，优越性愈明显，其不足之处是管道端口无顶进深度标志线，不便于安装时掌握顶进深度，特别是夜间安装时，其影响更大，容易造成漏水或试压不成功。另外，管道安装时经常需要切割管子，切口端面必须认真开坡口，特别在翻越其他地下设施时，因塑料管道弯头多为双承口，不同于直线安装，如果坡口不到位，很难安装，也易顶坏胶圈或使胶圈错位。对于部分须采用胶水粘接的，必须均匀涂抹，以保证工程施工质量。

3. 管道的试压

管道试压时，水压试验压力不得小于设计压力，且不得小于 0.8MPa。另外，塑料管轴向线胀系数比金属管材大，试压时接口一般会滑出 2～5mm。因此试压时回填土方必须达到要求的压实度，管道支墩达到设计强度，同时，打压时也要细致观察各接口，以保证试压顺利进行。

4. 管道支墩的砌筑

塑料管道应用已比较普遍，但相关标准和规范还不很齐全，实践中施工人员往往按照金属管材支墩作法砌筑塑料管道支墩。塑料管道规范中明确规定“塑料管道不得采用360°满包混凝土进行地基处理或增强管道承载能力”，为了避免因管道伸缩局部应力集中而损坏管道，影响管道安全，对支墩砌筑要进行规范，制订出施工标准，保证工程质量。

二、塑料管道焊接及使用注意事项

1. 塑料管道焊接注意事项

塑料管道的焊接注意事项主要包括以下几点：

① 大多数管件内壁中部有一凸起的环，插入管子时切勿过分用力，否则管子挤过此环而隆起会影响水流。

② 管子与管件连接后应成一直线，保证管子与管件完全吻合，否则连接质量会受影响。

③ 加热焊接时，沿轴向方向用力推压管子，切勿转动管子，只有在管子与管件刚刚相连时可稍稍调整连接角度以保证两者连接成一直线，但调整幅度也不可过大。

④ 焊接完毕后连接件应放在一边任其自然逐渐冷却，不得以任何方式使其骤冷，否则会产生巨大的内应力。

2. 塑料管道使用注意事项

塑料管道的使用注意事项主要包括以下几点：

① 防止紫外线照射，否则化学特性会降低，产品老化速度会加快。

② 运送管材无论是单个包装还是包扎成捆，管材均不能遭受剧烈晃动或重击等强力影响。

③ 应采取低温防护措施，水结冰时体积会膨胀，管道承受的应力会相应增大。

④ 产品在储存和安装时应防止与锋利尖锐物品接触以避免被划伤。

⑤ 管道弯曲半径大于管子外径的8倍时，只能用热气进行煨弯，禁止用明火对管道直接加热。

⑥ 管材切割工具必须锋利有力、切口平整并与管壁垂直。

三、塑料管道安装注意事项

① 塑料管较金属管硬度低，刚性差，在搬运及施工中应加以保护，避免不适当外力造成机械损伤。在暗敷后要标出管道位置，以免二次安装破坏管道。

② 塑料管道存在一定低温脆性，冬季施工要当心，切管时要用锋利刀具缓慢切割，对已安装的管道不能重压或敲击，必要时对易受外力部位要覆盖保护物。

③ 塑料管道长期受紫外线照射易老化降解，安装在户外或阳光直射处时必须包扎深色防护层。

④ 塑料管道除了与金属管或器具连接使用螺纹或法兰等机械连接方式外，其余均应采用熔接，使管道一体化，无渗漏点。

⑤ 塑料管道的线胀系数较大，在明装或覆盖装饰层布管时必须采取防止管道膨胀变形的技术措施。

⑥ 塑料管道安装后在封管及覆盖装饰层前必须试压。

⑦ 塑料管道明装或覆盖装饰层布管时，必须按规定安装支、吊架。

综合训练

一、教学要求

① 掌握管子切割和连接的基本方法。

② 熟悉管路的安装过程。

③ 掌握管路的试压方法。

④ 了解管路的敷设。

二、教学内容

根据管路图进行管路的安装。

1. 管路安装前的准备

① 熟悉管路图及施工要求。

② 准备必要的工、卡量具。

③ 领取安装过程中所需的管材、管件和各种消耗材料。

④ 研究并制订施工方案。

2. 管路安装要求

① 采用 PPR 管。

② 管路安装后能通过水压试验。

3. 管路的安装

管路的安装检查记录表：

<table>
<tr><td colspan="6">塑料管道熔接质量检查记录</td></tr>
<tr><td colspan="2">单位(子单位)工程名称</td><td colspan="4"></td></tr>
<tr><td colspan="2">所属子分部(系统)工程名称/分项(子系统)工程名称</td><td colspan="4">建筑给水、排水及采暖</td></tr>
<tr><td colspan="2">相关的施工部位（层、区、段、房、室）</td><td colspan="4">二层</td></tr>
<tr><td colspan="2">总承包施工单位</td><td></td><td colspan="2">项目负责人</td><td></td></tr>
<tr><td colspan="2">专业承包安装单位</td><td></td><td colspan="2">项目负责人</td><td></td></tr>
<tr><td colspan="2">施工执行的技术标准(含企业的工艺规程、工法等)名称及编号</td><td colspan="4">建筑给水排水及采暖工程施工质量验收规范 GB 50242—2002</td></tr>
<tr><td colspan="2">与检查项目相关的设计文件(图)/产品技术文件(图)的名称及编号</td><td colspan="4">给排水系统设计总说明</td></tr>
<tr><td colspan="2" rowspan="2">管材名称/型号/规格(管径×壁厚)/mm</td><td rowspan="2">PPR 管/DN50、DN32、DN25</td><td colspan="2">熔接方式：</td><td>熔接口数/个</td></tr>
<tr><td>□电熔</td><td>□热熔</td><td></td></tr>
<tr><td colspan="2">检查项目</td><td colspan="3">工艺质量要求(摘要)</td><td>检查结果[以定量或定性（符合/不符合要求）表达]</td></tr>
<tr><td rowspan="5">电(热)熔连接</td><td>熔接加热机具名称/ 型号/规格</td><td colspan="3">焊魔/EFW-3K/20-315</td><td></td></tr>
<tr><td>加热装置表面清洁(含氧化层清除等)</td><td colspan="3">采用毛布做表面清理</td><td></td></tr>
<tr><td>管材熔接表面清洁</td><td colspan="3">切割后断面去毛刺和毛边</td><td></td></tr>
<tr><td>连接插入深度</td><td colspan="3">插入深度为 19mm 左右</td><td></td></tr>
<tr><td>熔接时间</td><td colspan="3">1min</td><td></td></tr>
</table>

续表

<table>
<tr><td colspan="4">塑料管道熔接质量检查记录</td></tr>
<tr><td rowspan="5">电(热)熔连接</td><td>冷却时间</td><td>2min</td><td></td></tr>
<tr><td>熔合指示</td><td>达到加热时间后，立即把管材、管件从加热套与加热头上同时取下，迅速无旋转地直线均匀插入到所标深度，使接头处形成均匀凸缘</td><td></td></tr>
<tr><td>接口外观</td><td>连接端面必须清洁、干燥、无油</td><td></td></tr>
<tr><td>接口卷边清除</td><td>采用毛布做表面清理</td><td></td></tr>
<tr><td></td><td></td><td></td></tr>
<tr><td colspan="2">备注(含说明、示图、照片等)：</td><td colspan="2"></td></tr>
</table>

①切割管材必须使端面垂直于管轴线，管材切割一般使用专用管子剪，如为大管径，则用锯条切割，切割后断面去毛刺和毛边。②管材与管件连接端面必须清洁、干燥、无油。③用卡尺和合适的笔在管端测量并标绘出热熔深度，热熔深度应符合下表规定。④在规定时间内，刚熔接好的接头还可校正，但严禁旋转。

<table>
<tr><td rowspan="3">专业承包安装单位检查评定结果</td><td>专业工长(施工员)(签名)</td><td></td><td>检查测试负责人(签名)</td><td></td></tr>
<tr><td colspan="4">符合要求</td></tr>
<tr><td>项目专业质量检查员(签名)：</td><td></td><td colspan="2">2013 年 12 月 18 日</td></tr>
<tr><td>监理(建设)单位验收结论</td><td colspan="4">专业监理工程师(签名)：
(建设单位项目专业技术负责人签名)：
年 月 日</td></tr>
</table>

复习题

一、填空

1. 硬质聚氯乙烯管根据结构形式不同可分为________、________、________、________和________五种。

2. 塑料管材的切割工具包括________、________、________、________和________等。

3. 切断管材时，必须使用切割器________切断，切口应平滑、无__________。

4. 塑料管道的连接方式有__________、__________和__________三种。

5. 电熔连接包括____________和____________两种。

6. PPR 的应用特点包括________、________、________、________和________等。

二、选择

1. 热熔承插连接适合于直径（　）的管材和管件。

A. DN23mm 以下　　B. DN63mm 以下

C. DN83mm 以下　　D. DN133mm 以下

2. 为塑料管道开挖沟槽时，沟底应保证不小于（　）的砂垫层厚度。

A. 20mm　　B. 40mm　　C. 80mm　　D. 100mm

3. 塑料管道试压时，水压试验压力不得小于设计压力，且不得小于（　）。

A. 0.2MPa　　B. 0.4MPa　　C. 0.8MPa　　D. 1.2MPa

4. 塑料管轴向线胀系数较大，试压时接口一般会滑出（　）。

A. 2～5mm　　B. 5～8mm　　C. 8～10mm　　D. 10～12mm

5. 管道弯曲半径大于管子外径的（　　）时，只能用热气进行煨弯，禁止用明火对管道直接加热。

A. 2 倍　　B. 4 倍　　C. 6 倍　　D. 8 倍

三、判断

1. 热熔连接塑料管道时，应将管材和管件同时旋转地推进熔接器模头内。（　　）

2. 管材与管件从熔接器模头内取下后，应迅速反方向旋转地直线均匀插入到所需深度，使接头形成均匀凸缘。（　　）

3. 热熔承插连接适合于直径较小的管材和管件。（　　）

4. 热熔对接连接适合于直径较小的管材和管件。（　　）

5. 公称直径较小的聚乙烯管一般不推荐采用法兰连接。（　　）

6. PPR 可分为软 PPR 和硬 PPR 两种。（　　）

7. 塑料管道连接时，管件的壁厚应不大于同规格管材的壁厚。（　　）

8. 塑料管道不得采用 360°满包混凝土进行地基处理或增强管道承载能力。（　　）

9. 塑料管道焊接完毕后要用水快速冷却，以使其连接良好。（　　）

四、简答

1. 塑料管道的种类有哪些?

2. 塑料管材的切割工具有哪些?

3. 常用塑料管件有哪些?

4. 塑料管道的连接方式有哪些?

5. 热熔承插连接的安装步骤是什么?

6. PPR 与 PVC 的主要应用领域有哪些?

7. PVC 的应用特点有哪些?

8. 为塑料管道开挖沟槽时应注意哪些问题?

9. 塑料管道焊接注意事项有哪些?

10. 塑料管道使用注意事项有哪些?

11. 塑料管道安装注意事项有哪些?

第六章

管路的日常维护

第一节　管网点检的重要性及其重要意义

一、管道日常管理与维护是设备管理的重要组成部分

管道输送是与铁路、公路、水运、航空并列的五大运输行业之一。管道作为一种特种设备被广泛使用在石油、化工、冶金、电力、能源、纺织、轻工、城市居民生活、医药、军事及科研领域。

首先，管网是为设备、设施供应各类介质的基本设施，是联系生产系统各个部分的纽带，管网安全是生产、生活设备、设施正常运转的基础，一旦发生故障，就会造成某些环节中断，甚至引起生产线停顿，对系统造成的经济损失巨大，一旦发生事故，将会带来严重后果，极易造成设备损坏、人员伤亡、环境污染。

其次，提高设备的连续运行及技术水平是企业技术进步的一项主要内容。先进的科学技术和先进的经营管理是推动现代经济高速发展的两个车轮，缺一不可，这已是人们的共识。现代企业依靠机器和机器体系进行生产，生产中各个环节和工序要求严格地衔接、配合。因此，只有加强设备管理，正确地操作使用，精心地维护保养，进行设备的状态监测，科学地修理改造，保持设备处于良好的技术状态，才能保证生产连续、稳定地运行。反之，如果忽视设备管理，放松维护、检查、修理、改造，导致设备技术状态严重劣化、带病运转，必然故障频繁，无法按时完成生产计划。

同时，企业的技术进步，主要表现在产品开发、升级换代、生产工艺技术的革新进步，生产装备的技术更新、改造以及人员技术素质、管理水平的提高。设备管理是企业整个经营管理中的一个重要组成部分。它的任务是以良好的设备效率和投资效果来保证企业生产经营目标的实现，取得最佳的经济效果和社会效益。设备管理除了具有一般管理的共同特征外，与企业的其他专业管理比较，还有以下一些特点：

（1）技术性

作为企业的主要生产手段，设备是物化了的科学技术，是现代科技的物质载体。因此，设备管理必然具有很强的技术性。其一，设备管理包含了机械、电子、液压、光学、计算机等许多方面的科学技术知识，缺乏这些知识就无法合理地设计制造或选购设备；其二，正确地使用、维修这些设备，还需掌握状态监测和诊断技术、可靠性工程、摩擦磨损理论、表面工程、修复技术等专业知识。可见，设备管理需要工程技术作为基础，不懂技术就无法搞好设备管理工作。

（2）综合性

设备管理的综合性表现在：① 现代设备包含了多种专门技术知识，是多门科学技术的综合应用。② 设备管理的内容是工程技术、经济财务、组织管理三者的综合。③ 为了获得设备的最佳经济效益，必须实行全过程管理，它是对设备一生各阶段管理的综合。④ 设备管理涉及物资准备、设计制造、计划调度、劳动组织、质量控制、经济核算等许多方面的业务，汇集了企业多项专业管理的内容。

（3）随机性

许多设备故障具有随机性，使得设备维修及其管理也带有随机性质。为了减少突发故障给企业生产经营带来的损失和干扰，设备管理必须具备应付突发故障、承担意外突击任务的应变能力。这就要求设备管理部门信息渠道畅通，器材准备充分，组织严密，指挥灵活；人员作风过硬，业务技术精通；能够随时为现场提供服务，为生产排忧解难。

（4）全员性

现代企业管理强调应用行为科学调动广大职工参加管理的积极性，实行以人为中心的管理。设备管理的综合性更加迫切需要全员参与，只有建立从厂长到第一线工人都参加的企业全员设备管理体系，实行专业管理与群众管理相结合，才能真正搞好设备管理工作。

最后，加强管网点检，逐步实现中心重要、关键管网设施“零”故障是能源中心设备管理要求的一项重要内容和指标。

二、加强管网点检是提高设备管理水平的一项重要内容

由于管道输送的介质和压力具有多样性，同时又具备一定的危险性，因此，管道管理在设备管理中一般被纳入特种设备的管理范畴内，设备管理的一般性标准和要求适用于管道管理。

同时设备管理学是一门系统学科，其中涵盖的内容较为广泛，提高设备管理水平需要各个组成部分同步协调发展提高，其中包括管网管理。

实践证明，对管网加强点检，并且进行合理的维修，能够大大减少管网事故，在介质正常输送方面能够为设备正常运行提供保障，从而在一定程度上保证了生产计划的实现。

第二节　压力管道一般知识

一、管道分类

管道可以按照主体材料、敷设方式、输送介质特性、用途等进行分类。

1. 按照主体材料

按照主体材料分为金属管道和非金属管道。金属管道可以分为铸铁管、碳钢管、合金管、不锈钢管、有色金属管。非金属管道可以分为塑料管、混凝土管、陶瓷管、玻璃管、金属复合管、非金属复合管、金属+非金属管等。

2. 按照敷设位置

按照敷设位置分为地沟管、直埋管、架空管。

3. 按照介质特性

① 按照介质压力分为低压管（$0MPa<p\leqslant 1.6MPa$），中压管（$1.6MPa<p\leqslant 10MPa$），高压管（$10MPa<p<42MPa$），超高压管（$p>42MPa$，真空管 $p\leqslant 0MPa$）。

② 按照介质温度可以分为高温管（$T>200℃$），常温管（$-29℃<T\leqslant 200℃$），低温管（$T\leqslant -29℃$）。

③ 按照介质毒性分为剧毒管道、有毒管道、无毒管道。

④ 按照介质可燃性可以分为可燃管道及非可燃管道。

⑤ 按照介质腐蚀性可以分为腐蚀性管道和非腐蚀性管道。

⑥ 按照管道用途可以分为工业管道、公用管道和长输管道。

二、压力管道的定义及特点

1. 压力管道的定义一

一般意义上的压力管道是在一定温度和压力下，用于运输流体介质的特种设备，广泛用于石油化工、冶金、电力等行业生产及城市燃气和供热系统等公众生活之中。这些介质有些具有爆炸危险性、毒性或对环境有破坏性，一旦泄漏将会造成人员伤亡、财产损失、环境污染和巨大的经济损失，有时还会影响人民的生活。随着工业生产的发展及城市燃气和热力管网的普及，各类管道的数量不断增加，特别是运输可燃性、易爆性及对人体和环境有害性介质的压力管道的数量逐年递增，这也使发生事故的可能性增大。

鉴于压力管道的上述特点和在经济、社会生活中特殊的重要性，其安全问题早已受到安全监察机构的重视。早在 1989 年，原劳动部锅炉压力容器安全监察局组织有关单位开展了三年的调查活动。调查表明：压力管道的安全管理应以法相治，在我国开展压力管道的安全监察是完全必要的。通过强制性的国家监察，压力管道如同锅炉压力容器一样，作为特种设备对待，指定专门的机构负责锅炉压力容器及压力管道的安全监察工作，并制定一系列法规、规范、标准，供从事压力管道的设计、制造、安装、使用、检验、修理、改造、报废等方面的工作人员共同遵循，并监督各环节对规范的执行情况，从而逐渐形成压力管道安全监察或监督管理体制，目的是将锅炉压力容器、压力管道事故控制到最低的程度。

2. 压力管道的定义二

压力管道是指符合原劳动部颁布的《压力管道安全管理与监察规定》中限定的各种管道。包括最高工作压力大于等于 0.1MPa（表压）运输气体、液化气体的管道；运输可燃、易爆、有毒、有腐蚀性介质的管道；最高工作压力低于 0.1MPa（表压），但属于运输极度危害性及火灾危险性介质的管道。即那些在生产、生活中使用的运输可能引起燃烧、爆炸或中毒等危险性介质的管道。如运输原油、燃气、各类工艺物料、有毒气体、有害气体等介质的管道。

3. 压力管道的定义三

从安全角度讲，压力管道是指那些在生产和生活中使用的输送可能引起燃烧、爆炸或中毒等危险性介质的承压管道，如输送原油、燃气、蒸汽、各类工艺物料、有毒有害气体等介质的管道。为了便于对我国压力管道的管理，《压力管道安全管理与监察规定》中将压力管道按其用途划分为工业管道、公用管道和长输管道。

工业管道是指企业、事业单位所属的用于输送工艺介质的工艺管道、工程管道及其他辅助管道。

公用管道是指城市或乡镇范围内的用于公用事业或民用的燃气管道和热力管道。

长输管道是指包括产地、储存库、使用单位之间跨地域地用于输送商品介质的管道。

冶金系统：压力管道中氧气管道是钢铁企业使用较多且危险性较大的管道，由于设计不合理，选用材料不当和违反操作规程的误操作而引发的管道爆炸事故时有发生。为此，原冶金部颁发了《钢铁企业氧气管网的若干技术规定》和《氧气安全规程》，对氧气管道的安全起到了重要的作用。

石化系统：由于石油化工生产具有高温高压、易燃易爆、有毒有害、技术密集和连续生产的特点，对安全生产比较重视，先后颁布了《工业管道维护检验规定》和《工业管道技术管理规定》，使压力管道的安全管理有章可循。根据上述规定，有关使用单位对压力管道建立技术档案，实行定期检验和巡检制度，多数企业建有锅炉压力容器检验站并从事压力管道的定期检验工作。

电力系统是我国压力管道管理较为严格和完善的行业，由于火力发电厂压力管道具有高温、高压、危险性较大的特点，电力部门从 20 世纪 60 年代开始对介质工作温度大于或等于 450℃或介质工作压力大于 5.88MPa 的汽水管道和部件开展了安全监察工作，并于 1983 年颁布了《火力发电厂安全技术监督规程》，对高温高压的部件提出了安全要求，从而保证了安全运行。从发生的事故看，主要原因是腐蚀减薄，大多是发生在超期服役的管线上。对于不同时期安装的管线，受当时历史条件的限制，不同程度地存在质量问题，致使管道存在先天缺陷。据火力发电厂高温高压蒸汽管道事故调查统计，78%的管子故障、76%的阀门故障、54%的三通故障、60%的弯管故障、75%的焊缝故障，是由制造和安装质量问题所引起的。

城市燃气管道。改革开放近 20 年来，我国城市燃气的气化率大幅度提高。到 1996 年，全国城市燃气供应总量已发展到 471.75 亿立方米；城市用气人口由 1978 年的 1108.4 万人发展到 1996 年的 1.38 亿人；城市用气人口普及率由 1978 年的 13.9%提高到 1996 年的 73.2%，部分城市达到 85%以上。城市燃气迅速发展，不仅极大地方便了群众生活，提高了人民群众的生活质量，还大大地降低了空气污染，提高了城市环境质量。与此同时，随着城市燃气事业的发展，燃气管道迅猛增加，其安全问题越来越引起重视。改革初期，我国城市燃气管道输配系统大多数是低压管道枝状输配系统。近几年来，依靠技术进步，引进消化吸收了许多国外先进的燃气生产与输配技术，城市燃气的输配系统由低压管网发展到高、中、低压三级环网，增强了安全供气的可靠性。由于燃气种类的变化，钢管和高密度聚乙烯管的用量呈上升趋势，使燃气管道的设计、安装技术发生变化，技术要求日益提高。

燃气管道的特点是：多埋于地下，经过人口密集区，施工与检验、检修难度较大；由于地理条件的限制及外界原因，易发生火灾、爆炸或中毒事故，造成较大的社会影响及危害。

为保证城市燃气管道的安全运行，国家建设部于 1983 年颁布了《城市燃气安全管理暂行规定》；1986年发出《加强城市煤气安全工作的通知》；1990年颁布了《城市燃气输配工程施工及验收规范》，其中要求凡从事燃气管道焊接的焊工，必须经过考核合格并取得劳动部门锅炉压力容器安全监察机构颁发的合格证书；1991年国家建设部、劳动部、公安部联合颁布了《城市燃气安全管理规定》，对燃气管道的安全提出了明确要求。

4. 压力管道的特点

① 工作环境常为高温高压，这些介质往往为有毒、易燃、易爆。因此，对系统完整性有特别高的要求。

② 管道常温安装，高温运行，金属材料受热膨胀，若设计不当，可能在某些部位产生较大应力和弯矩，从而影响管道或管道连接设备正常运行。

③ 运行过程中出现振动是一种常见现象，但是，严重振动会加速裂纹扩散，威胁系统安全运行。

④ 管道设计时既要考虑满足工艺要求，又需要考虑具有一定柔性，以提高其吸收金属热胀冷缩变形的能力和抵抗振动的能力。

⑤ 施工安装一般都在现场进行，环境和工作条件差，温度和湿度难以控制。

⑥ 组件和附件质量控制要求严格，否则，可能出现严重事故。

三、压力管道安装一般知识

1. 管道安装规则

管道安装一般分为熟悉图纸、管道测绘、管道预制加工、管道安装以及管道的试压、吹扫、脱脂、防腐、保温、试运行、交工等程序，这种程序有它的客观规律性，管道安装施工只有符合、遵守这种规律，才能确保施工的安全、质量及其进度。

2. 管道安装注意事项

管道安装前一般应当具备下列条件方可开始安装。

① 所有与管道有关的土建工程经检查合格，满足安装要求。

② 与管道连接的设备已经找正合格，固定完毕。

③ 管道防腐、衬里、脱脂等都已经完成。

④ 管件、阀门等已经检查合格（已经按照设计要求核对无误，内部清理干净），并且各种证件齐全。

⑤ 管道坡度、坡向符合规范及使用、设计要求。

3. 焊接管道坡口的加工

① 管道焊接连接时为了保证焊缝质量，无论何种材质的管道，当壁厚超过允许标准时，都需要进行坡口加工，坡口分为I形、V形、双V形、U形、X形等几种。当设计对坡口尺寸有要求时，应执行图纸规定；当无设计要求时，必须严格执行相关规范。

② 管道坡口加工可用车床或管道坡口机、气割、锉削、磨削等方法进行。坡口机分为电动和手动两种，手动坡口机用于管径小于100mm的管道坡口加工。

③ 高压管道短管的坡口应采用车床加工，长管的坡口可采用移动坡口机进行加工，坡口角度应当符合设计要求，坡口对口间隙应当在允许公差范围内，对于合金钢高压管道应当尽可能避免氧－乙炔焰切割法坡口，因为这样会使管道受到一定温度影响，必要时还需进行调质或回火处理，从而增加工序。

④ 中低压碳钢管道坡口可采用坡口机或氧-乙炔焰切割法坡口。当采用氧-乙炔焰切割法坡口时应当注意坡口后氧化铁渣及凹槽的处理，即：使用角向磨光机对坡口上的氧化铁、坡口的不平进行处理，否则，将会给后续焊接工作增加困难，并且，难以保证焊接质量。

⑤ 管端开好坡口后，应当及时进行安装，并且尽量减少长距离运输，尤其是较大口径的管道。若开坡口后管道存放时间较长，并且已经生锈，在对管前应当将锈蚀清理干净。

4. 管道焊接及热处理

(1) 关于管道焊缝位置的规定

① 当管道直径大于等于 150mm 时，直管段两环形焊缝间距不应小于 150mm；当公称直径小于 150mm 时，不应小于管道直径。

② 卷管纵向焊缝应置于易于检修的位置，且不宜在底部。

③ 焊缝距起弯点的距离不得小于 100mm，且不得小于管道直径。

④ 环形焊缝距支吊架净距不小于 50mm，需要热处理的焊缝距支吊架距离不得小于焊缝宽度的 5 倍，并且不得小于 100mm。

⑤ 不宜在管道焊缝位置及边缘开孔，如果躲避不了，孔洞周围一倍孔径范围内的焊缝应全部无损检测合格。

⑥ 对有加强筋的卷管，加强筋对接焊缝应与管道纵向焊缝错开，其间距大于 100mm。

(2) 焊前预热及焊后热处理

为了消除焊后快速冷却产生裂纹等缺陷，在焊前应对焊件进行预热。在焊接过程中，由于金属受热产生热应力，会影响管壁强度及使用效果。为了消除焊接应力，应对管材进行焊后热处理。进行焊前预热及焊后热处理，应根据管材特性、管材厚度、结构刚性、焊接方法及使用条件等因素综合确定。

① 要求焊前预热处理的焊件，其层间温度应当在规定预热温度范围内。

② 焊接温度低于 0℃时，所有钢材焊缝应在焊缝处 100mm 范围内预热到 15℃以上。

③ 对有应力腐蚀的焊缝，应进行焊后热处理。

④ 异种金属管道焊接时，焊前预热及焊后热处理应根据可焊性较差一侧管材确定。但焊后热处理温度不应超过另一侧管材的临界温度。

⑤ 焊前预热的加热范围，应以焊缝中心为基准，每侧不应小于焊件厚度的 3 倍；焊后热处理的加热范围，每侧不应小于焊缝宽度的 3 倍，加热带以外部分应进行保温。加热时注意内外壁温度均匀。

⑥ 对于容易产生焊缝延迟裂纹的钢材，焊后应进行热处理。当不能及时进行热处理时，应在焊后立即均匀加热至 200～300℃，并且进行保温缓冷。

5. 高压管道的安装要求

① 管道、管件、紧固件和阀门，均需经过验收检查合格，并且具有相应的技术文件。

② 管道安装时，应使用正式支架固定，管道支架要按照设计制作、安装。管道与支架接触处，应按照设计或工作温度要求加置木垫、软金属片或橡胶板。

③ 管道安装要求平直，管道对口时不得用强力对口、加偏垫、加多垫等方法来消除接口端面的空隙、偏斜、错口或不同心等缺陷。

④ 焊接应当由持证焊工担任，接口应尽量减少和避免固定焊口，特别是减少横固定焊口。

⑤ 对于高温高压管道，温度超过金属蠕变温度（碳钢 380℃，合金钢 420℃）时，应按

照设计规定安装监察管段及蠕胀测点，监察段应选该批管道中壁厚负偏差最大的管子。

⑥ 安装工作有间断，应当及时封闭管口。

⑦ 高压管道试压时，阀门应呈开启状态，不得以阀门代替盲板。

6. 阀门安装检验

① 阀门必须具有质量证明文件。阀体上有制造厂铭牌、阀门型号、公称压力、公称通径等标志。

② 质量证明文件应有如下内容：制造厂名称及出厂日期，产品名称、产品型号及规格，公称压力、温度及适用介质，依据的标准、检验结论及检验日期，出厂编号，检验人员签章。

③ 设计要求做低温密封试验的阀门，应有制造厂低温密封试验合格证明书。

④ 铸钢阀门的磁粉检验及射线检验由供需双方协定，如需要，供方应出具检验报告。

⑤ 设计要求进行晶间腐蚀试验的不锈钢阀门，制造厂应当提供晶间腐蚀试验合格证明书。

阀门安装前还需进行外观检查，检查内容如下：

① 阀门不得有损伤、缺件、腐蚀、铭牌脱落等现象，并且阀体内不得有污物。

② 阀体为铸件时，表面应当平整、光滑，无裂纹、缩孔、砂眼、气孔、毛刺等缺陷；阀体为锻件时，表面无裂纹、夹层、重皮、斑疤等缺陷。

③ 阀门法兰密封面应符合要求，不得有径向划痕。

7. 安全阀安装要求

安全阀用在锅炉、压力容器、压力管道等受压设施上，起超压保护作用。当被保护设备内介质压力异常升高到设定值时，阀门自动开启，继而全量排放，以防止压力继续升高；当压力降低到另一设定值时，自动关闭。

安全阀安装需要注意的问题：

① 安全阀应当安装在设备容器的开口上或接近设备容器出口的管道上。

② 安全阀应垂直安装，不得倾斜。

③ 安全阀安装后应进行试压并且校正开启压力，开启压力一般是工作压力的1.05～1.1倍。定压时应当与该系统的压力表对照，边观察压力表指示数值，边调整安全阀。

8. 减压阀安装要求

减压阀是调节阀的一种，它是通过启闭件节流，将进口压力降至某一需要的出口压力，并且能在进口压力及流量变动时，利用介质本身的能量保持出口压力基本不变的阀门。减压阀进口压力的波动应当控制在进口压力给定值的80%～105%，否则，将会影响减压阀的工作性能。减压阀每挡弹簧只在一定出口压力范围内适用，超出范围，应当更换弹簧。

第三节　中高压管道维护一般知识

一、分布特点

随着企业生产规模日益扩大，相关生产设备设施日趋完备，压力管道等级组成也在随之发生改变，日常生产维护接触中高压管道的频率在逐步增加。对煤化工、石油化工、发电企业而言，目前，中高压管道主要分布在锅炉出汽母管、锅炉出汽母管至汽轮机蒸汽输送管网，制氧系统的氧（氮）压机与调压站之间的输送管道及升压运行后中压氮气、氩气、氧气外网管道（目前氧气、氩气、中压氮管道运行压力在1.85MPa左右）等，除此以外，部分液压站、稀油站内也存在少量的中高压管道。

二、维护一般知识

1. 作用于管道的载荷

作用于管道上的载荷主要有以下几个方面：管道内输送介质产生的压力载荷，管道自身质量产生的均匀载荷，由于阀门、三通、法兰等有限部位的管件质量发生变化而产生的集中载荷，管道支吊架产生的反力，由于风力和地震而产生的载荷，热胀冷缩产生的热载荷，在管道安装各部分尺寸误差产生的残余应力载荷，与管道连接设备变位或其他原因造成的管端位置移动，导致管系变形而产生的载荷，生产中管内压力波动引起的管道振动以及液击产生的载荷。

2. 载荷分类

根据载荷产生的应力形态及其破坏影响不同，可以将载荷分为恒载荷及动载荷。动载荷是指临时作用在管道上、随时间变化的载荷，这种载荷将使管道产生显著运动，例如：管道振动、阀门突然关闭产生的压力冲击等。

3. 日常检查主要内容

① 检查管道运行参数（压力、温度、流量、流速、介质类型）是否符合设计要求，不得超标（超温、超压、超负荷、过冷）。

② 检查管道本体和焊缝、管件及其他组成件，不得出现泄漏现象（跑、冒、滴、漏）。

③ 管道保温层完好，不得出现破损、脱落、跑冷等情况。

④ 管道表面防腐层有无出现剥落、破损、锈蚀，不得伤及管道母材。

⑤ 检查管道及支架，其不得出现异常振动情况。

⑥ 管道支架不得出现脱落、变形、腐蚀损坏、焊接接头开裂等现象。

⑦ 管道位置符合安全技术规范和现行国家标准要求，管道与管道、管道与相邻设备之间无相互碰撞及摩擦情况。

⑧ 管道不得出现挠曲、下沉及异常变形现象。

⑨ 刚性支架状态不得出现异常现象，支架与管道接触处无积水现象。

⑩ 导向支架间隙正常，不得出现卡涩现象。

⑪ 承载结构与支撑结构受力正常，受力焊接接头不得出现宏观焊接裂纹。

⑫ 阀门表面清洁，不得出现腐蚀现象。

⑬ 阀门表面不得出现裂纹、严重缩孔等现象。

⑭ 阀门连接螺栓不得出现松动现象。

⑮ 阀门润滑必须到位，操作必须灵活。

⑯ 各个法兰管件的法兰不得出现偏口、错位现象，法兰面不得出现异常翘曲、变形；紧固件不得出现松动、缺少、腐蚀现象。

⑰ 波纹补偿器表面不得出现伤及补偿器母材的划痕、凹陷、腐蚀、开裂等现象；波纹

补偿器间距正常，不得出现失稳现象；拉杆、螺栓、连接支座无异常现象。

⑱ 管道标志清晰，符合规范、标准要求，满足使用要求。

⑲ 对有蠕胀测点的管道应检查其蠕胀测点是否完好。

⑳ 对有阴极保护装置的管道应当检查其保护装置是否完好。

㉑ 管线附近不得堆放影响管线正常检修的物品；对于可燃性介质管道周围，不得存放易燃、易爆物品。

㉒ 对于输送易燃、易爆介质的管道必须定期检查防静电接地和法兰跨接设施，设施必须完好、正常，必要时需要进行电阻测试（一般为3～6年定期检验时测试）。

㉓ 检查管网系统现场仪表是否完好、运行正常。

㉔ 检查安全阀外观是否完好，是否运行正常，不得出现安全阀失效、失灵现象。

㉕ 管道疏水、排液、吹扫装置运行正常。

㉖ 需要重点管理的管道或有明显腐蚀和冲刷减薄的弯头、三通、管径突变部位及相邻直管部位应当采取定点测厚或抽查的方法进行壁厚测定。发现问题时，应扩大测厚范围，根据结果，可缩短定点测厚间隔期或采取监控等措施。管道减薄量超过公称壁厚10%时，应当进行耐压强度校验。

㉗ 管道有下列条件之一的，应当进行压力试验：

a. 经过重大修理改造的。

b. 使用条件变更的。

c. 停用2年或以上需要重新投用的。

4. 管道检修注意事项

① 查阅设计图纸和技术资料，熟悉管道安装技术要求，必要时编写施工方案。

② 隔断非检修设备或系统必要时加盲板，防止蒸汽烫伤、氧气爆炸、氮气（氩气）窒息事故发生。

③ 工作温度高于250℃的管道当温度降至150℃时，应当在需要拆除的螺栓上浇机械油或消锈剂。

④ 拆卸的管道应做好支撑，防止脱落变形。

⑤ 施工过程中严禁碰撞、敲击正投运的带压管道。

⑥ 严禁把投运管道作为焊接地线，或者在投运管道上试弧、起弧。

⑦ 严禁私自操作管线上控制阀、疏水阀等设施。

⑧ 严禁擅自拆、装和调整投运管线上的紧固件，支、吊架及管道托座。

5. 管道带压堵漏处理

带压堵漏是指采用堵漏密封胶粘补或注入预制的夹具盒内对管道的法兰、焊缝和管道本身等泄漏部位进行堵漏的一种密封技术。

① 剧毒及均匀腐蚀的管道不宜采用带压堵漏。

② 带压堵漏施工前应当制订安全防护措施。

③ 带压堵漏是临时处理措施，停车时应拆除并且修复泄露部位。

6. 紧急停车

当管道系统发生以下问题时应当采取紧急措施并且向有关部门报告：

① 管道超温、超压、过冷，经过处理仍然无效。

② 管道泄漏或破裂，介质泄出危及生产和人身安全。

③ 发生火灾、爆炸或相邻设备、管道发生事故危及管道安全时。

④ 发现不允许继续运行的其他情况时。

第四节　氧气管道安全规程

一、管道布置及安装

① 氧气管道须架设在非燃烧体的支架上。用管道输送，须干氧输送。原湿氧输送者，应改为干氧输送。

② 设计氧气主管线时，应配有阻火或灭火设施。

③ 氧气管道应有消除静电的接地装置。室外架空氧气管道在进入建筑物前应有接地。

④ 氧气管道与乙炔或氢气管道共架敷设时，应在乙炔或氢气管道的下方或支架两侧。与其他管道共架敷设时，应布置在其他管道的上方或外侧。

⑤ 除氧气管道专用电线外，其他电气线路不得与氧气管道共架敷设。

⑥ 厂房内氧气管道应回空敷设，可与非燃气、液体管道共同敷设在用非燃烧体作盖板的不通行地沟内。也可与同一使用目的的可燃气体管道同沟敷设，但沟内须填满砂子，并不得与其他地沟相通。

⑦ 严禁氧气管与燃油管道共沟敷设。

架空氧气管道与其他建筑物、交通线、架空导线的并行、交叉净距，应按表 6-1 规定执行。

表 6-1　架空氧气管道与建筑物、交通线、架空导线的净距

<table>
<tr><th>序号</th><th colspan="2">名称</th><th>并行净距</th><th>交叉净距</th></tr>
<tr><td>1</td><td colspan="2">三、四级耐火等级厂房建筑物</td><td>3.0</td><td>—</td></tr>
<tr><td>2</td><td colspan="2">有爆炸危险厂房</td><td>4.0</td><td>—</td></tr>
<tr><td>3</td><td colspan="2">电气化铁路(距轨外侧)</td><td>3.0</td><td>6.55</td></tr>
<tr><td>4</td><td colspan="2">非电气化铁路(距轨外侧)</td><td>3.0</td><td>5.5</td></tr>
<tr><td>5</td><td colspan="2">公路(距边缘)</td><td>1.0</td><td>4.5</td></tr>
<tr><td>6</td><td colspan="2">人行道</td><td>—</td><td>2.2</td></tr>
<tr><td>7</td><td colspan="2">民宅、熔化金属点、明火点</td><td>10.0</td><td>—</td></tr>
<tr><td rowspan="3">8</td><td rowspan="3">架空动力电缆</td><td>1kV</td><td>1.5</td><td>1.5～2.5</td></tr>
<tr><td>＞1～10kV</td><td>2.0</td><td>3.0</td></tr>
<tr><td>35～110kV</td><td>4.0</td><td>4.0</td></tr>
</table>

注：在敞开地区，表中第 8 项最小水平净距还不应小于最高电杆高度的 1.5 倍。

二、氧气流速

① 新建碳素钢管氧气管道中氧气最大流速，不得超过表 6-2 的规定。

② 现有碳素钢管，氧气管道中氧气最大流速不符合本规程表 6-3 的要求时，除不得超过设计流速外，同时不得超过表 6-4 的限制。

表 6-2 新建碳素钢管氧气管道氧气最高允许流速

氧气的工作压力 p/MPa	$p \leqslant 0.1$	$0.1 < p \leqslant 2.94$	$p > 9.8$
最高允许流速/(m/s)	根据管道压降确定	15	6

表 6-3 现有碳素钢管管道内氧气最高允许流速

氧气的工作压力 p/MPa	$p \leqslant 0.1$	$0.1 < p \leqslant 0.59$	$0.59 < p \leqslant 1.57$	$1.57 < p \leqslant 2.94$
最高允许流速/(m/s)	20	13	10	8

三、管材的选用

管材的选用应符合表 6-4 的规定。

表 6-4 氧气管道材质选取

项目		焊接钢管 钢板卷焊管	无缝钢管	不锈钢管 (1Cr18Ni9Ti)	紫铜管 黄铜管
p[①]$\leqslant 0.59$	一般场所	可采用	可采用	可采用	可采用
	分配主管上阀门频繁操作区	不应采用	不宜采用	可采用	可采用
$0.59 < p \leqslant 1.57$	一般场所	不应采用	可采用	可采用	可采用
	阀 1.5m 区域内；压力调节阀(或分配阀)组前后 1.5m 区域内；压力容器接管部位；氧压车间	不应采用	不应采用	可采用	可采用
$1.57 < p \leqslant 2.94$	一般场所	不应采用	可采用	可采用	可采用
	阀 1.5m 区域内；压力调节阀(或分配阀)组前后 1.5m 区域内；压力容器接管部位；氧压车间(室内管道)	严禁采用	不应采用	可采用	可采用
$p \geqslant 9.8$	一般场所	严禁采用	严禁采用	可采用	可采用
	充装台	严禁采用	严禁采用	可采用	可采用

① p 为氧气工作压力，MPa。

四、管件的选用

① 氧气管道的弯头必须采用模压法或煨弯法成形。煨制弯头曲率径应大于 4 倍管径，弯头内侧不得有皱折、毛刺、焊瘤，弯头内壁不得有锐边，外侧管壁减薄量应小于 0.5mm。宜采用模压成型三通及异径管。

② 必须采用符合法兰强度等级的垫片。氧气工作压力不大于：0.59MPa（6kgf/cm^2）时，法兰密封可采用橡胶石棉垫片。氧气工作压力大于 0.59MPa 时，法兰密封应采用退火紫铜或铝垫片、石棉绳缠绕不锈钢垫片等。

五、阀门的选用

① 工作压力大于 0.1MPa（1kgf/cm^2）的氧气阀门须用截止阀，严禁用闸板阀，不宜选用电动阀。现用的闸板阀必须更换，严禁继续使用。

② 经常操作的氧气管道中入口径阀门，应采用自控或遥控调节阀门。

③ 氧气阀门的填料不得使用易燃材料，可选用石墨处理过的石棉织物作阀门填料。

④ 氧气阀门材质应按表 6-5 选用。

表 6-5　氧气阀门的材质选用

工作压力 p	口径/mm	
	≤50	>50
$p \leqslant 0.59$MPa (6kgf/cm²)	钢制、可锻铸铁、球墨铸铁、铜、不锈钢	
0.59MPa $< p \leqslant$ 1.57MPa (6kgf/cm²) (16kgf/cm²)		铜基合金 不锈钢
1.57MPa $< p <$ 2.68MPa (16kgf/cm²) (40kgf/cm²)		铜基合金 不锈钢
$p >$ 2.68MPa (40kgf/cm²)		铜

注：不锈钢系指 1Cr18Ni9Ti。

六、管道施工及验收

焊接碳素钢氧气管道时，应使用氩弧焊打底。管道的安装、焊接和施工、验收应符合 GB 50235—2010《工业金属管道工程施工规范》和 GB 50236—2011《现场设备、工业管道焊接工程施工规范》的有关规定。低、中压氧气管道属Ⅱ类，高压管道属Ⅰ类。

七、管道强度及严密性试验

① 氧气管道的强度试验应采用不含油的干净水或干燥空气、氮气进行。但压力大于或等于 9.8MPa（100kgf/cm²）的氧气管道必须用水做强度试验。

a. 采用水压法试验的管道应在试验前进行钝化处理。水压法试验压力应为工作压力的 1.25 倍，在试验压力下维持 10min，经检查管道无变形、无渗漏为合格。试验结束后应用无油气体将管内残液吹扫干净。

b. 用气压法试验时，试验压力应为工作压力的 1.15 倍，升压应逐级进行；先升至 50% 的试验压力，经检查后，再以 10% 的试验压力级差逐级升压，每级稳压 3min，达到试验压力后稳压 5min，以无变形、无渗漏为合格。工作压力小于 0.1MPa（约 1kgf/cm²）的管道，试验压力按 0.1MPa 进行试压，可不分级升压。用气体做强度试验时，应有安全措施，并经主管单位安全部门批准。

② 氧气管道强度试验合格后，应进行严密性试验。严密性试验所用介质，须是无油干燥的氮气或空气。严密性试验的压力即为工作压力。管道内气体压力达到工作压力后，保压 24h，平均每小时渗漏率不超过 0.5% 为合格。

八、管道的除锈脱脂及吹刷

① 氧气管道、阀门等与氧气接触的一切部件，安装、检修及停用后再投入使用前必须

进行严格的除锈、脱脂。可用喷砂、酸洗除锈法或四氯化碳及其他高效非可燃洗涤剂脱脂、除锈。脱脂后的管道应立即钝化或充干燥氮气。

② 氧气管道在安装、检修或停用后再投入使用前，应将管道内的残留杂物用无油干燥空气或氮气吹刷干净，直至无铁锈、尘埃及其他脏物为止，吹刷速度应大于 20m/s。

③ 严禁用氧气吹刷管道。

九、操作及维护管理

① 开、关氧气阀门应缓慢进行。手动操作时，操作人员应站在阀的侧面。禁止非调压阀作调压使用。

② 未改造的碳钢手动阀门，在开、关前应采取减少阀门前后压差的安全措施。

③ 必须建立氧气管道档案，由熟悉管道流程的氧气专业人员进行管理。

④ 对氧气管道进行动火作业前，须先制订动火方案。其中包括负责人、作业流程图、操作方案、安全措施、人员分工、监护人、化验人等，并经有关部门确认后方可进行作业。

⑤ 管道的调节阀前宜设过滤器，并定期清扫过滤器上的积尘和杂物。

第五节 在用压力管道检验

一、在用压力管道检验的程序及内容

全面检验是按一定的检验周期在在用工业管道停车期间进行的较为全面的检验。安全状况等级为 1 级和 2 级的在用工业管道，其检验周期一般不超过 6 年；安全状况等级为 3 级的在用工业管道，其检验周期一般不超过 3 年。管道检验周期可根据下述情况适当延长或缩短。

全面检验的一般程序见图 6-1。

检验单位和检验人员在检验前应做好资料审查和制订检验方案等检验准备工作，并达到以下要求。

① 对以下资料和资格证明进行审查：

a. 压力管道设计单位资格、设计图纸、安装施工图及有关计算书等；

b. 压力管道安装单位资格、竣工验收资料（含安装竣工资料、材料检验）等；

c. 管道组成件、管道支承件的质量证明文件；

d. 在线检验要求检查的各种记录；

e. 该检验周期内的历次在线检验报告；

f. 检验人员认为检验所需要的其他资料。

② 检验单位和检验人员应根据资料审查情况制订检验方案，并在检验前与使用单位落实检验方案。

③ 检验中的安全事项应达到以下要求：

a. 影响管道全面检验的附设部件或其他物体，应按检验要求进行清理或拆除；

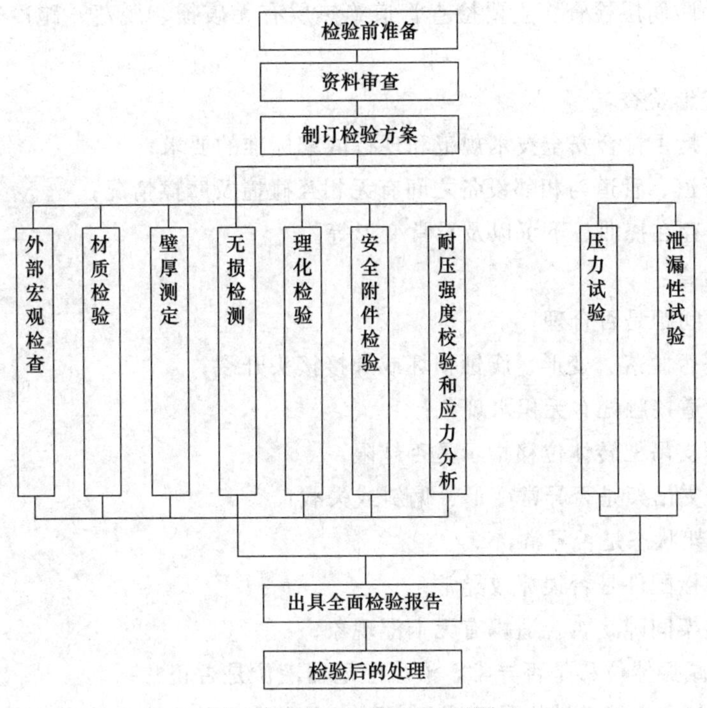

图 6-1　全面检查的一般程序

b. 为检验而搭设的脚手架、轻便梯等设施，必须安全牢固，便于进行检验和检测工作；

c. 高温或低温条件下运行的压力管道，应按照操作规程的要求缓慢地降温或升温，防止造成损伤；

d. 检验前，必须切断与管道或相邻设备有关的电源，拆除熔丝，并设置明显的安全标志；

e. 如需现场射线检验时，应隔离出透照区，设置安全标志。

④ 全面检验时，应符合下列条件：

a. 将管道内部介质排除干净，用盲板隔断所有液体、气体或蒸汽的来源，设置明显的隔离标志；

b. 对输送易燃、助燃、毒性或窒息性介质的管道，应进行置换、中和、消毒、清洗。对于输送易燃介质的管道，严禁用空气置换；

c. 进入管道内部检验所用的灯具和工具的电源电压应符合现行国家标准 GB/T 3805—2008《特低电压（ELV）限值》的规定；检验用的设备和器具，应在有效的检定期内，经检查和校验合格后方可使用。

无绝热层的非埋地管道一般应对整条管线进行外部宏观检查；有绝热层的非埋地管道应按一定的比例进行抽查；埋地敷设的管道应选择易发生损坏部位开挖抽查（如有证据表明防腐情况良好，可免于开挖抽查）。抽查的比例由检验人员和使用单位结合管道运行经验协商确定。

二、外部宏观检查

① 泄漏检查：主要检查管子及其他组成件有无泄漏痕迹。

② 绝热层、防腐层检查：主要检查管道绝热层有无破损、脱落、跑冷等情况；防腐层是否完好。

③ 位置与变形检查：

a. 管道位置是否符合安全技术规范和现行国家标准的要求；

b. 管道与管道、管道与相邻设备之间有无相互碰撞及摩擦情况；

c. 管道是否存在挠曲、下沉以及异常变形等。

④ 支吊架检查：

a. 支吊架的间距是否合理；

b. 支吊架是否脱落、变形、腐蚀损坏或焊接接头开裂；

c. 支架与管道接触处有无积水现象；

d. 恒力弹簧支吊架转体位移指示是否越限；

e. 变力弹簧支吊架是否异常变形、偏斜或失载；

f. 刚性支吊架状态是否异常；

g. 吊杆及连接配件是否损坏或异常；

h. 转导向支架间隙是否合适，有无卡涩现象；

i. 阻尼器、减振器位移是否异常，液压阻尼器液位是否正常；

j. 承载结构与支撑辅助结构是否明显变形，主要受力焊接接头是否有宏观裂纹。

⑤ 阀门检查：

a. 阀门表面是否存在腐蚀现象；

b. 阀体表面是否有裂纹、严重缩孔等缺陷；

c. 阀门连接螺栓是否松动；

d. 阀门操作是否灵活。

⑥ 法兰检查：

a. 法兰是否偏口，紧固件是否齐全并符合要求，有无松动和腐蚀现象；

b. 法兰面是否发生异常翘曲、变形。

⑦ 膨胀节检查：

a. 波纹管膨胀节表面有无划痕、凹痕、腐蚀穿孔、开裂等现象；

b. 波纹管间距是否正常、有无失稳现象；

c. 铰链型膨胀节的铰链、销轴有无变形、脱落等损坏现象；

d. 拉杆式膨胀节的拉杆、螺栓、连接支座有无异常现象。

⑧ 阴极保护装置检查：对有阴极保护装置的管道应检查其保护装置是否完好。

⑨ 蠕胀测点检查：对有蠕胀测点的管道应检查其蠕胀测点是否完好。

⑩ 管道标志检查：检查管道标志是否符合现行国家标准的规定。

⑪ 检验员认为有必要的其他检查。

⑫ 对输送易燃、易爆介质的管道采取抽查的方式进行防静电接地电阻和法兰间的接触电阻的测定。管道对地电阻不得大于100Ω，法兰间的接触电阻应小于0.03Ω。

⑬ 管道结构检查：对有柔性设计要求的管道，管道固定点或固定支架之间是否采用自然补偿或其他类型的补偿器结构。

⑭ 检查管道组成件有无损坏，有无变形，表面有无裂纹、皱褶、重皮、碰伤等缺陷。

⑮ 检查焊接接头（包括热影响区）是否存在宏观的表面裂纹。

⑯ 检查焊接接头的咬边和错边量。

⑰ 检查管道是否存在明显腐蚀，管道与管架接触处等部位有无局部腐蚀。

三、材质检验

管道材料的种类和牌号一般应查明，材质不明的，可根据具体情况，采用化学分析、光谱分析等方法予以确定。

四、壁厚测定

对管道进行剩余厚度的抽查测定，一般采用超声波测厚的方法，测厚的位置应当在空视图上标明。

① 弯头、三通和直径突变处的抽查比例见表6-6，对于上述被抽查的每个管件，测厚位置不得少于3处；检验人员应根据介质流向重点检查有可能造成冲刷腐蚀的部位。上述被抽查管件与直管段相连的焊接接头的直管段一侧应进行厚度测量，测厚位置不得少于3处；检验人员认为必要时，对其余直管段进行厚度抽查。

② 发现管道壁厚有异常情况时，应在附近增加测点，并确定异常区域大小，必要时，可适当提高整条管线的厚度抽查比例，见表6-6。

表6-6　弯头、三通和直径突变处测厚抽查比例

管道级别	GC1	GC2	GC3
每种管件的抽查比例	≥50%	≥20%	≥5%

注：不锈钢管道、介质无腐蚀性的管道可适当减少测厚抽查比例。

五、表面无损检测

① 宏观检查发现裂纹或可疑情况的管道，应该在相应部位进行表面无损检测。

② 绝热层破损或可能渗入雨水的奥氏体不锈钢管道，应在相应部位进行外表面渗透检测。

③ 处于应力腐蚀环境中的管道，应该进行表面无损检测抽查。

④ 长期承受明显交变载荷的管道，应该在焊接接头和容易造成应力集中的部位进行表面无损检测。

⑤ 检验人员认为有必要，应该对支管角焊缝等部位进行表面无损检测抽查。

⑥ GC1、GC2级管道的焊接接头一般应该进行超声波或射线检测抽查。GC3级管道如果未发现异常情况，一般不进行其焊接接头的超声波或射线检测抽查。

⑦ GC1、GC2级管道焊接接头超声波或射线检测抽查比例见表6-7。

表 6-7 管道焊接接头超声波或射线检测抽查比例

管道级别	超声波或射线检测比例
GC1	焊接接头数量的 15%且不少于 2 个
GC2	焊接接头数量的 10%且不少于 2 个

注：1. 温度、压力循环变化和振动较大的管道的抽查比例应为表中数值的 2 倍。

2. 耐热钢管道的抽查比例应为表中数值的 2 倍。

3. 查的焊接接头应进行全长度无损检测。

4. 查的部位应从下述重点检查部位中选定：

a. 制造、安装中返修过的焊接接头和安装时固定口的焊接接头；

b. 错边、咬边严重超标的焊接接头；

c. 表面检测发现裂纹的焊接接头；

d. 泵、压缩机进出口第一道焊接接头或相近的焊接接头；

e. 支吊架损坏部位附近的管道焊接接头；

f. 异种钢焊接接头；

g. 硬度检验中发现的硬度异常的焊接接头；

h. 使用中发生泄漏的部位附近的焊接接头；

i. 检验人员和使用单位认为需要抽查的其他焊接接头。

当重点检查部位确需进行无损检测抽查，而表 6-7 所规定的抽查比例不能适应检查需要时，检验人员应与使用单位协商确定具体抽查比例。

六、表面理化检验

① 下列管道一般应当选择有代表性的部位进行金相和硬度检验抽查。

a. 工作温度大于 370℃的碳素钢和铁素体不锈钢管道；

b. 工作温度大于 450℃的钼钢和铬钼钢管道；

c. 工作温度大于 430℃的低合金钢和奥氏体不锈钢管道；

d. 工作温度大于 220℃的输送临氢介质的碳钢和低合金钢管道。

② 对于工作介质含湿 H_2S 或介质可能引起应力腐蚀的碳钢和低合金钢管道，一般应选择有代表性的部位进行硬度检验。当焊接接头的硬度值超过 200HB 时，检验人员视具体情况扩大焊接接头的内外部无损检测抽查比例。

③ 对于使用寿命接近或已经超过设计寿命的管道，检验时应进行金相检验或硬度检验，必要时应取样进行力学性能试验或化学成分分析。

七、安全保护装置的检验

1. 安全保护装置的检验

安全保护装置应符合安全技术规范和现行国家标准的规定。存在下列情况之一的安全保护装置，不准继续使用：

① 无产品合格证和铭牌的；

② 性能不符合要求的；

③ 逾期不检查、不校验的；

④ 爆破片已超过使用期限的。

2. 压力表

① 检查压力表的精度等级、表盘直径、刻度范围、安装位置等是否符合有关规程、标准的要求。

② 校验压力表必须由有资格的计量单位进行，校验合格后，重新铅封并出具合格证，注明下次校验日期。

对于存在下述问题之一的压力表，应更换：

a. 超过校验有效期或铅封损坏；

b. 量程与其检测的压力范围不匹配；

c. 指针松动；

d. 刻度不清、表盘玻璃破裂；

e. 指针断裂或外壳腐蚀严重；

f. 压力表与管道之间装设的三通悬塞阀或针形阀开启标记不清或锁紧装置损坏。

3. 测温仪表

① 检查测温仪表的精度等级、量程、安装位置等是否符合有关规程、标准的要求。

② 校验测温仪表必须由有资格的计量单位进行，校验合格后，重新铅封并出具合格证，注明下次校验日期。

对于存在下述问题之一的测温仪表，应更换：

a. 超过校验有效期或铅封损坏；

b. 量程与其检测的温度范围不匹配。

4. 安全阀

对安全阀进行外观检查，重点检查是否在校验有效期、是否有泄漏痕迹及锈蚀情况。对杠杆式安全阀，检查防止重锤自由移动和杠杆越出的装置是否完好；对弹簧式安全阀，检查调整螺钉的铅封装置是否完好；对静重式安全阀，检查防止重片飞脱的装置是否完好。超过校验有效期或铅封损坏的安全阀应更换。

① 对拆换下来的安全阀，应解体检查，修理和调整，进行耐压试验和密封试验，然后校验开启压力，具体要求应符合有关规程、标准的规定。

② 新安全阀应根据使用要求校验后，才准安装使用。

③ 安全阀校验合格后，打上铅封并出具合格证。

④ 安全阀一般每年至少校验一次，对于弹簧直接载荷式安全阀，经使用经验证明和检验单位确认可以延长校验周期的，使用单位向省级或其委托的地（市）级安全监察机构备案后，其校验周期可以延长，但最长不超过 3 年。

⑤ 从事安全阀校验的单位和人员须具备相应的资格。

5. 爆破片装置

对爆破片装置进行外观检查，检查爆破片装置的爆破片是否在规定的使用期限、安装方向是否正确、标定的爆破压力和温度是否符合运行要求、有无异常现象。

如果爆破片装置存在下述问题之一，应立即更换：

① 爆破片装置超过规定使用期限。

② 爆破片装置安装方向错误。

③ 爆破片装置的爆破压力和温度不符合运行要求。

6. 紧急切断装置

对拆下来的紧急切断装置，应解体、检验、修理和调整；进行耐压、密封、紧急切断等性能试验。具体要求应符合相关规程、标准的规定。校验合格后，重新铅封并出具合格证。

八、耐压强度校验和应力分析

1. 耐压强度校验

高压、大直径管道及易腐蚀管线的全面减薄超过公称厚度的10%时应进行耐压强度校验。耐压强度校验参照现行国家标准 GB/T 20801—2006《压力管道规范　工业管道》的相关要求进行。

2. 管道应力分析

检验人员和使用单位认为必要时，对下列情况之一者，应进行管道应力分析。

① 无强度计算书，并且 $t_o \geqslant D_o/6$ 或 $p_o/[\sigma]_t > 0.385$ 的管道，其中 t_o 为管道设计壁厚（mm），D_o 为管道设计外径（mm），p_o 为设计压力（MPa），$[\sigma]_t$ 为设计温度下材料的许用应力（MPa）；

② 有较大变形、挠曲。

③ 法兰经常性泄漏、破坏。

④ 管道应该设而未设置补偿器或补偿器失效。

⑤ 支吊架异常损坏。

⑥ 严重的全面减薄。

九、压力试验

1. 需要进行压力试验的管道

① 经重大修理改造的；

② 使用条件变更的；

③ 停用 2 年以上重新使用的。

2. 进行压力试验时应遵守的规定

① 压力试验一般应采用液体试验介质。当管道的设计压力小于或等于 0.6MPa 时，也可以采用气体试验介质，但应采取有效的安全措施。脆性材料管道严禁使用气体进行压力试验。

② 进行压力试验时，应划定禁区，采取必要的安全保护措施，无关人员不得进入。

③ 管道上进行的修补，应该在压力试验前完成。

④ 压力试验合格后，应该填写在用工业管道压力试验报告或泄漏性试验报告。

综合训练

一、教学要求

① 掌握管路点检的内容。

② 掌握中高压管道维护一般知识。

③ 了解氧气管路的敷设安全技术规程。

④ 熟悉管路的安装要求。

⑤ 掌握管道检验内容。

二、教学内容

① 进行工艺管路的拆装，写管路检查内容。

② 管路安装后能通过水压试验。

三、填写管路检查表

压力管道定期安全检查表

<table>
<tr><td>设备名称</td><td></td><td>型号规格</td><td></td><td>设备地点</td><td></td><td>设备编号</td><td></td></tr>
<tr><td>检查人员</td><td></td><td></td><td></td><td>上次检查时间</td><td></td><td>本次检查时间</td><td></td></tr>
<tr><td>检查项目</td><td colspan="3">检查内容</td><td>检查结果</td><td colspan="2">检查意见</td><td>备注</td></tr>
<tr><td rowspan="3">环境</td><td colspan="3">管道路线安全距离中无其他高温、高压设备</td><td></td><td colspan="2"></td><td></td></tr>
<tr><td colspan="3">管道路线安全距离中无火源</td><td></td><td colspan="2"></td><td></td></tr>
<tr><td colspan="3">管道上无其他悬挂物</td><td></td><td colspan="2"></td><td></td></tr>
<tr><td rowspan="10">主要零部件</td><td colspan="3">管道防腐完整</td><td></td><td colspan="2"></td><td></td></tr>
<tr><td colspan="3">压力表无过期、无破损，完好运行</td><td></td><td colspan="2"></td><td></td></tr>
<tr><td colspan="3">管道排污装置无堵塞、防腐完好</td><td></td><td colspan="2"></td><td></td></tr>
<tr><td colspan="3">管道接头处焊缝无裂纹有效</td><td></td><td colspan="2"></td><td></td></tr>
<tr><td colspan="3">管道无锈蚀</td><td></td><td colspan="2"></td><td></td></tr>
<tr><td colspan="3">管道进出口阀门安全有效</td><td></td><td colspan="2"></td><td></td></tr>
<tr><td colspan="3">弯头、接头连接可靠</td><td></td><td colspan="2"></td><td></td></tr>
<tr><td colspan="3">管道支架固定稳当，无倾斜</td><td></td><td colspan="2"></td><td></td></tr>
<tr><td colspan="3">管道无泄漏</td><td></td><td colspan="2"></td><td></td></tr>
<tr><td colspan="3">管道母体无损伤</td><td></td><td colspan="2"></td><td></td></tr>
<tr><td rowspan="2">外部辅助件</td><td colspan="3">管道出口无堵塞</td><td></td><td colspan="2"></td><td></td></tr>
<tr><td colspan="3">进出口阀件完好</td><td></td><td colspan="2"></td><td></td></tr>
<tr><td rowspan="3">操作防护设备</td><td colspan="3">防护手套、防护面罩配置完整</td><td></td><td colspan="2"></td><td></td></tr>
<tr><td colspan="3">应急救援设备配置完整</td><td></td><td colspan="2"></td><td></td></tr>
<tr><td colspan="3">有明显的安全警示标志</td><td></td><td colspan="2"></td><td></td></tr>
<tr><td rowspan="2">运行参数</td><td colspan="3">压力、温度是否在允许范围内</td><td></td><td colspan="2"></td><td></td></tr>
<tr><td colspan="3">仪器仪表数据显示是否与压力表、温度计一致</td><td></td><td colspan="2"></td><td></td></tr>
<tr><td rowspan="3">其他</td><td colspan="3"></td><td></td><td colspan="2"></td><td></td></tr>
<tr><td colspan="3"></td><td></td><td colspan="2"></td><td></td></tr>
<tr><td colspan="3"></td><td></td><td colspan="2"></td><td></td></tr>
<tr><td>检查小组意见</td><td colspan="7">组 长：</td></tr>
<tr><td>项目整改意见</td><td colspan="7">整改责任人：</td></tr>
</table>

注：定期检查时间为 3 个月一次。

复习题

一、填空题

1. 管道安装时，应使用________固定，管道支架要按照设计制作、安装。管道与支架接触处，应按照设计或工作温度要求加置________、________或橡胶板。

2. 加强管网点检，逐步实现中心重要、关键管网设施________故障是能源中心设备管理要求的一项重要内容和指标。

3. 压力管道是指符合原劳动部颁布的《压力管道安全管理与监察规定》中限定的各种管道。包括最高工作压力大于等于________MPa（表压）运输气体、液化气体的管道；运输可燃、易爆、有毒、有________的管道；最高工作压力低于________MPa（表压），但属于运输极度危害性及火灾危险性介质的管道。

4. 带压堵漏是临时处理措施，停车时应________并且________泄漏部位。________及________不得靠近氧气支管使用点的阀门，阀门应设在不产生火花的保护外罩内。

5. 管道安装要求平直，管道对口时不得用________对口、________、________等方法来消除接口端面的空隙、偏斜、错口或不同心等缺陷。

6. 对于输送易燃、易爆介质的管道必须定期检查________和________设施，设施必须完好、正常，必要时需要进行电阻测试（一般为3～6年定期检验时测试）。

7. 氧气管道与乙炔或氢气管道共架敷设时，应在乙炔或氢气管道的下方或支架________。与其他管道共架敷设时，应布置在其他管道的________或________。

二、选择题

1. 中压管道是指（　　）。

A. $0\text{MPa}<p\leqslant 1.6\text{MPa}$　　B. $1.6\text{MPa}<p\leqslant 10\text{MPa}$

C. $10\text{MPa}<p<42\text{MPa}$　　D. $p>42\text{MPa}$

2. 管路试压中，其试验压力是工作压力的（　　）。

A. 1.5倍　　B. 2倍　　C. 1倍　　D. 3倍

3. 管道级别为GC1，每种管件的抽查比例为（　　）。

A. ≥80%　　B. ≥50%　　C. ≥20%　　D. ≥5%

三、判断

1. 安全状况等级为1级和2级的在用工业管道，其检验周期一般不超过6年。（　　）

2. 安全状况等级为3级的在用工业管道，其检验周期一般不超过5年。（　　）

3. 压力管道经过重大修理改造的应当进行压力试验。（　　）

4. 管道焊接连接时为了保证焊缝质量，无论何种材质的管道，都需要进行坡口加工。（　　）

5. 安全阀一般每年至少校验一次，对于弹簧直接载荷式安全阀，经使用经验证明和检验单位确认可以延长校验周期的，使用单位向省级或其委托的地（市）级安全监察机构备案后，其校验周期可以延长，但最长不超过3年。（　　）

四、简答题

1. 简述设备管理的综合性表现内容。

2. 管道检修注意事项有哪些？

3. 日常检查主要内容有哪些?
4. 高压管道安装要求是什么?
5. 叙述管道安装规则。
6. 设备管理的综合性表现在哪些方面?
7. 安全阀安装需要注意的问题是什么?
8. 氧气管道管件的选用依据是什么?
9. 在用压力管道检验的程序及内容有哪些?
10. 全面检验的一般程序是什么?

参考文献

[1] 楼宇新主编．南京化学工业公司化工学校等合编．化工机械制造工艺与安装修理．北京：化学工业出版社，1990.
[2] 赵振山主编．化工机械维修．北京：化学工业出版社，1990.
[3] 《化工厂机械手册》编辑委员会主编．化工厂机械手册：管路维修，设备管理．北京：化学工业出版社，1989.
[4] 化学工业部化工工艺配管设计技术中心站主编．化工管路手册．北京：化学工业出版社，1988
[5] ［英］D. N. W. 肯蒂什编．工业管道工程．林均富，陈罕，王明明，译．北京：中国石化出版社，1991.
[6] 张德姜，王怀义，刘绍叶主编．工艺管道安装设计手册．北京：中国石化出版社，2012.
[7] 王怀义，张德姜编著．工艺管道．北京：中国石化出版社，2013.
[8] 李春桥主编．管道安装与维修手册．北京：化学工业出版社．2009.
[9] 张汉林，张清双，胡远银主编．阀门使用与维护手册．北京：化学工业出版社，2013.